钢管再生混凝土柱
静力与长期性能

王玉银　耿　悦　著

科学出版社

北京

内 容 简 介

本书系统阐述了作者在再生混凝土、钢管再生混凝土静力性能与长期性能方面的创新性研究成果,揭示了再生混凝土与钢管再生混凝土的力学特性与工作机理,全面介绍了相关理论、试验、有限元分析方法及设计方法。本书主要内容包括再生混凝土的基本力学性能、再生混凝土的长期性能、钢管再生混凝土短柱轴压力学性能、钢管再生混凝土中长柱静力性能,以及钢管再生混凝土的长期性能等。

本书可供高等院校土木工程专业高年级本科生、研究生和教师使用,也可供相关领域的科研人员和工程技术人员参考。

图书在版编目(CIP)数据

钢管再生混凝土柱静力与长期性能/王玉银,耿悦著. —北京:科学出版社,2021.2
ISBN 978-7-03-064615-6

Ⅰ. ①钢… Ⅱ. ①王… ②耿… Ⅲ. ①再生混凝土-钢筋混凝土柱-性能-研究 Ⅳ. ①TU375.3

中国版本图书馆 CIP 数据核字(2020)第 038285 号

责任编辑:王 钰 / 责任校对:王万红
责任印制:吕春珉 / 封面设计:东方人华平面设计部

科 学 出 版 社 出版
北京东黄城根北街 16 号
邮政编码:100717
http://www.sciencep.com

北京中科印刷有限公司 印刷
科学出版社发行 各地新华书店经销
*
2021年2月第 一 版 开本:B5(720×1000)
2021年2月第一次印刷 印张:20
字数:387 000
定价:158.00 元
(如有印装质量问题,我社负责调换〈中科〉)
销售部电话 010-62136230 编辑部电话 010-62137026

序

　　混凝土原材料主要是水泥和砂石，而水泥和砂石属于不可再生资源。目前，随着经济社会的快速发展，我国的混凝土需求量已居世界之首，而长期的原材料开采，会消耗大量的自然资源，使我国面临砂石等原材料短缺问题。与此同时，大量的旧建筑物和基础设施拆除，产生了大量的废弃混凝土等建筑垃圾，建筑垃圾的堆放既占用耕地又造成环境污染，处理时还需要耗费大量的人力、物力。如将这些废弃混凝土加以有效利用，使之成为可利用的再生资源，既减轻了建筑垃圾对环境的污染，又减少了砂石等原材料开采对生态环境的破坏，符合建筑业可持续发展的要求。因此，再生混凝土在土木工程中的应用是实现我国建筑业可持续发展的重要途径，必将产生显著的环境、社会和经济效益。

　　近年来，建筑垃圾资源化合理利用成为热门研究课题，但值得注意的是，再生混凝土存在收缩大、韧性差、易开裂等缺陷，制约了其在工程结构中的应用。本书作者提出将再生混凝土置于钢管中形成钢管再生混凝土组合构件的方法，可有效利用钢管在受力过程中的约束作用、施工与服役过程中的密闭作用，有效改善核心再生混凝土的强度、延性与耐久性等性能，且能极大地改善材料性能的离散程度。钢管再生混凝土组合构件在成本较低的前提下实现了再生混凝土的有效利用，使其在安全性、适用性与耐久性上具备了在工程中推广应用的优势，在我国城乡建设中具有广阔的应用前景。

　　多年来，本书作者率领其研究团队在钢管再生混凝土领域开展了诸多研究，完成了再生混凝土基本材料性能、钢管再生混凝土短柱的轴压力学性能、钢管再生混凝土中长柱的静力性能和钢管再生混凝土的长期性能等研究工作，取得了一系列创新性成果。其部分研究成果已被纳入《钢管再生混凝土结构技术规程》（T/CECS 625—2019），为钢管再生混凝土结构设计提供了依据。

　　本书是作者多年创新性研究成果的总结，可供高等院校土木工程专业高年级本科生、研究生和教师阅读，也对相关领域科研人员和工程技术人员具有重要参考价值。相信本书的出版，会对促进建设行业的可持续发展起到重要作用。

中国工程院院士

重庆大学教授　周绪红

2020 年 12 月

前　言

再生混凝土技术是将废弃混凝土运用于结构工程的重要途径之一，它被认为是发展绿色生态混凝土、实现建筑资源可持续发展的一项重要措施。然而，相对普通混凝土，再生混凝土力学性能较弱且离散性较大，使其在结构工程中的推广应用受一定程度的限制。若将再生混凝土灌入钢管内，形成钢管再生混凝土，则可利用钢管所提供的约束作用改善再生混凝土的力学性能。同时，钢管提供的密闭环境可显著降低再生混凝土的收缩、徐变。钢管再生混凝土组合结构改善了再生混凝土的性能，为推广再生混凝土在结构工程中的应用、提高再生混凝土的资源化利用提供了有效途径，但目前尚无系统介绍该种新型绿色高效组合构件的书籍，为使读者了解钢管再生混凝土构件的工作机理、与普通钢管混凝土力学性能与长期性能的差异，以及相应的设计方法，作者总结了近十年的相关研究成果，撰写了本书。

本书系统阐述了再生混凝土和钢管再生混凝土的力学特性、工作机理；通过深入的理论、试验研究，对比分析了钢管再生混凝土与普通钢管混凝土静力性能与长期性能的异同，深入研究了约束效应及密闭环境对再生混凝土力学性能与长期性能的影响，提出了再生混凝土构件的抗压强度发展规律及预测模型、抗拉强度预测模型、弹性模量预测模型、应力 应变全过程曲线、收缩模型、徐变模型及钢管再生混凝土应力-应变本构模型，建立了钢管再生混凝土强度、静力性能与长期性能设计方法。

本书的研究工作先后得到国家重点研发计划项目"高性能钢结构体系研究与示范应用"（项目编号：2016YFC0701201）和国家自然科学基金项目"钢管再生细骨料混凝土柱静动力性能及非均匀约束作用机理研究"（项目编号：51678195）、"长期荷载作用下圆钢管再生混凝土柱静动力性能研究"（项目编号：51178146）的资助，特此致谢。

作者在研究过程中得到哈尔滨工业大学金属与组合结构研究中心张素梅教授的指导与支持，在此深表谢意。作者的博士生王庆贺、张欢、常煜存，硕士生李孝忠参与了第 2 章内容的研究工作；博士生陈杰、赵木子，硕士生纵斌、付学宝参与了第 3 章、第 4 章、第 6 章内容的研究工作；博士生孙文景、硕士生马骥参与了本书第 5 章内容的研究工作；还有一些研究生参与了本书的资料整理工作，在此对他们的辛勤付出表示感谢。

由于作者水平有限，不足之处恳请读者给予批评指正。

王玉银

2020 年 12 月

目　　录

第1章 绪 论

1.1 发展再生混凝土的意义

目前，我国正处在大规模城镇化建设阶段，年建设量超过世界年建设总量的 50%[1]，对混凝土的需求量巨大。统计数据显示，我国商品混凝土产量年均增幅在 15%以上，其总产量占世界总产量的 48%[2]。混凝土需求量的持续增加导致对自然资源的过度消耗。2018 年，我国消耗约 208 亿 t 天然砂石用于工程建设；预计 2020～2030 年，我国每年消耗天然砂石量将达 250 亿 t[3]。如此巨大的砂石集料需求必然导致大量甚至过量开山采石，使自然资源减少、生态环境恶化。

另外，快速城市化发展使工程建造和拆迁产生了大量废弃混凝土。2018 年，我国废弃混凝土总量约为 3.15 亿 t。近几年，这一数据将以每年 5%～10%的幅度递增[4-6]。此外，不可抗力自然灾害也增加了废弃混凝土的产生量。2008 年汶川地震产生的废弃混凝土总量超过 1.5 亿 t[2]。目前，只有少量废弃混凝土在道路的基层、面层和填充墙中应用，大部分运送至郊外进行掩埋[1,7-9]。这种粗犷型处理方式既占用土地又破坏周边环境，同时耗用了巨额的征用土地费、垃圾清运费和处理费等附加建设费用。

再生混凝土是一种资源消耗少、环境影响小的绿色建材。混凝土再生利用既能解决天然骨料资源紧缺问题，保护骨料产地的生态环境，又能解决城市废弃物的堆放、占地和环境污染等问题，具有显著的社会、经济和环保效益，符合我国建设资源节约型、环境友好型社会的需求，是实现建筑资源可持续发展的主要措施之一[10]。在我国，推广再生混凝土技术与工程应用极为重要和紧迫。

再生混凝土能得以推广与其经济性密切相关。再生混凝土的生产工艺与普通混凝土基本相同，其经济性主要取决于骨料成本。目前，再生骨料的市场成本主要包括废弃骨料的分类回收成本、再生骨料的加工成本和对不可回收部分的处置成本。尽管再生骨料的加工和处理工艺比天然骨料更为复杂，但通过对实际工程案例进行分析，发现目前再生粗骨料与天然粗骨料的生产成本基本相近。例如，青岛海逸景园工程项目建造时使用的再生粗骨料成本约 40 元/t，与当时市场天然粗骨料的价格基本一致；北京建筑工程学院（现名为北京建筑大学）实验 6 号楼建造时使用的再生混凝土配比成本比搅拌站原配比成本节省 2%[11]。

1.2 再生混凝土的定义及特点

废弃混凝土块经过破碎、清洗、分级并按一定比例混合后形成的骨料称为再生骨料。其中，粒径为 5～40mm 的再生骨料称为再生粗骨料，粒径为 0～5mm 的再生骨料称为再生细骨料。采用部分或全部再生骨料替代天然骨料配制而成的混凝土称为再生混凝土。由于再生细骨料的掺入会显著降低混凝土的耐久性、增大混凝土基本力学性能的离散性[1]，各国规范均严格限制再生细骨料在混凝土结构构件中的应用。例如，德国、英国、葡萄牙、西班牙、俄罗斯、巴西等国规范均规定再生细骨料不得用于配制结构用混凝土；荷兰、瑞士、丹麦及我国规范则仅允许 C40 以下的混凝土采用再生细骨料；荷兰规范规定再生细骨料不得与再生粗骨料同时使用[12]。因此，本书研究内容仅针对采用再生粗骨料的再生混凝土。

再生粗骨料表面附着 20%～60% 的硬化旧水泥砂浆（常称为残余砂浆，图 1-1）[13]，其各项物理指标均劣于天然粗骨料。例如，与天然粗骨料相比，再生粗骨料的孔隙率与吸水率增大了 2～15 倍，表观密度降低了 10%～30%，压碎指标增大了 10%～50%[14,15]。再生粗骨料对再生混凝土力学性能（强度、弹性模量、收缩徐变等）及耐久性（抗冻、抗氯、抗腐蚀等）的影响主要由混凝土用水量、骨料自身强度与刚度及界面过渡区数量三方面因素决定。

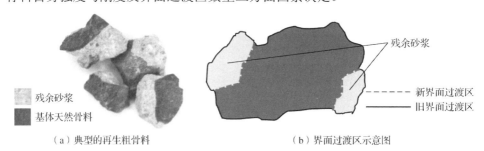

残余砂浆
基体天然骨料
（a）典型的再生粗骨料

残余砂浆
新界面过渡区
旧界面过渡区
（b）界面过渡区示意图

图 1-1 再生粗骨料组成

首先，再生粗骨料较大的孔隙率及吸水率会改变新制再生混凝土的和易性。通常，再生混凝土需附加拌和水才能获得与普通混凝土相近的坍落度（有效水灰比相近）。这将增加再生混凝土的单位用水量和总水灰比。单位用水量（或总水灰比）的增加会显著影响混凝土的强度、弹性模量、收缩徐变等各项力学性能指标及耐久性。

其次，残余砂浆自身的刚度与强度均低于天然粗骨料。高孔隙率、低强度的残余砂浆在受力时更易发生应力集中现象，而且废弃混凝土在破碎过程中会产生大量的微裂纹，会增大再生粗骨料的内部缺陷。上述因素将直接影响再生混凝土的强度和耐久性能，同时，由于再生粗骨料刚度低于天然粗骨料，其对水泥砂浆变形的限制作用较弱，从而降低了再生混凝土的弹性模量，增加了再生混凝土的收缩、徐变变形。

最后，掺入的再生粗骨料增加了混凝土内部界面过渡区的数量与复杂性。普通混凝土中仅存在天然粗骨料与水泥砂浆间的一种界面过渡区，而再生混凝土内部除此之外还存在天然粗骨料与旧水泥砂浆界面过渡区及旧水泥砂浆与新水泥砂浆界面过渡区。界面过渡区数量的增加及性质的复杂性均对再生混凝土抗压强度等力学性能有较大影响[16,17]。

此外，废弃混凝土经破碎后针片状骨料的含量增加，这会导致再生混凝土的工作性能及力学性能降低。

以上因素不仅对再生混凝土的和易性、力学性能（如强度、弹性模量、收缩和徐变等）及耐久性（如碳化、冻融性能和抗氯离子渗透性能等）有不同程度的劣化影响，还会增加再生混凝土力学性能的离散性。而再生粗骨料来源不同导致的性能的差异（如废弃混凝土强度、服役环境、龄期的差异）、再生粗骨料破碎工艺的多样性及再生混凝土配制方法的不同会进一步增大再生混凝土力学性能的离散性。已有研究表明，当采用再生粗骨料 100%取代天然粗骨料时，混凝土抗压强度降低 5%～48%[18]，抗拉强度降低 9%～52%[18]，弹性模量降低 8%～41%[18]，干燥收缩增加 15%～112%[19,20]，徐变增加 5%～90%[21,22]，碳化深度增加 25%～65%[23,24]，氯离子渗透增加 4%～28%[24,25]。也有部分学者的试验发现，与普通混凝土相比，再生混凝土的抗压强度反而提高 2%～24%[26,27]，抗拉强度提高 1%～24%[26,27]。相关学者对该现象的解释为：再生骨料表面粗糙，且表面附着的旧水泥砂浆可与新水泥砂浆较好结合，从而在一定程度上提高了再生混凝土的抗压强度；当所采用的混凝土配制方法使附加掺水量低于再生粗骨料的吸水能力时，再生粗骨料在混凝土养护过程中尚具有吸水能力，可降低界面附近的有效水灰比，从而改善界面附近的力学性能，也会对混凝土强度有提高作用[1,28]。

为了规范再生粗骨料的使用、降低再生混凝土力学性能的离散性，很多国家和地区在再生混凝土规范或技术规程中，根据骨料吸水率、表观密度、压碎指标和杂质含量等指标对再生粗骨料进行了分级[29-33]，并限制了物理性能较差的再生粗骨料的最大取代率。例如，德国于 2002 年颁布的《再生骨料技术标准》（DIN 4226-100）[34]将再生骨料分为 4 个等级，并对再生骨料的最小密度、沥青含量、矿物成分及最大吸水率等参数做出了具体规定；日本混凝土工程协会根据骨料品质优劣将再生骨料分为 H（高品质）、M（中等品质）及 L（低品质）3 类[35-37]，对各类骨料的性能参数做出了具体要求；《混凝土用再生粗骨料》（GB/T 25177—2010）[38]将再生粗骨料分为 I 类、II 类和III类；《再生骨料应用技术规程》（JGJ/T 240—2011）[39]中规定，二类、三类再生粗骨料取代率不宜大于 50%，以保证再生混凝土在结构工程中的应用。

1.3 再生混凝土的应用

1.3.1 再生粗骨料的制备工艺

废弃混凝土块的回收、破碎和再生骨料生产是废弃混凝土能够充分再生利用的必要条件。由于废弃混凝土中往往混有金属、木材、玻璃等杂质，且破碎后的骨料表面附有大量微尘，大规模制备再生粗骨料时，需要将废弃混凝土块通过一系列的破碎、筛分、传送、清洗后，才能获得不同级配的再生粗骨料。可见，设计专门的生产工艺，用特殊机械设备对废弃混凝土进行破碎、分离与分级，对于大规模生产使用再生骨料具有特殊意义。再生骨料应用相对较为成熟的德国、日本、俄罗斯等国家均研发了再生骨料生产工艺流程，且已投入使用。这些生产工艺流程各具特点与优势。

根据我国国情，已有不少学者提出了再生粗骨料的生产工艺流程，其中比较有代表性的上海市工程建设规范《再生混凝土应用技术规程》（DG/TJ 08—2018—2007）[29]建议的再生粗集料加工工艺示意图如图 1-2 所示。其中，各道工序间的物料传输可采用皮带输送装置完成；初级破碎机一般可采用颚式破碎机，二次破碎机可采用反击式破碎机。初级破碎机与二次破碎机间的物料传送机上安装对建筑废弃混凝土骨料中所含有的铁质杂物进行吸附清除的除铁装置（如磁选机）。针对我国建筑废弃混凝土中红砖掺杂量较大这一特殊国情，陕西众科固废分离装备研究院发明了一种废弃混凝土分拣机（图 1-3）。该分拣设备利用重力原理，可实现红砖与废弃混凝土块的自动分离。经该分拣设备分拣后的再生粗骨料内的红砖掺量可控制在 10%以内（图 1-4）。

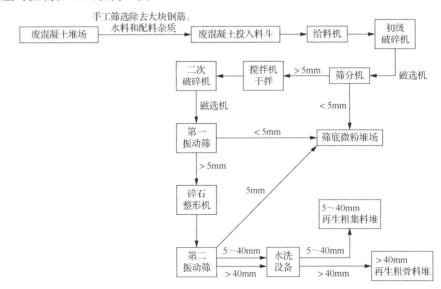

图 1-2 《再生混凝土应用技术规程》（DG/TJ 08—2018—2007）建议的再生粗骨料加工工艺

图 1-3　废弃混凝土分拣机

（a）再生粗骨料　　　　　　　　　　　　　（b）红砖

图 1-4　经废弃混凝土分拣机分拣后的再生粗骨料与红砖

1.3.2　再生混凝土的配制工艺

　　再生混凝土在研究初期，一般参照普通混凝土的配制方法［图 1-5（a）］。首先，将所有干燥条件下的粗骨料和细骨料进行搅拌，然后加入水泥搅拌均匀，接着加入搅拌水和减水剂再次进行搅拌[1]。但由于残余砂浆具有较强的吸水能力和较大的吸水率，再生粗骨料在混凝土搅拌和硬化过程中分别吸收搅拌用水和界面过渡区的水分，与普通混凝土相比，采用传统方法配制的再生混凝土流动性（坍落度值）、抗压强度和弹性模量等力学性能均有所降低[12,40]。20 世纪 90 年代，有学者提出，通过提高水泥掺量来提高再生混凝土的基本力学性能[41]。采用该方法虽然有效提高了再生混凝土的抗压强度，但由于增加了水泥用量，并不能达到节能减排的效果。此后，国内外研究学者对再生混凝土配制方法进行了较为系统的试验研究。目前，在学术界较为认可的配制方法主要包括饱和面干法（英文简称pre-saturation，PS）[42]［图 1-5（b）］、两阶段拌和法（two-stage mixing approach，TSMA）[43,44]［图 1-5（c）］、等量砂浆含量法（equivalent mortar volume，EMV）[22,45,46]

[图 1-5（d）] 与直接加水法（mixing water compensation，MWC）[47] [图 1-5（e）]，图 1-5 中 SSD（saturated surface dry）表示饱和面干状态。

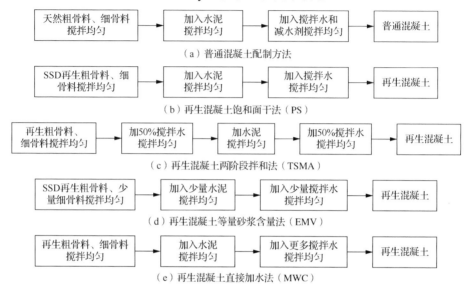

图 1-5　普通混凝土与再生混凝土的配制方法

　　PS 法是指在拌和混凝土前使再生粗骨料先达到饱和面干状态，再以与普通天然骨料混凝土相同的拌和方式配制再生混凝土的配制方法。将再生粗骨料进行饱和面干法处理可以避免混凝土中的自由水分被吸入再生粗骨料内的残余砂浆中，保证了新水泥砂浆的充分水化。同时也避免了因自由水向再生粗骨料周围聚集而在再生粗骨料周围形成薄弱区，进而提高了再生混凝土的和易性及基本力学性能。该配制方法作为目前最流行的再生混凝土配制方法，已被大部分规范和规程采纳[29-33]，再生粗骨料的饱和面干法可根据《再生骨料应用技术规程》（JGJ/T 240—2011）[39] 的规定和文献[48]～文献[51]中的建议进行。具体而言，在浇筑再生混凝土之前将再生粗骨料浸泡于水中 24h，随后将骨料从水中取出并放置于筛网上晾干 2h 左右，即可认为再生粗骨料达到饱和面干状态。

　　TSMA 法是由澳大利亚学者 Tam 等[43,44]于 2006 年左右提出的。该方法无须对粗骨料进行饱和面干处理，从而显著提高了再生混凝土的拌和效率，更有利于再生混凝土的工业化生产与应用。其具体配制过程为：在粗、细骨料搅拌均匀后先掺入 50%搅拌水，加水泥搅拌均匀后再掺入 50%搅拌水搅拌均匀。该方法可使再生粗骨料表面的微裂缝被新制砂浆填充，进而提高再生混凝土的基本力学性能。研究表明[43,44]，采用该方法配制的再生混凝土在任意再生骨料取代率下，其基本力学性能均优于饱和面干法配置的再生混凝土：抗压强度可提高 6%～18%，弹性模量可提高 4%～14%，徐变可降低 6%～23%，收缩未受明显影响。

　　EMV 法是加拿大学者 Fathifazl 等[22,45,46]于 2009 年基于再生粗骨料中残余砂浆与新制砂浆性能相似的假设提出的。与 PS 法相比，EMV 法在配制时掺入了更多的再生粗骨料，同时减少了新制砂浆成分（水、水泥和砂）的含量。研究表明，该方法配制的再生混凝土，其基本力学性能等同甚至优于普通混凝土。EMV 法的再生粗骨料仍需要进行饱和面干处理。

MWC 法是西班牙学者 de Brito 等为简化再生混凝土的配制过程，于 2011 年提出的。该方法无须对再生粗骨料进行饱和面干法处理，而是通过增加再生混凝土搅拌水用量来改善混凝土和易性，增加的搅拌水用量由再生粗骨料的吸水率确定。

本书课题组[52]分别采用 PS 法、TSMA 法、EMV 法和 MWC 法配制再生混凝土，再生粗骨料取代率为 100%，系统比较了 4 种配制方法对再生混凝土抗压强度、弹性模量、收缩性能的影响。结果表明：与 PS 法相比，采用 MWC 法会显著降低再生混凝土的抗压强度；采用 TSMA 法得到的再生混凝土各项力学性能与 PS 法相近；采用 EMV 法可以有效地提高再生混凝土的收缩性能，但会显著降低再生混凝土的抗压强度和弹性模量。

因此，当对再生混凝土力学性能要求不高时，为方便其商品化生产，可考虑采用 TSMA 法进行再生混凝土的配制；对于对再生混凝土力学性能有较高要求的工程而言，建议采用 PS 法配制再生混凝土。在试验研究中，为方便与普通天然骨料混凝土力学性能进行对比，仍推荐采用 PS 法进行再生混凝土的配制。

1.3.3 再生混凝土的发展及其在结构工程中的应用

早在 1946 年，苏联学者 Gluzhge[53]就对利用废混凝土制作骨料的可能性进行了研究。从 20 世纪 70 年代末开始，日本、德国、荷兰等国家在再生混凝土的研究与应用方面发展迅速[1]。德国作为世界上再生混凝土应用技术较先进的国家之一，于 2002 年 2 月与 2004 年 12 月相继颁布规范《混凝土和砂浆骨料再生骨料》（DIN 4226—100：2002）[34]和《再生骨料混凝土应用指南》[54]；目前，巴西、德国、日本、英国、荷兰、葡萄牙、比利时、瑞士、丹麦、俄罗斯、挪威、西班牙等均已出台相关规范、规程用于再生骨料的使用并指导再生混凝土结构设计；再生骨料的分级及质量要求也纳入了欧洲规范体系[12]。在相关研究成果及规范、规程的支持与指导下，再生混凝土技术在以德国、日本、新加坡等国为代表的发达国家蓬勃发展，建成了系列示范工程。

由于再生粗骨料对混凝土力学性能有不利影响，再生混凝土最初主要应用于道路路基铺设、基坑垫层等非结构构件中。例如，美国已有 41 个州将废弃混凝土再生骨料应用于路面基层工程中[55]。自 20 世纪 90 年代起，国外开始将再生混凝土应用于多层甚至高层建筑的结构构件中：1996 年，英国 Watford 市建成的环保大厦［图 1-6（a）］是英国第一座采用预拌再生混凝土建设的环保示范楼，该工程中再生混凝土主要运用于基础、楼板和结构柱中，混凝土强度等级包括 C25 和 C35

两类，用量超过 1500m³[56]；1997 年，德国 Darmstadt 市建成的 Vilbeler Weg 办公楼［图 1-6（b）］将再生混凝土应用于钢筋混凝土结构构件中，该工程再生混凝土强度等级为 C35，用量为 480m³；1998 年，德国 Darmstadt 市建成的"螺旋森林"8 层住宅楼［图 1-6（c）］拥有 105 个公寓，其独特的 U 形设计和 1000 个形状各异的窗户备受瞩目，该住宅楼的内部结构构件和基础底板均采用再生混凝土，强度等级主要包括 C30 和 C35 两类，用量超过 12000m³[54]。自 2000 年起，日本、新加坡等地也将再生混凝土应用于建筑结构工程中。例如，日本的 ACROS Shin-Osaka 建筑、东京平和岛 A-1 栋仓库工程和东京牟礼团地第一住宅楼礼堂[57]等工程的结构构件均采用了再生混凝土。新加坡于 2010 年采用混凝土强度等级为 C40 的再生混凝土建成了 3 层 Samwoh 生态楼［图 1-6（d）］，该工程再生粗骨料取代率为 100%[58]。在日本，废弃混凝土的回收利用率已达 98%，再生骨料加工厂遍布日本全国[1]。

（a）英国 Watford 市环保大厦[56]

（b）德国 Darmstadt 市 Vilbeler Weg 办公楼[54]

（c）德国 Darmstadt 市"螺旋森林"住宅楼[54]

（d）新加坡 Samwoh 生态楼[58]

图 1-6　再生混凝土在国外结构工程中的运用

目前，我国对废弃混凝土利用率仅在 5%左右，但再生混凝土的研究也取得了阶段性成果。我国先后颁布了国家标准《混凝土用再生粗骨料》（GB/T 25177—2010）[38]、行业标准《再生骨料应用技术规程》（JGJ/T 240—2011）[39]，提出了再生粗骨料工程应用分类建议，并推荐采用 PS 法配制再生混凝土，以规范再生粗骨料的应用。针对再生混凝土结构构件的设计，2007 年上海市颁布了国内首部再生混凝土相关工程建设规程《再生混凝土应用技术规程》（DG/TJ 08—2018—2007）[29]。2011 年，北京市规划委员会和北京市质量技术监督局联合颁布了北京市地方标准《再生混凝土结构设计规程》（DB11/T 803—2011）[59]；2014 年，陕西省住房和城乡建设厅颁布了《再生混凝土结构技术规程》（DBJ61/T 88—2014）[60]；住房和城乡建设部于 2018 年颁布了行业标准《再生混凝土结构技术标准》（JGJ/T 443—2018）[61]。以上规程和标准对再生混凝土技术的发展及应用具有重要的推动作用。

　　近年来，我国政府大力提倡和发展建筑垃圾的资源化再利用，也出现了一些应用再生混凝土的建筑结构工程。例如，2004 年建成的上海市建筑科学研究院绿色建筑工程研究中心办公楼将再生混凝土应用于该建筑的垫层和基础中，用量为 388m³；2008 年建成的北京建筑工程学院（2013 年更名为北京建筑大学）土木与交通工程学院试验 6 号楼的承重结构全部采用再生混凝土，该建筑为 3 层，所有混凝土强度等级为 C30；2009 年，青岛市在海逸景园 ［图 1-7（a）］ 24 层住宅工程中应用了 320m³ 的再生混凝土，所有混凝土强度等级为 C40，再生粗骨料取代率有 40%、70% 和 100%[11] 等；2010 年，位于上海世博园区的"沪上·生态家"［图 1-7（b）］的全部结构构件均采用了泵送高性能再生混凝土，混凝土强度等级包括 C30 和 C40 两类，用量达 5000m³[62]；2012 年，邯郸市全有生态建材有限公司办公大楼 ［图 1-7（c）］ 和邯郸市温康药物中间体研发有限公司厂房 ［图 1-7（d）］ 在建设中均使用了强度等级为 C30 的再生混凝土，用量分别约为 816m³ 和 1360m³；2018 年建成的中国建筑设计研究院创新科研示范中心，其层间顶板使用了含 3000t 再生粗骨料的 C30 再生混凝土[63]。

（a）青岛海逸景园[11]　　　　　　　　　　　（b）上海世博园区的"沪上·生态家"[62]

图 1-7　再生混凝土在我国结构工程建设中的运用

（c）邯郸市全有生态建材有限公司办公楼[63]　　　（d）邯郸市温康药物中间体研发有限公司厂房[63]

图 1-7（续）

综上可见，近年来，我国再生混凝土的工程应用发展较快，但采用的再生混凝土强度偏低，一般为 C25～C40，其应用范围仅限于多层和小高层建筑。

将再生混凝土填入钢管中，形成钢管再生混凝土，可改善再生混凝土各项力学性能及耐久性的缺陷，降低再生混凝土力学性能的离散性。因此，钢管再生混凝土这一新型组合构件可以应用于较高层建筑工程中，为拓宽其在结构工程中的应用提供了新的途径。

1.4　钢管再生混凝土的特点

在钢管中填充混凝土而形成钢管混凝土组合构件时，在轴向压力下，钢管可对混凝土形成套箍作用，使混凝土处于三向受压状态，提高了混凝土的抗压强度与延性。另外，在钢管内填注混凝土，可有效限制钢管的局部屈曲半波长度，提高钢管在受压时的稳定承载力。因此，钢管混凝土具有抗压承载力高[64]、抗震性能和抗冲击性能好等特点。在抗火性能方面，钢管内填充的混凝土具有一定的吸热能力，使其抗火性能优于纯钢结构。研究表明，直径在 1m 以上的钢管混凝土构件防火涂料用量比钢柱节省 2/3[64]。在耐久性方面，钢管的密闭作用避免了核心混凝土与外界的水分交换，使核心混凝土仅发生基本徐变和自生收缩，其收缩徐变变形仅为外露混凝土的 1/3 左右[54-65]。该密闭条件使核心混凝土免于碳化及氯离子渗透等。在施工方面，钢管可兼作模板与施工骨架，免除了支模、拆模等工序，显著提高了施工效率。

作为一种较为合理的构件形式，钢管混凝土可以充分发挥钢与混凝土两种材料的力学性能优势，经济效益显著。与钢结构柱相比，钢管混凝土柱可节约钢材50%左右，造价可降低 45%左右[64]；与钢筋混凝土柱相比，钢管混凝土柱可节约混凝土 50%以上，减轻结构自重 50%以上，与钢筋混凝土造价基本持平或提高2%～10%[66]。

将再生混凝土置于钢管中，形成钢管再生混凝土，可以利用钢管对核心再生混凝土的约束作用而有效弥补再生混凝土的力学性能缺陷，是对再生骨料混凝土在结构层次上的改善。具体而言，利用钢管对再生混凝土的约束作用可改善再生混凝土的抗压性与延性；利用钢管提供的密闭环境降低再生混凝土的收缩、徐变，避免了混凝土碳化、氯离子渗透等问题。同时，钢管是一种各向同性均质材料，与核心再生混凝土共同受力，可以缓解再生混凝土自身材料性能离散性大对构件力学性能的不利影响。采用钢管包裹后，可以适当放宽对再生混凝土力学性能的要求，再生骨料的制备仅需要简单的破碎工艺（如颚式破碎机破碎）及预浸泡处理（使再生粗骨料达到饱和面干状态[39]），再生混凝土的配比仅需在普通混凝土配比基础上适当添加减水剂（如水泥质量的 0.5%[67]），即可在保证再生混凝土和易性满足钢管混凝土施工要求的同时（混凝土坍落度 150mm 以上），使构件达到与钢管普通混凝土相近的力学性能，从而简化了再生骨料的制备工艺，降低了再生混凝土的配制成本。已有研究表明，以钢管普通混凝土性能为基准，采用以上方法制成的钢管再生混凝土的承载力与抗震性能降低幅度不超过 10%[68-70]，长期变形仅增大 10%~20%[71,72]，而力学性能的离散性仅为普通再生混凝土的 40%[68]。

1.5 钢管再生混凝土的研究现状

1.5.1 再生混凝土的基本力学性能

关于再生混凝土力学性能的研究可追溯至 20 世纪 40 年代，近 80 年的试验与理论研究累积了丰富的研究成果。相关文献[1,12,73,74]对这些研究成果进行了较为详细的阐述。本书仅对与后续研究内容相关的国内外研究现状进行介绍。

1.5.1.1 再生混凝土抗压强度

一般认为，再生混凝土抗压强度随再生粗骨料取代率的增大而降低。例如，1983年，Hansen 等[75]开展了再生混凝土抗压强度试验研究并指出，当再生粗骨料取代率为 30%和 100%时，再生混凝土抗压强度分别降低 12%和 25%。2012 年，Kou等[40]采用搅拌站废弃混凝土破碎的再生粗骨料配制再生混凝土，并对其抗压强度进行试验研究，结果表明，以普通混凝土性能为基准，取代率为 50%的再生混凝土抗压强度降低幅度可达 59.3%。

目前，国内外研究学者一般根据取代率评价再生混凝土抗压强度的降低幅度，但由于各因素对再生混凝土抗压强度的影响程度不同，相同取代率时再生混凝土抗压强度的降低幅度会有较大差异。例如，取代率为 50%时，再生混凝土抗压强度的降低范围为 1.7%~59.3%[1,40]。近 30 多年来，研究学者对影响再生混凝土抗压强度的关键因素开展了系统的试验研究，试验参数包括基体混凝土强度（用于制作再生粗骨料的废弃混凝土强度）、骨料级配、骨料物理性能（包括骨料吸水率、表观密度、残余砂浆含量等）和骨料破碎方式等。

在基体混凝土强度影响方面，1985 年，Ravindrarajah 等[41]最早进行试验研究，对比分析了基体混凝土抗压强度对再生混凝土抗压强度的影响，基体混凝土抗压强度为 28.5～42.5MPa。结果表明，再生混凝土抗压强度随基体混凝土抗压强度的增大而增大。这是因为基体混凝土抗压强度较大时，破碎得到的再生粗骨料残余砂浆和界面过渡区的性能更优。2015 年，Kou 等[76]采用抗压强度 30～100MPa 基体混凝土破碎得到的再生粗骨料配制 45MPa 和 65MPa 再生混凝土，发现当基体混凝土抗压强度超过 80MPa 时，再生混凝土与普通混凝土抗压强度相近。此外，Kiuchi 等[77]、Padmini 等[78]和 Akbarnezhad 等[79]也得到了相似的结论。

在骨料级配影响方面，2010 年，Corinaldesi[80]开展了粗骨料级配对再生混凝土抗压强度的影响研究，试验采用的再生粗骨料取代率为 30%，混凝土水灰比为 0.40～0.60，再生粗骨料粒径包括 6～12mm 和 11～22mm 两种。研究结果表明，取代 11～22mm 粗骨料配制的再生混凝土抗压强度比取代 6～12mm 粗骨料配制的混凝土抗压强度高 88%。这说明，粗骨料中粒径较小的骨料是影响再生混凝土抗压强度的主要因素。

在骨料物理性能方面，2012 年，Kou 等[81]对采用不同物理性能的再生粗骨料配制的再生混凝土进行抗压强度试验研究。3 种再生粗骨料的吸水率为 3.52%～6.25%，表观密度为 2263～2530kg/m^3；天然粗骨料的吸水率和表观密度分别为 0.56%和 2660kg/m^3。研究表明，采用物理性能较差的再生粗骨料配制的再生混凝土，比采用物理性能较好的再生粗骨料配制的再生混凝土抗压强度低 26.7%。2014 年，Duan 等[82]针对残余砂浆含量（C_{RM}）对再生混凝土抗压强度的影响进行了试验研究，试验采用的再生粗骨料 C_{RM} 为 20.1%～62.9%。研究表明，再生混凝土抗压强度随 C_{RM} 的增大而降低。以水灰比为 0.68 为例，采用 C_{RM} 为 20.1%的再生粗骨料配制的再生混凝土 28d 抗压强度为 35MPa，而采用 C_{RM} 为 62.9%的再生粗骨料配制的再生混凝土 28d 抗压强度仅为 27.7MPa，两者相差 20.9%。再生粗骨料物理性能较差时，往往对应的残余砂浆含量也较高，Marta 等[13]与肖建庄[1]认为，再生粗骨料的物理性能与残余砂浆含量近似为线性关系，即骨料吸水率、表观密度是表征骨料残余砂浆含量的较为有效的参数。

在骨料破碎方式方面，2014 年，Pedro 等[83]采用不同破碎方式得到再生粗骨料配制再生混凝土，破碎方式包括一次破碎（T1）和两次破碎（T2）两种。试验结果表明，采用 T2 得到的再生粗骨料物理性能更优，相应的再生混凝土抗压强度更高。

作者认为，除上述因素外，基体混凝土龄期对再生混凝土的抗压强度也可能有一定影响。这是因为混凝土中砂浆的性能和未水化水泥含量均会随龄期而发生变化，这些因素会影响再生混凝土的抗压强度。目前，工程建造废弃混凝土龄期一般为几个月，而工程拆迁废弃混凝土的龄期可达几十年。再生粗骨料龄期对混凝土抗压强度的影响需要进一步研究。

1.5.1.2　再生混凝土的弹性模量

一般认为，再生混凝土的弹性模量随再生粗骨料取代率的增大而降低。例如，González-Fonteboa 等[84]研究指出，当取代率为 20%、50%和 100%时，再生混凝土弹性模量分别降低 4.7%、10.9%和 18.0%。Ravindrarajah 等[41]的试验结果表明，当采用 100%再生粗骨料时，再生混凝土弹性模量降低幅度可达 45.0%。

与抗压强度相似，当取代率相同，基体混凝土抗压强度、骨料物理性能、骨料级配等参数相差较大时，再生粗骨料对再生混凝土弹性模量的影响仍存在较大差异。例如，当取代率为 100%时，再生混凝土弹性模量的降低范围为 0.1%~45.0%[1,41]。

关于基体混凝土强度对再生混凝土弹性模量的影响，目前尚未形成统一的研究结论。部分学者认为，基体混凝土抗压强度越大，相应的再生混凝土弹性模量越高。2015 年，Kou 等[76]指出，采用抗压强度 100MPa 基体混凝土破碎得到的再生粗骨料配制的 45MPa 和 65MPa 再生混凝土，其弹性模量与普通混凝土相近。也有学者认为，基体混凝土抗压强度对再生混凝土弹性模量的影响较小，可以忽略不计，如 Padmini 等[78]。1985 年，Hansen 等[85]通过试验研究指出，采用高强度基体混凝土破碎得到的粗骨料得到的再生混凝土与普通混凝土相比，28d 弹性模量降低 14.7%；而当采用中等强度和低强度基体混凝土时，其弹性模量分别降低 16.4%和 19.8%。

骨料级配也会影响再生粗骨料对混凝土弹性模量的影响程度。2010 年，Corinaldesi[80]提出采用 30%的 11~22mm 和 6~12mm 再生粗骨料分别替代天然粗骨料，混凝土水灰比为 0.40~0.60。研究表明，采用较细的再生粗骨料（6~12mm）得到的再生混凝土比采用较粗的再生粗骨料（11~22mm）得到的再生混凝土 28d 弹性模量高 15.3%。这说明，再生混凝土的弹性模量主要受粒径较大的粗骨料影响。

在骨料物理性能方面，2014 年，Duan 等[82]针对再生粗骨料残余砂浆含量对再生混凝土弹性模量的影响进行了试验研究。尽管试验结果有一定的离散性，但大部分试验结果表明，再生混凝土弹性模量随残余砂浆含量的降低而提高。这是因为再生粗骨料残余砂浆含量越小，骨料的刚度越大，再生混凝土中总砂浆含量越小，所以再生混凝土弹性模量越大。

基于试验研究结果，部分学者研究了沿用现有普通天然骨料混凝土弹性模量预测模型预测再生混凝土弹性模量的可行性，发现普通混凝土规范中给出的弹性模量预测公式会高估再生混凝土的弹性模量，需对其进行修正。例如，2007 年，Rahal[86]提出采用 ACI 363R-92[87]规范模型会高估普通混凝土和再生混凝土的弹性模量；2009 年，Padmini 等[78]提出采用 EC2 模型会高估再生混凝土弹性模量

20%。因此，国内外学者沿用天然骨料混凝土弹性模量预测公式的形式，针对再生混凝土提出了弹性模量与其抗压强度间的关系式，详见表 1-1。

表 1-1 再生混凝土弹性模量典型计算模型

年份	研究学者	弹性模量模型
1985	Ravindrarajah 等[41]	$E_{RAC} = 7770 f_{cu}^{0.33}$
1987	Ravindrarajah 等[88]	$E_{RAC} = 3020 f_{cu}^{0.5} + 10670$
1988	Kakizaki 等[89]	$E_{RAC} = 1.9 \times 10^5 (f_{cu}/2000)^{0.5}(\rho/2300)^{1.5}$
1998	Dillmann[90]	$E_{RAC} = 634.43 f_{cu} + 3057.6$
1999	Mellmann[91]	$E_{RAC} = 378 f_{cu} + 8242$
2005	Xiao 等[51]	$E_{RAC} = \dfrac{10^5}{2.8 + \dfrac{40.1}{f_{cu}}}$
2010	Corinaldesi[80]	取代 11~22mm NCA 时，$E_{RAC} = 18800(0.083 f_{cu})^{0.33}$
		取代 6~12mm NCA 时，$E_{RAC} = 909 f_{cu} + 8738$

注：E_{RAC} 为再生混凝土弹性模量；f_{cu} 为再生混凝土抗压强度；ρ 为再生混凝土密度；NCA（natural coarse aggregate）为天然粗骨料。

将各模型预测结果进行对比，如图 1-8 所示。可以发现，由于各学者提出弹性模量预测模型时所基于的试验数据并不相同，各模型的预测结果可相差 70.9%～130.0%。这主要是由于再生粗骨料对混凝土强度及混凝土弹性模量的影响机理不尽相同。对混凝土强度的影响主要是由于增加了界面过渡区数量，并且对粗骨料的饱和面干法处理增加了单位体积混凝土的实际用水量，而对混凝土弹性模量的影响，主要是由于残余砂浆的存在降低了骨料刚度。因此，作者认为单纯基于混凝土强度预测混凝土弹性模量的方法不再适用于再生混凝土。目前，尚无考虑再生粗骨料特性的再生混凝土弹性模量模型，作者将以残余砂浆含量和再生粗骨料取代率为基本参数，建立再生混凝土弹性模量模型。

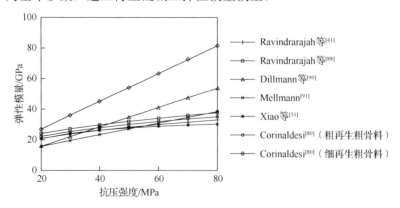

图 1-8 再生混凝土弹性模量模型预测结果对比

1.5.1.3 再生混凝土轴压应力-应变关系

相对于再生混凝土强度及弹性模量的研究工作及成果而言，针对再生混凝土轴压应力-应变关系的研究较少。Ajdukiewicz 等[92]于 2002 年研究了再生粗骨料对高强混凝土和高性能混凝土的影响，发现再生混凝土的轴压应力-应变关系的特点与普通混凝土相似。Xiao 等[51]于 2005 年对强度等级为 C30 的再生混凝土的轴压应力-应变关系曲线进行了试验研究，发现与普通混凝土相比，再生混凝土的材质更脆、延性更差，这与陈宗平等[93]于 2013 年得到的研究结论相近。然而，Belén 等[94]于 2010 年进行的试验研究，发现强度等级为 C30 的再生混凝土的延性与普通混凝土相似。通过再生混凝土轴压应力-应变关系试验，不同学者研究了掺入再生粗骨料对再生混凝土峰值应变的影响。例如，Xiao 等[51]和 Belén 等[94]的试验研究均表明，掺入再生粗骨料可使再生混凝土峰值应变增加约 20%。Du 等[95]于 2010 年进行了混凝土强度等级为 C35～C60 的再生混凝土轴压应力-应变关系曲线试验研究，该试验再生粗骨料取代率均为 100%。试验结果表明，再生混凝土峰值应变的实测值均比《混凝土结构设计规范（2015 年版）》（GB 50010—2010）[96]的预测值高。Folino 等[97]于 2014 年试验研究了再生混凝土轴压应力-应变关系，发现再生混凝土的峰值应变随取代率的增加先降低后增加，且当取代率为 100%时，再生混凝土的峰值应变增加约 11%。此外，Huda 等[98]于 2014 年对 3 次重复使用的再生粗骨料混凝土轴压应力-应变关系进行试验研究，发现重复使用的再生混凝土峰值应变相差不大，但均比相应普通混凝土的峰值应变高。

目前，针对再生混凝土轴压应力-应变关系的试验研究多集中于强度等级为 C30 左右的混凝土，对于更高强度等级再生混凝土轴压应力-应变关系的试验数据相对有限，取代率较为单一，仅为 100%。为此，作者将通过试验研究进一步补充较高强度再生混凝土轴压应力-应变关系试验数据，并基于此提出将再生粗骨料取代率的影响应用于不同强度再生混凝土的轴压应力-应变关系表达式。

1.5.1.4 再生混凝土收缩性能

1985 年起，国内外学者针对再生粗骨料对混凝土收缩性能的影响进行了较为系统的研究。1985 年和 1987 年，Ravindrarajah 等[41,88]对强度等级为 C20～C40 的再生混凝土干燥收缩变形进行了试验研究，试验中再生粗骨料来自不同水灰比的实验室废弃混凝土。2001 年，Sagoe-Crentsil 等[99]对高水灰比（$w/c=0.75$）再生混凝土干燥收缩性能进行了为期 365d 的试验研究，再生粗骨料来源于实际工程废弃混凝土。2002 年，Ajdukiewicz 等[92]对 C60 高强度再生混凝土的干燥收缩性能进行了试验研究,同时研究了矿物添加剂对再生混凝土干燥收缩性能的影响。2008年,Kou 等[100]研究了粉煤灰对 C35～C70 再生混凝土干燥收缩性能的影响。2010 年,Cabral 等[101]对不同再生粗骨料对混凝土收缩性能的影响进行了试验研究,再生粗骨料分别由废弃混凝土、废弃红砖和废弃砂浆破碎得到。2010 年,de Brito 等[102,103]总结了 13 篇试验研究结果,量化研究了再生骨料密度和吸水率等参数对再生混凝土力学性能的影响。2012 年,Kou 等[40]采用混凝土搅拌站废弃砂浆破碎得到的粗骨料配制再生混凝土,研究了粗骨料取代率和配制方法(传统配制方法和 TSMA 法)对再生混凝土干燥收缩的影响。上述研究结果表明,随着再生粗骨料取代率的增大,再生混凝土内总砂浆含量增大,进而降低了粗骨料对砂浆收缩变形的抑制作用,增大了再生混凝土的收缩变形。表 1-2 总结了现有再生混凝土收缩试验的关键参数。

基体混凝土强度对再生混凝土的收缩性能影响较为显著。例如,2015 年,Kou 等[76]对基体混凝土强度等级为 C30～C100 的再生混凝土进行了干燥收缩试验。2016 年,Gonzalez-Cominas 等[20]研究了采用基体混凝土强度分别为 40MPa、60MPa 和 100MPa 的再生粗骨料配制强度为 100MPa 的再生混凝土的干燥收缩性能。研究结果表明,相对普通混凝土,采用 100MPa 基体混凝土配制取代率为 100%的 100MPa 再生混凝土时,其干燥收缩率增大 54.5%;而采用 40MPa 基体混凝土时,其干燥收缩率增大 112.6%。

混凝土配制方法对再生混凝土收缩性能也有一定的影响。例如,2011 年,Fathifazl 等[22]的试验研究表明,采用 EMV 法配制的再生混凝土,其收缩性能与普通混凝土相似;而采用 PS 法配制的再生混凝土,其收缩变形将显著增大。Fathifazl 等仅对取代率为 74.5%和 63.6%的再生混凝土收缩性能进行了研究,还需要对其他取代率时采用 EMV 法配制的再生混凝土的收缩性能进行研究。

现有的再生混凝土收缩试验结果表明,再生混凝土与普通混凝土随龄期的变化规律相同,因而国内外研究学者均基于普通混凝土收缩模型,通过引入再生混凝土收缩放大系数 κ_{sh} [式(1-1)],得到再生混凝土收缩模型。表 1-3 总结了现有典型的再生混凝土收缩放大系数模型。

$$\kappa_{sh} = \frac{\varepsilon_{sh,RAC}}{\varepsilon_{sh,NAC}} \tag{1-1}$$

式中　　$\varepsilon_{sh,RAC}$ ——再生混凝土的收缩应变;

　　　　$\varepsilon_{sh,NAC}$ ——普通混凝土的收缩应变。

表 1-2 再生混凝土收缩试验主要参数

年份	研究学者	基体混凝土信息	C_{RM}/%	D_{ssd}/(kg/m³) NCA	D_{ssd}/(kg/m³) RCA	W/% NCA	W/% RCA	配制方法	r/%	水灰比 w/c	抗压强度 f_{cm}/MPa	T, RH	(t-t₀)/d
1985	Ravindrarajah 等[141]	骨料龄期为28d	51~53	2670	2440~2460	0.3	4.5~5.4	PS	0, 100	0.50~0.75	24.0~42.5	30℃,77%	70
1987	Ravindrarajah 等[88]	骨料龄期为1a	—	2678	2631	0.3	5.68	PS	0, 100	0.57	29.4~33.8	30℃,80%	90
2001	Sagoe-Crentsil 等[99]	源于废弃混凝土	—	2890	2394	1.0	5.6	PS	0~100	0.75	26~31.5	—	365
2002	Ajdukiewicz 等[92]	源于废弃混凝土	—	—	—	—	—	—	0~100	0.36	60~64	—	360
2003	Kiuchi 等[77]	骨料龄期为77a 和44a	—	2590	2460~2480	1.07	3.02~3.21	—	0~100	0.45~0.65	21~40	20℃,60%	182
2003	Katz[114]	抗压强度 28MPa	—	—	2584~2633	—	—	—	0~100	0.55	25.8~34.6	20℃,60%	90
2003	Gómez-Soberon[104]	骨料龄期为150d	—	2614	2415	0.96	6.15	PS	0~100	0.52	34.5~39.0	20℃,50%	90
2004	Limbachiya[115]	源于废弃混凝土	—	—	—	—	—	NM	0~100	0.51~0.65	30~40	20℃,55%	90
2005	Maruyama 等[116]	w/c=0.45, 50MPa; w/c=0.63, 30MPa	50.8, 50.3	2660	2410	0.69	5.28~6.13	PS	0~100	0.60	21~33	—	200
2008	Kou 等[100]	源于废弃混凝土	—	2620	2543	1.11	3.77	PS	0~100	0.40~0.55	38.1~72.3	23℃,55%	112
2009	Castaño 等[117]	—	—	2665	2460	1.12	5.19	NM	0~100	0.5~0.65	35.8~49.4	20℃,50%	100
2009	Domingo-Cabo 等[109]	—	18, 32	2665	2460	1.12	5.19	NM	0~100	0.5	45.2~54.8	23℃,65%	252
2010	Lapko and Grygo[118]	—	—	—	—	—	—	TSMA	0~100	—	29~42	—	70
2010	Corinaldesi[80]	源于废弃混凝土	—	2560	2400	3.0	6.8~8.8	PS	0, 30	0.40~0.60	31.6~58.6	20℃,50%	180
2010	Cabral 等[101]	—	—	2870	2270	1.22	5.65	PS	0~100	0.46~0.74	—	23℃,50%	224
2011	Schoppe[119]	骨料龄期为30d	—	2610	2430~2470	1.4	4.9~5.4	PS	0~100	0.30~0.60	20.5~58.5	23℃,50%	150

续表

年份	研究学者	基体混凝土信息	C_{RM}/%	D_{ssd}/(kg/m³)		W/%		配制方法	r/%	水灰比 w/c	抗压强度 f_{cm}/MPa	T, RH	$(t-t_0)$/d
				NCA	RCA	NCA	RCA						
2011	Fathifazl 等[22]	—	41/23	2710 2740	2420 2500	0.34 0.89	5.4 3.3	PS,EMV	0~100	0.45	34.1~45.9	23℃,50%	224
2011	Kou 等[120]	—	—	2616	2640	1.11	3.77	PS	0~100	0.5	52~58	23℃,50%	112
2012	Kou 等[40]	源于新制混凝土	≈100	2620	1826	1.11	32.4	PS, TSMA	0~50	0.35~0.50	34.8~85.7	23℃,55%	112
2012	Kou 等[81]	—	—	2555	2266~2550	0.56	3.8~6.2	PS	0~100	0.55	27.9~43.4	23℃,55%	112
2013	Manzi 等[110]	—	—	2570	2250	1.3	7.0	PS	0~51.9	0.48	41.3~51.4	20℃,60%	450
2014	Duan 等[82]	源于废弃混凝土	20.97~62.9	2600	2480~2363	1.01	3.36~6.44	PS	0~100	0.34~0.68	27.7~80.5	23℃,55%	112
2014	Pedro 等[83]	源于废弃混凝土	—	2664	2231~2371	1.0	3.9~7.8	PS	0,100	0.41~0.86	20~65	20℃,60%	90
2015	Kou 等[76]	混凝土强度为30~100MPa	—	2620	2410~2460	1.1	3.9~6.5	PS	0,100	0.35~0.50	45~65	23℃,50%	112
2016	Gonzalez-Corominas 等[20]	混凝土强度为40MPa、60MPa和100MPa	—	2510	2390~2500	1.4	1.2~2.2	PS	0~100	0.29	80	23℃,50%	360

注：RCA（recycled concrete aggregate）代表再生粗骨料；NM、PS、TSMA 和 EMV 分别代表传统配制方法、饱和面干法、两阶段搅拌法和等量砂浆法；C_{RM} 代表残余砂浆含量；D_{ssd} 代表饱和面干表观密度；W 代表骨料的吸水率；r 代表再生粗骨料取代率；T 和 RH 分别代表收缩试验的温度和相对湿度；t 和 t_0 分别代表试验进行时刻和外荷载首次加载时刻，$t-t_0$ 代表混凝土的持荷时间。

表1-3 现有典型的再生混凝土收缩放大系数模型

年份	研究学者	收缩放大系数模型
2012	Xiao 等[74]	$\kappa_{sh} = \begin{cases} 1.0, & r \leqslant 30\% \\ 1.5, & r = 100\% \end{cases}$
2010	Cabral 等[101]	$\kappa_{sh} = 1 + 0.232r$
2010	de Brito 等[102,103]	$\kappa_{sh} = 6.804\left(1 - \dfrac{D_{RAC}}{D_{NAC}}\right) + 1$
2010	de Brito 等[102,103]	$\kappa_{sh} = 0.1503\left(\dfrac{W_{RAC}}{W_{NAC}} - 1\right) + 1$
2011	Fathifazl 等[22]	$\kappa_{sh} = \left[\dfrac{1 - (1 - C_{RM}) \times V_{CA}}{1 - V_{CA}}\right]^{1.45}$

注：κ_{sh}为再生混凝土收缩放大系数；r为再生粗骨料取代率；D_{RAC}和D_{NAC}分别为再生混凝土与普通混凝土骨料的表观密度；W_{RAC}和W_{NAC}分别为再生混凝土与普通混凝土骨料的吸水率；C_{RM}为再生粗骨料残余砂浆含量；V_{CA}为混凝土中粗骨料体积含量，即混凝土内的粗骨料体积与混凝土总体积的比值。

具体而言，Xiao 等[74]和 Cabral 等[101]通过再生粗骨料取代率（r）预测再生混凝土收缩放大系数；de Brito 等[102,103]通过再生混凝土中骨料等效表观密度和等效吸水率来预测再生混凝土收缩放大系数；Fathifazl 等[22]基于残余砂浆含量，理论推导出再生混凝土收缩放大系数。

目前，针对再生混凝土自生收缩性能的研究成果相对较少，且试验值离散性较大，不同学者的研究结果与常规研究结论相悖。2003 年，Cómez-Soberón[104]实测了 C30 再生混凝土 90d 的自生收缩变形，认为再生粗骨料的掺入会增大再生混凝土自生收缩变形；2016 年，Gonzalez-Corominas 等[20]研究了基体混凝土抗压强度对再生混凝土 3d 自生收缩变形的影响，认为由于饱和面干法再生粗骨料提供的"自养护"效应，与普通混凝土相比，再生混凝土自生收缩显著降低。可见，再生粗骨料对混凝土自生收缩的影响仍需要深入研究。

1.5.1.5 再生混凝土徐变性能

自 20 世纪 40 年代起，各国学者便开始对再生混凝土徐变性能开展系列试验研究，但最初的研究大多仅针对单一取代率，仅关注了再生混凝土徐变性能与天然骨料混凝土的差异。Hansen[73]总结了 1945~1985 年关于再生混凝土徐变性能的试验研究成果；1988 年，Nishibayashi 等[105]实测了不同单位体积混凝土水泥用量的再生混凝土的徐变度，所有再生混凝土试件的再生粗骨料取代率全部为100%。研究表明，掺入再生粗骨料可使混凝土的徐变变形增大 20%~60%，这是由于再生混凝土中水泥砂浆含量比普通混凝土高约 50%。

2000 年起，国内外学者针对再生粗骨料取代率对再生混凝土徐变性能的影响进行了系列试验研究。Limbachiya 等[106]于 2000 年进行了高强再生混凝土的徐变试验研究。Gómez-Soberón[107]于 2002 年进行了环境湿度为 50%及密闭条件下的再生混凝土徐变试验研究。Ajdukiewicz 等[92]于 2002 年试验研究了采用高强基体混凝土破碎后的骨料配制的再生混凝土的徐变性能。Kou 等[108]于 2007 年试验研究了粉煤灰掺量对再生混凝土徐变性能的影响。Domingo-Cabo 等[109]于 2009 年以总水灰比相同为前提，试验研究了不同取代率再生混凝土的徐变性能。Fathifazl 等[22]于 2011 年进行了用等量砂浆取代再生混凝土徐变性能的试验研究，并与传统饱和面干等体积取代的再生混凝土徐变性能进行对比，研究结果表明用等量砂浆取代方式可有效改善再生混凝土的长期性能。Manzi 等[110]于 2013 年进行了强度等级为 C40～C50 的再生混凝土徐变试验研究，该试验骨料源自实际工程并对骨料性质进行了严格控制。肖建庄等[111, 112]于 2013 年和 2014 年进行了两批再生混凝土徐变试验，考察了应力水平对再生混凝土徐变性能的影响，其中应力水平为 0.3～0.5。

　　以上试验研究均以再生粗骨料取代率为主要参数。一般认为，由于再生粗骨料表面附着有残余砂浆，再生混凝土的徐变量高于天然骨料混凝土。但是，不同学者实测所得再生粗骨料对混凝土徐变的提高幅度差异较大。例如，当再生粗骨料取代率为 100%时，再生粗骨料对混凝土徐变变形的影响幅度可在 5%～90%范围内变化[113]，而在 Ajdukiewicz 等[92]及 Manzi 等[110]的试验中，再生混凝土徐变系数甚至低于天然骨料混凝土。这说明仅采用再生粗骨料取代率这一参数不足以表征再生粗骨料对混凝土徐变的影响。一些学者提出，影响再生混凝土徐变性能的核心因素为单位体积混凝土内的残余砂浆总含量，而非再生粗骨料取代率[22,46,103,113]；另一些学者则研究了再生混凝土水灰比[121-123]、骨灰比[123]及骨料来源[124]对再生混凝土徐变性能的影响。

　　作者认为，再生粗骨料对混凝土徐变性能的影响不仅取决于残余砂浆的含量，还与残余砂浆的性质有关。Ajdukiewicz 等[92]及 Manzi 等[110]的试验中低于天然骨料混凝土徐变的再生混凝土粗骨料均源自高强废弃混凝土，废弃混凝土的水灰比为 0.24～0.36；而其余试验的再生混凝土试件的基体混凝土水灰比均较高，为 0.44～0.73。当采用高强混凝土破碎的骨料配制再生混凝土时，再生粗骨料内的残余砂浆质地较密实，且刚度较大，粗骨料与水泥基体界面性质较好，这些因素都会降低再生混凝土的徐变。

　　基于再生混凝土徐变试验研究成果，不同学者均通过引入再生粗骨料徐变影响系数 K_{RCA}（再生混凝土徐变系数和普通混凝土徐变系数的比值）对普通混凝土的徐变系数或徐变度进行修正，提出了再生混凝土徐变预测模型。

　　2010 年，de Brito 等[103]基于 Gómez-Soberón 的试验数据[107]通过考虑再生骨料与天然骨料在表观密度或吸水率方面的差别，对混凝土徐变系数进行修正，拟合得到了 de Brito（D）和 de Brito（W）两种再生混凝土徐变模型，如式（1-2）和式（1-3）所示。其中，再生骨料表观密度与吸水率是残余水泥砂浆含量的直观表现，其测试方法可参考《普通混凝土用砂、石质量及检验方法标准》（JGJ 52—2006）[125]。这两种模型同时适用于再生粗骨料与再生细骨料混凝土的徐变变形预测，且可考虑再生粗骨料取代率的影响。

$$K_{RCA} = \frac{\varphi_{RAC}}{\varphi_{NAC}} = 3.6548\left(1 - \frac{D_{RAC}}{D_{NAC}}\right) + 1 \qquad (1-2)$$

$$K_{RCA} = \frac{\varphi_{RAC}}{\varphi_{NAC}} = 0.0682\left(\frac{W_{RAC}}{W_{NAC}} - 1\right) + 1 \qquad (1-3)$$

式中　φ_{RAC}——再生混凝土的徐变系数；

　　　φ_{NAC}——普通混凝土的徐变系数；

　　　D_{RAC}——再生混凝土粗细骨料表观密度的加权平均值；

　　　D_{NAC}——普通混凝土粗细骨料表观密度的加权平均值；

　　　W_{RAC}——再生混凝土中骨料的吸水量；

　　　W_{NAC}——普通混凝土中骨料的吸水量。

2011 年，Fathifazl 等[22]分别基于欧洲混凝土委员会-国际预应力协会提出的 MC90 模型[113]与美国混凝土协会 209 委员会提出的 ACI-209R-92 模型[126]考虑再生粗骨料残余砂浆含量对混凝土徐变系数的影响，建立了再生混凝土徐变预测模型，见式（1-4）［简称 Fathifazl（2011）模型］。当再生粗骨料取代率为 100%时，Fathifazl（2011）模型可表达为式（1-5）。

$$K_{RCA} = \frac{\varphi_{RAC}}{\varphi_{NAC}} = \left(\frac{V_{NM}^{RAC} + V_{RM}^{RAC}}{1 - V_{CA}^{RAC}}\right)^{1.33} \qquad (1-4)$$

$$K_{RCA} = \frac{\varphi_{RAC}}{\varphi_{NAC}} = \left(\frac{1 - (1 - C_{RM})V_{RCA}^{RAC}}{1 - V_{RCA}^{RAC}}\right)^{1.33} \qquad (1-5)$$

式中　K_{RCA}——再生粗骨料徐变影响系数；

　　　V_{NM}^{RAC}——新拌水泥砂浆体积含量，即再生混凝土内的新拌水泥砂浆体积与混凝土总体积的比值；

　　　V_{RM}^{RAC}——残余水泥砂浆体积含量；

　　　V_{CA}^{RAC}——再生混凝土中天然粗骨料体积含量；

　　　C_{RM}——再生粗骨料残余砂浆含量，即烘干处理后再生粗骨料中残余砂浆质量与再生粗骨料总质量的比值；

　　　V_{RCA}^{RAC}——再生混凝土中再生粗骨料的体积含量。

2013 年，Fathifazl 等[46]研究认为，再生混凝土的徐变性能不仅与再生粗骨料残余砂浆含量有关，还与再生粗骨料是否经历长期持荷有关。事实上，混凝土的徐变变形可分为可恢复徐变部分和不可恢复徐变部分[127]。在经历长期荷载作用后突然卸载时，混凝土构件将会产生瞬时弹性恢复变形和随时间发展的迟滞弹性恢复变形（徐变恢复），剩余的徐变变形部分则为不可恢复徐变变形。徐变恢复由水泥浆体对混凝土骨架弹性变形约束作用所产生的滞后效应引起，一般为卸载前徐变变形的 5%～30%[127]。

对于源自拆迁工程的再生粗骨料，由于其基体混凝土在破碎前经历了长期荷载作用，卸载后部分徐变变形不可恢复，采用该种骨料配制的再生混凝土在持荷作用下内部的残余砂浆将仅发生可复徐变变形，其变形量小于采用未经历持荷荷载作用的实验室混凝土破碎得到的骨料配制的再生混凝土。因此，Fathifazl 等引入残余砂浆不可复徐变影响系数 K_{RC}，提出了改进的再生粗骨料徐变影响系数 K_{RCA}，如式（1-6）～式（1-10）所示［简称 Fathifazl（2013）模型］，并建议在美国混凝土协会 209 委员会提出的 ACI-209R-92 模型[126]的基础上引入 K_{RCA} 来预测再生混凝土徐变。该模型中 β 为残余砂浆徐变恢复影响系数，当 $\beta=1$ 时，表示忽略残余砂浆的徐变变形；而当 $\beta=0$ 时，认为残余砂浆仍可产生与新砂浆相同的变形。Fathifazl 等分析发现，当 $\beta=0.75 \sim 1$ 时，其对再生粗骨料徐变影响系数 K_{RCA} 的计算结果影响不大，因此建议取 $\beta=1$，即忽略残余砂浆的徐变变形。

$$K_{RCA}=\frac{\varphi_{RAC}}{\varphi_{NAC}}=K_{RM}K_{RC} \tag{1-6}$$

$$K_{RM}=\frac{\varphi_{RAC}}{\varphi_{NAC}}=\frac{\left[1-(1+R-C_{RM})V_{RCA}^{RAC}\right]^{\frac{2.4}{1.2+0.6\frac{E_{RAC}}{E_{NAC}}}}}{(1-V_{NCA}^{RAC})^{1.33}} \tag{1-7}$$

$$K_{RC}=1-\beta K_t\left[\frac{C_{RM}V_{RCA}^{RAC}}{1-V_{RCA}^{RAC}(1+R)}\right]^{1.33} \tag{1-8}$$

$$R=\frac{V_{NCA}^{RAC}}{V_{RCA}^{RAC}} \tag{1-9}$$

$$K_t=\frac{t^{0.6}}{10+t^{0.6}} \tag{1-10}$$

式中　K_t——ACI 209（1992）模型所定义的徐变随时间发展系数；

　　　V_{NCA}^{RAC}——再生混凝土中天然粗骨料体积含量；

　　　E_{RAC}、E_{NAC}——再生混凝土、天然混凝土的弹性模量，MPa。

由式（1-8）可知，再生混凝土中再生粗骨料体积含量及残余砂浆含量越高，再生粗骨料残余砂浆不可复徐变影响系数 K_{RC} 越小。当再生混凝土配合比中，再生粗骨料体积含量为混凝土总体积的 40%～50%且再生粗骨料残余砂浆含量为20%～50%时，再生粗骨料取代率为 100%的再生混凝土，与仅考虑再生粗骨料残余砂浆含量影响的 Fathifazl（2011）模型相比，再生粗骨料残余砂浆不可复徐变影响的 Fathifazl（2013）模型计算结果可降低 6%～23%［式（1-8）］。

2013 年，肖建庄等[111]根据不同再生粗骨料取代率的再生混凝土在不同应力水平下的徐变试验数据，在美国 Bažant 等[128]提出的 B3 模型的基础上拟合得到了再生混凝土徐变度 C_{RAC} 的计算方法［简称 Xiao（2013）模型］，如式（1-11）～式（1-14）所示。

$$C_{RAC}=q_2'Q(t,t_0)+q_3'\ln\left[1+\left(t-t_0\right)^{0.1}\right]+q_4'\ln(t/t_0) \tag{1-11}$$

$$q_2' = (0.048r + 0.581)q_2 \tag{1-12}$$

$$q_3' = 0.29(w/c)^4 q_2' \tag{1-13}$$

$$q_4' = (1.709r + 1.288)q_4 \tag{1-14}$$

式中　$Q(t, t_0)$——B3 模型时间函数;

　　　t——持荷时间, d;

　　　t_0——外荷载首次加载时间, d;

　　　r——再生粗骨料取代率;

　　　w/c——再生混凝土水灰比;

　　　q_2 和 q_4——B3 模型计算系数。

2014 年, Fan 与 Xiao 等[112]研究认为再生混凝土的徐变由新拌砂浆和残余砂浆的徐变共同组成, 并考虑了再生粗骨料弹性模量对新拌砂浆徐变的影响, 基于 Neville 徐变模型[129]建立了再生混凝土徐变计算方法 [简称 Xiao（2014）模型], 如式（1-15）~式（1-19）所示。采用 Xiao（2014）模型计算再生混凝土徐变, 需已知新拌砂浆的徐变量。

$$\varepsilon_{\text{creepRAC}} = a\varepsilon_{\text{creepom}} + (1 - g_{\text{NCA}})^{\alpha_{\text{NAC}}} \varepsilon_{\text{creepm}} + b(1 - g_{\text{NCA}})^{\alpha_{\text{NAC}}} \varepsilon_{\text{creepm}}$$
$$= a\varepsilon_{\text{creepom}} + (1 + b)\varepsilon_{\text{creepNAC}} \tag{1-15}$$

$$a = 1 - (1 - g_{\text{om}})^{\alpha_{\text{om}}} \tag{1-16}$$

$$b = (1 - g_{\text{NCA}})^{\alpha_{\text{RAC-E}} - \alpha_{\text{NAC}}} - 1 \tag{1-17}$$

$$\varepsilon_{\text{creepom}} = \left(-23.83 \frac{E_{\text{RAC}}}{E_{\text{NAC}}} + 25.33 \right) \varepsilon_{\text{creepNAC}} \tag{1-18}$$

$$\varepsilon_{\text{creepNAC}} = \varepsilon_{\text{creepm}} (1 - g_{\text{NCA}})^{\alpha_{\text{NAC}}} \tag{1-19}$$

式中　$\varepsilon_{\text{creepRAC}}$——再生混凝土徐变;

　　　$\varepsilon_{\text{creepom}}$——残余砂浆徐变;

　　　$\varepsilon_{\text{creepm}}$——新拌砂浆徐变;

　　　$\varepsilon_{\text{creepNAC}}$——普通混凝土徐变;

　　　g_{NCA}——天然骨料体积含量;

　　　g_{om}——残余砂浆体积含量;

　　　α_{NAC}——普通混凝土 Nevil 徐变模型计算系数;

　　　α_{om}——残余砂浆 Nevil 徐变模型计算系数;

　　　$\alpha_{\text{RAC-E}}$——考虑弹性模量影响的再生混凝土 Nevil 徐变模型计算系数。

综上, 各再生混凝土徐变模型本质上均考虑了再生粗骨料残余砂浆含量对再生混凝土徐变的影响, 而 Fathifazl（2013）模型基于此还考虑了残余砂浆徐变恢复程度的影响。经过近 80 年的研究, 对于再生混凝土徐变性能, 相关专家已积累了相当丰富的研究成果。对钢管再生混凝土徐变性能的研究仅需在此基础上考虑钢管的密闭作用，对再生混凝土徐变模型进行一定修正，即可提出合理可靠的徐变模型。

1.5.2　钢管再生混凝土的力学性能

1.5.2.1　钢管再生混凝土短柱力学性能研究

2006 年，Yang 等[130]最早开展了圆形和方形钢管再生混凝土短柱的轴压力学性能初探试验研究，主要参数为再生粗骨料取代率（0、25%和50%）。研究表明，钢管再生混凝土试件与钢管普通混凝土对比试件的破坏过程及破坏模式相似；当再生粗骨料取代率为50%时，钢管再生混凝土试件的承载力比相应钢管普通混凝土试件的承载力低 2.4%～9.4%。2009 年，邱昌龙[131]对钢管再生混凝土短柱轴压力学性能进行了试验研究，将再生粗骨料取代率扩展至100%，包括0、30%、60%和 100%。试验结果表明，再生粗骨料取代率对钢管再生混凝土承载力的影响在3%以内，这与马静等[132]关于钢管再生混凝土短柱轴压力学性能的试验结果相似。2010～2011 年，Shi 等[133]与邱慈长等[134]对薄壁钢管再生混凝土短柱轴压力学性能进行了试验研究。试验结果表明，当再生粗骨料取代率为100%时，圆形和方形钢管再生混凝土的承载力比相应钢管普通混凝土对比试件的承载力低 14.3%和10.2%。2010～2014 年，Chen 等[135-137]也对再生粗骨料取代率为0～100%的圆形和方形钢管再生混凝土短柱轴压力学性能进行了试验研究。结果表明，钢管再生混凝土试件的承载力随再生粗骨料取代率的增加而略有提高，提高幅度在10%以内，这是由于该试验的核心再生混凝土的抗压强度比相应普通混凝土试件的抗压强度高。2015 年，牛海成等[138,139]对 5 个圆形和方形足尺钢管再生混凝土轴压力学性能进行了试验研究。结果表明，由于试验再生混凝土抗压强度比普通混凝土高，钢管再生混凝土试件的承载力比相应的钢管普通混凝土试件略有提高。此外，作者基于叠加计算理论，引入尺寸效应系数，提出了方钢管混凝土柱轴心受压承载力的计算公式。2015 年，黄宏等[140]对方钢管再生混凝土短柱轴压力学性能进行了试验研究，截面形式包括方实心、方套圆中空夹层和方套方中空夹层 3 种。试验结果表明，掺入再生骨料可使方钢管混凝土短柱的承载力降低 6.2%。

在钢管再生混凝土短柱轴压力学性能有限元分析方面，Yang 等[130]对钢管再生混凝土短柱的轴压力学性能进行分析，揭示了受力过程中钢管与核心再生混凝土之间的相互作用；Liu 等[141]采用混凝土损伤理论分析了钢管再生混凝土与钢管普通混凝土短柱轴压力学性能之间的差异。

2011 年，张卫东等[142]对钢管再生混凝土偏压短柱进行了试验研究，通过对15 根钢管再生混凝土短柱进行偏压试验，分析了钢管再生混凝土短柱的偏压性能与钢管普通混凝土的差别。研究表明，钢管再生混凝土构件的偏压破坏形态经历了弹性、弹塑性和破坏 3 个阶段，与钢管普通混凝土构件类似；钢管再生混凝土构件的荷载-应变曲线的弹性段比钢管普通混凝土构件短,弹性刚度低于钢管普通混凝土构件;再生粗骨料取代率是影响钢管再生混凝土偏压短柱承载力的主要因素,构件的承载力随再生粗骨料取代率的增加而降低,再生粗骨料取代率为100%时下降幅度达20%。

通过上述研究可以看出,不同学者已对钢管再生混凝土短柱的力学性能进行了一定的试验研究。研究表明,与钢管普通混凝土相比,钢管再生混凝土也具有优良的抗压性能;掺入再生粗骨料可使钢管再生混凝土试件的截面承载力和压弯承载力降低约10%。然而,目前针对轴向荷载作用下钢管再生混凝土短柱力学性能的研究主要关注的是再生粗骨料取代率对该类构件力学性能的影响,核心混凝土强度、含钢率与骨料来源均为单一取值。未有试验研究不同核心混凝土强度、不同含钢率或采用不同来源的再生粗骨料时,再生粗骨料取代率对钢管再生混凝土轴压短柱力学性能的影响程度是否一致;尚无研究考虑约束效应对钢管纵向承载能力的不利影响,尚未提出能够较为真实地反映整个加载过程中钢管及核心混凝土纵向应力应变状态的钢管再生混凝土轴压应力-应变关系表达式。

1.5.2.2 钢管再生混凝土中长柱力学性能研究

2006 年,Yang 等[130, 143]对钢管再生混凝土中长柱在轴压、偏压、纯弯荷载作用下的力学性能进行了试验研究,其试验主要参数为钢管截面形状(圆形、方形)、核心混凝土再生粗骨料取代率(0、25%、50%)及荷载偏心率(0～0.53)。研究表明,钢管再生混凝土中长柱的典型破坏模式为整体屈曲,构件的承载力随着偏心率的提高而降低;用于钢管普通混凝土分析的力学模型同样适用于钢管再生混凝土构件,且正弦半波假设、平截面假设适用于钢管再生混凝土压弯构件的理论分析;再生混凝土的抗压强度低于相同配合比的普通混凝土,导致相对于钢管普通混凝土试件,圆钢管再生混凝土试件的极限承载力下降 1.7%～9.1%,方钢管再生混凝土试件下降 1.4%～14.5%;各国规程都可以较好地预测圆钢管再生混凝土柱的承载力,只有 EC4[144]的结果稍偏于不安全。

2012 年,张向冈等[145,146]对钢管再生混凝土长柱在轴压与偏压荷载作用下的稳定性能开展了试验研究,试验主要参数为截面形状(圆形、方形)、再生粗骨料取代率(0、50%、100%)和长细比(圆形:31.3、38.3、52.2,方形:34.64、43.3、51.96)。研究表明,钢管再生混凝土长柱具有良好的延性,但方形试件的延性弱于圆形试件;再生粗骨料取代率对构件稳定承载力影响较小,但会增加构件的峰值应变;长细比和偏心距对钢管再生混凝土长柱的影响与钢管普通混凝土类似,且长细比越大,偏心距对构件承载力的影响越显著。

相对于钢管再生混凝土短柱力学性能的试验研究成果,针对钢管再生混凝土中长柱的试验研究相对较少。试件数量有限,仅包括 17 根圆钢管再生混凝土中长柱稳定性能试验、17 根方钢管再生混凝土中长柱稳定性能试验和 10 根钢管再生混凝土柱纯弯试验,其中纯弯试验的再生粗骨料取代率最高仅为 50%。

1.5.2.3　钢管再生混凝土长期性能

混凝土收缩包括自生收缩和干燥收缩，徐变包括基本徐变与干燥徐变，其中干燥收缩和干燥徐变均由混凝土内部的自由水向外界散失引起。钢管混凝土内部的核心混凝土由于密闭于钢管中，不与外界发生水分交换，仅发生自生收缩与基本徐变，其长期性能与普通钢筋混凝土构件存在本质不同。

目前，针对钢管再生混凝土长期静力性能的研究相对较少。

2008 年，Yang 等[147]最早进行了圆形和方形钢管再生混凝土柱的长期性能试验研究，主要考虑参数包括再生粗骨料取代率（0 和 50%）和轴压比（0.3 和 0.6），试件的核心混凝土强度等级为 C30。研究表明，与相同轴压比的钢管普通混凝土试件相比，圆形与方形钢管再生混凝土试件的徐变变形分别增大 23%和 22%；轴压比越高，试件的徐变变形越大。2011 年，王海洋等[148]进行了钢管膨胀再生混凝土构件的长期变形试验研究，该试验主要考虑了膨胀剂掺量（0、5%和 10%）对试件徐变变形的影响，试件的再生粗骨料取代率为 100%，试验过程分 7 级加载，每 3d 加一级。研究表明，膨胀剂的掺量越高，钢管再生混凝土的徐变变形越大。2011 年，Yang[149]基于试验数据，以再生粗骨料取代率为主要参数，提出了再生粗骨料徐变影响系数 K_{RCA} 的计算表达式，由于试验数据有限，所提出的计算表达式的适用范围较小；在此基础上，对钢管再生混凝土柱的第一类徐变稳定问题（即构件在持荷荷载作用下的稳定破坏）进行了分析，并提出了相应的设计公式，分析时，通过折减核心再生混凝土弹性模量考虑时效作用的影响。

可以看出，目前关于钢管再生混凝土长期性能的试验研究较为有限，不足以明确再生粗骨料取代率对钢管混凝土长期变形的影响；未有学者研究不同加载龄期时钢管再生混凝土的长期静力性能；针对钢管再生混凝土柱的徐变模型也相对较不成熟。

1.6　本书主要内容简介

钢管再生混凝土克服了再生混凝土抗压强度低、延性和耗能能力差、收缩徐变大等缺点，兼有钢管混凝土承载力高、抗震性能好、施工方便和再生混凝土节约资源、绿色环保的优点，是将废弃混凝土资源化的有效途径之一，应用前景广阔。但是目前对钢管再生混凝土力学性能的研究相对不成熟，还未形成成套设计理论。本书系统介绍作者在该领域的相关研究内容及成果，主要包括以下几方面内容。

（1）再生混凝土的基本力学性能

进行再生混凝土抗压强度试验、抗拉强度试验、弹性模量试验和轴压下棱柱体试块应力-应变关系试验，重点探究基体混凝土龄期对再生混凝土力学性能的影响。基于理论推导或试验数据拟合，提出再生混凝土基本力学性能系列模型，包括再生混凝土抗压强度发展系数模型、再生混凝土抗拉强度模型、再生混凝土弹性模量模型和再生混凝土应力-应变全过程曲线模型；将上述模型的预测结果与现有试验结果进行对比，验证上述模型的准确性。此外，为寻找适合实际工程应用的经济有效的再生混凝土配制方法，通过试验的方式研究了配制方法对再生混凝土基本力学性能的影响，并提出相应的骨料级配建议。

（2）再生混凝土的长期性能

进行再生混凝土在密闭条件下的自生收缩性能试验，以及在非密闭条件下的收缩性能试验和徐变性能试验，重点探究基体混凝土龄期对密闭条件下再生混凝土自生收缩性能和非密闭条件下再生混凝土收缩性能的影响、基体混凝土抗压强度对再生混凝土自生收缩性能的影响，以及水灰比对再生混凝土徐变性能的影响。基于理论推导，通过残余砂浆含量考虑再生粗骨料与天然粗骨料的刚度差异，并通过粗骨料吸水率变化考虑再生混凝土内部"自养护"效应的影响，提出适用于再生混凝土的自生收缩模型；采用试验结果验证该模型预测结果的准确性。基于现有试验结果，对比研究现有多种再生混凝土收缩模型和徐变模型的预测精度。

（3）钢管再生混凝土短柱轴压力学性能

进行圆钢管再生混凝土轴压短柱力学性能试验，研究不同核心混凝土强度、不同含钢率及采用不同来源的再生粗骨料时，再生粗骨料取代率对其力学性能的影响；基于试验结果，考虑约束效应对钢管纵向承载能力的不利影响，提出能够较为真实地反映整个加载过程中钢管及核心混凝土纵向应力应变状态的钢管再生混凝土轴压应力-应变关系表达式；验证将现有钢管普通混凝土规范［包括我国《钢管混凝土结构技术规范》（GB 50936—2014）[150]、欧洲 EC4 规范[144]、美国 AISC 规范[151]、日本 AIJ 规范[152]］截面强度设计公式直接用于钢管再生混凝土柱截面承载力预测的可行性。

（4）钢管再生混凝土中长柱静力性能

进行圆钢管再生混凝土中长柱轴心受压力学性能和圆钢管再生混凝土中长柱压弯力学性能的试验研究，分析再生粗骨料取代率、长细比、再生粗骨料来源对其稳定性能的影响；基于试验结果，利用纤维模型法建立并验证了钢管再生混凝土柱稳定性能分析数值程序；通过系统参数分析，研究再生粗骨料取代率、长细比、偏心率、含钢率、再生混凝土强度及钢材屈服强度对钢管再生混凝土构件静力性能的影响。验证将现有钢管普通混凝土规范［包括我国《钢管混凝土结构技术规范》（GB 50936—2014）[150]、欧洲 EC4 规范[144]、美国 AISC 规范[151]、日本 AIJ 规范[152]］稳定承载力设计公式直接用于钢管再生混凝土柱稳定承载力预测的可行性。

（5）钢管再生混凝土的长期性能

进行圆钢管再生混凝土轴压短柱长期静力性能试验，研究再生粗骨料取代率、再生混凝土抗压强度及加载龄期对其长期静力性能的影响；在长期静力性能试验后，将所有试件进行轴心受压试验，研究长期持荷作用对圆钢管再生混凝土短柱轴压性能的影响；在试验研究基础上，采用体积无穷大假设模拟核心混凝土所处的密闭状态，使用各再生混凝土徐变模型预测钢管再生混凝土长期变形，评估各模型的预测精度；通过系统参数分析，拓宽参数范围，研究在实际工况下，含钢率、加载龄期、核心混凝土强度、再生粗骨料取代率对钢管再生混凝土短柱长期性能的影响；分析各简化计算方法在预测钢管再生混凝土长期变形时的可靠性，提供各简化计算方法的适用范围并给出相应的设计建议。

第2章 再生混凝土的基本力学性能

2.1 引 言

已有研究表明，再生粗骨料取代率并不是影响再生混凝土基本力学性能的唯一因素。目前，各国学者已对骨料级配、基体混凝土来源、基体混凝土强度、再生粗骨料物理性能和破碎方式等因素对再生混凝土力学性能的影响进行了试验研究。但尚未有学者关注基体混凝土龄期对再生混凝土力学性能的影响，且现有再生混凝土基本力学性能模型大多通过少量试验数据回归得到，预测精度较低，这些问题对再生混凝土的推广应用造成了阻碍。

针对上述亟待解决的问题，本章对再生混凝土抗压强度、抗拉强度、弹性模量和轴压下应力-应变全过程曲线进行系统试验研究，重点关注基体混凝土龄期对再生混凝土力学性能的影响。此外，为寻找适合实际工程应用的经济有效的再生混凝土配制方法，本章将通过试验研究分析配制方法对再生混凝土基本力学性能的影响，并提出相应的骨料级配建议。

基于本章和其他文献中的试验结果，本章将提出再生混凝土基本力学性能的系列模型，包括再生混凝土抗压强度发展系数模型、再生混凝土抗拉强度模型、再生混凝土弹性模量模型和再生混凝土应力-应变全过程曲线模型。其中，再生混凝土抗压强度发展系数模型考虑再生混凝土的"自养护"效应；再生混凝土抗拉强度模型考虑再生混凝土水灰比的影响；再生混凝土弹性模量模型基于两相复合材料理论，以残余砂浆含量为基本参数，通过理论推导得到；再生混凝土应力-应变关系模型将研究适用范围拓宽至 C50 再生混凝土。

2.2 再生混凝土试验方法概述

2.2.1 废弃混凝土来源及再生粗骨料制备

对上海和国内外其他地区废弃混凝土来源的调查结果表明[153]，废弃混凝土的主要来源是建筑物由于达到使用年限或因损坏、老化而被拆除时产生的混凝土块。此外，市政工程的动迁及重大基础设施改造、建筑物施工过程和商品混凝土厂生产的不合格混凝土也会产生大量的废弃混凝土。

本章针对再生混凝土的各项基本力学性能进行大量试验研究，试验中所用的再生粗骨料来自实际拆迁工程或实验室的废弃混凝土。目前，有多种破碎废弃混凝土而得到再生粗骨料的方法，考虑实验室的客观条件，本章试验均采用两阶段破碎法制备再生粗骨料（图 2-1）：首先在施工现场使用钳式挖掘机对大块废弃混凝土块（如拆迁建筑的梁、板等）进行机械破碎，将废弃混凝土处理成直径或边长不超过 150mm 的块体；然后将其放入颚式破碎机（图 2-2）中进行破碎，并将破碎得到的骨料进行筛分，使骨料的粒径级配满足《普通混凝土用砂、石质量及检验方法标准》（JGJ 52—2006）[125]要求。本章试验中破碎得到的再生粗骨料如图 2-3 所示。

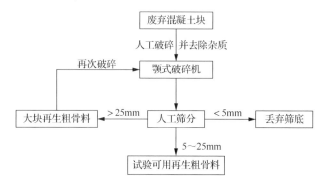

图 2-1　实验室制备再生粗骨料的生产工艺

图 2-2　颚式破碎机　　　　　　　　　图 2-3　再生粗骨料

2.2.2　再生粗骨料的物理性能指标及测试方法

粗骨料的物理性能指标包括表观密度、吸水率和压碎指标。其中，表观密度是指骨料颗粒单位体积（包括内封闭孔隙）的质量；吸水率是指骨料在一定条件下吸水饱和时，所吸水的质量占材料绝干质量的百分比；压碎指标是指按规定试验方法测得的被压碎碎屑的质量占试样总质量的百分比。导致再生粗骨料以上 3 个物理性能指标均低于天然粗骨料的根本原因是再生粗骨料中含有残余砂浆，因此试验中尚应测量再生粗骨料残余砂浆含量。残余砂浆含量是指在绝干状态下，再生粗骨料表面附着的残余砂浆质量与再生粗骨料总质量的比值。

这几个物理性能指标中，表观密度、吸水率和压碎指标参考《普通混凝土用砂、石质量及检验方法标准》（JGJ 52—2006）[125]中的相关规定进行测量。再生粗骨料残余砂浆含量可采用文献[13]和文献[109]推荐的高温冷却法测得，具体操作为：首先将质量为 1000g 的骨料置于高温炉中，使炉内温度在 1.5h 内线性升高至 700℃，恒温保持 1h 后将骨料置于冷水中快速冷却；经高温、冷却后，大部分附着于再生粗骨料表面的旧砂浆发生脱落，对于尚未脱落的砂浆，用橡胶锤敲击并用刀片将其刮落；此后，将经清水洗净后的骨料烘干至恒重，并用孔径为 5mm 的方孔筛对骨料进行筛分，此时称得基体骨料的质量为 m（g），根据式（2-1）可计算得到骨料的砂浆含量 C_{RM}。

$$C_{RM} = \frac{1000 - m}{1000} \times 100\% \qquad (2\text{-}1)$$

2.2.3　再生混凝土的配制与养护

按照设计配合比配制各组再生混凝土试件。参考《再生骨料应用技术规程》（JGJ/T 240—2011）[39]、文献[48]和文献[51]的建议，在本章所进行的再生混凝土各项基本力学性能试验中，主要采用 PS 法配制再生混凝土。该方法可保证不同再生粗骨料取代率的再生混凝土的有效水灰比一致，从而消除再生粗骨料高吸水率的影响。在拌和混凝土时，首先将粗、细骨料搅拌 30s，然后加入水泥搅拌 30s，最后加入全部水搅拌 60s。所有的混凝土试件均在实验室条件下浇筑，混凝土浇筑 24h 后进行拆模，随后将试件放入恒温恒湿试验箱内进行养护，试验箱在养护过程中保持相对湿度 RH 为(50±5)%，温度 T 为(23±2)℃。

2.3　再生混凝土抗压强度

2.3.1　再生混凝土抗压强度试验方法

试验中均使用边长为 100mm 的立方体混凝土试块测定再生混凝土的立方体抗压强度，试验结果按照《混凝土结构设计规范（2015 年版）》（GB 50010—2010）[96]换算得到边长为 150mm 的混凝土立方体试块抗压强度。每个参数浇筑 3 个立方体试块，根据《混凝土强度检验评定标准》（GB/T 50107—2010）[154]的相关规定，取 3 个试件测值的算术平均值作为该组试件的强度值，应精确至 0.1MPa；当 3 个测值中的最大值或最小值中有一个与中间值的差值超过中间值的 15%时，则应把最大值及最小值剔除，取中间值作为该组试件的抗压强度值；当最大值和最小值与中间值的差值均超过中间值的 15%时，该组试件的试验结果无效。按照《混凝土物理力学性能试验方法标准》（GB/T 50081—2019）[155]的规定，当混凝土养护至某一龄期时，采用 2000kN 的电液伺服压力试验机，按照 5kN/s 的加载速率对试件连续均匀施加荷载，加载装置如图 2-4 所示。

图 2-4　混凝土立方体抗压强度试验加载装置

2.3.2　再生混凝土抗压强度影响因素

2.3.2.1　再生粗骨料取代率

再生粗骨料取代率 r 表示混凝土中再生粗骨料占全部粗骨料的比例。目前，关于再生粗骨料取代率对再生混凝土抗压强度影响的研究已较为丰富，但考虑再生粗骨料取代率是影响再生混凝土抗压强度的基础因素，本节试验依然对此进行了研究。

试验所研究的混凝土强度等级为 C30 和 C50，再生粗骨料取代率为 0、25%、50%、75% 和 100%，龄期为 7d、14d、28d、51d 和 128d。C30 和 C50 混凝土的有效水灰比分别为 0.45 和 0.31；C30 混凝土配合比为水泥：水：细骨料：粗骨料=1：0.45：1.57：2.68，单位体积用水量为 180kg/m^3；C50 混凝土配合比为水泥：水：细骨料：粗骨料：减水剂=1：0.31：1.06：1.81：0.01，单位体积用水量为 171kg/m^3。其中，用水量不包含再生粗骨料的附加用水量，粗骨料的质量为干重，表示天然粗骨料和再生粗骨料的质量之和，各组试件根据再生粗骨料取代率的不同按质量比确定再生粗骨料的用量。

水泥采用哈尔滨水泥厂生产的普通硅酸盐水泥（P.O 42.5）；天然粗骨料和细骨料分别为花岗岩和砂，其中砂的细度模数为 2.58。再生粗骨料源自哈尔滨工业大学结构与抗震实验室前期完成的破损性试验所产生的废弃混凝土，龄期为 2a，基体混凝土水灰比为 0.46，配合比为水泥：水：细骨料：粗骨料：减水剂=1：0.46：1.85：2.58：0.03，单位体积用水量为 185kg/m^3。试验中的骨料级配满足《普通混凝土用砂、石质量及检验方法标准》（JGJ 52—2006）[125]要求。再生粗骨料和天然粗骨料取相近级配，见表 2-1。测定筛分后的再生粗骨料基本性质，包括表观密度、吸水率、压碎指标和残余砂浆含量，结果见表 2-1。根据《混凝土用再生粗骨料》（GB/T 25177—2010）[38]对骨料分类标准的规定，本节试验中使用的再生粗骨料属于Ⅲ类骨料。《再生混凝土结构技术标准》(JGJ/T 443—2018)[61]对Ⅲ类骨料在结构混凝土中的应用从取代率等方面提出了限制,但当其应用于钢管混凝土中时,钢管对核心混凝土的约束作用将显著改善其力学性能,因此本节仍采用Ⅲ类骨料进行试验,探索将其用于结构混凝土中的可行性。

表 2-1　粗骨料的级配和物理性能

类型	粒径范围/mm	累计筛余/%					表观密度/(kg/m³)	吸水率/%	压碎指标/%	残余砂浆含量/%
		26.5mm	19.0mm	16.0mm	9.5mm	4.75mm				
天然粗骨料	4.75~25	0	41	58	83	100	2880	0.50	3.12	—
再生粗骨料	4.75~25	0	40	55	82	99	2629	7.16	8.8	36

图 2-5 分析了再生粗骨料取代率 r 对再生混凝土抗压强度的影响,图中 $f_{cu,r}/f_{cu}$ 表示再生粗骨料取代率为 r 的再生混凝土抗压强度与同配比普通混凝土($r=0$)抗压强度的比值。可以看出,不同强度等级再生混凝土试块的抗压强度均随再生粗骨料取代率的增加而降低。这是由于再生粗骨料表面存在残余砂浆,当再生混凝土与普通混凝土的有效水灰比相同时,随着再生粗骨料取代率的增加,单位体积混凝土的用水量和砂浆总量均增大,界面薄弱区也相应增大。图 2-5 中,与 C30 再生混凝土相比,再生粗骨料取代率对 C50 再生混凝土抗压强度的影响更大。例如,与普通混凝土相比,当再生粗骨料取代率为 100%时,C30 和 C50 再生混凝土 28d 立方体抗压强度分别降低 9%和 15%。这是由于本试验的再生粗骨料源自较高水灰比(0.46)的基体混凝土,由其配制的 C50 再生混凝土中,残余砂浆的性质比新拌砂浆的性质差,这导致再生混凝土受压破坏时,与残余砂浆相关的界面更易破坏,从而对混凝土抗压强度的影响较大;而对于所配制的 C30 混凝土,残余砂浆与新拌砂浆的性质相差较小,再生粗骨料对混凝土抗压强度的影响也相应较小。其他学者通过研究也认为,再生混凝土的水灰比越低,即再生混凝土抗压强度越高,再生粗骨料取代率对再生混凝土抗压强度的影响越大[9,115,156,157]。

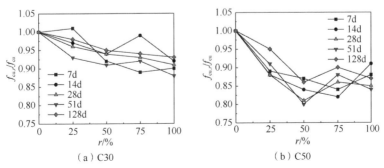

(a) C30　　　　　　　　　(b) C50

图 2-5　再生粗骨料对不同强度等级再生混凝土抗压强度的影响

对文献[1]和文献[158]中再生混凝土抗压强度试验结果（共计 113 组）进行统计，以研究再生粗骨料取代率 r 对混凝土抗压强度的影响，如图 2-6 所示，图中 f_{RAC}/f_{NAC} 表示再生混凝土抗压强度与同配比普通混凝土抗压强度的比值。可以看出，随着再生粗骨料取代率的提高，混凝土抗压强度总体呈明显下降趋势；当采用性能较差的再生粗骨料时，再生粗骨料取代率对混凝土抗压强度的影响更为显著。具体而言，当取代率为 100%时，采用性能较好的 I 类骨料的再生混凝土抗压强度平均降低 7%；采用性能较差的 II、III 类骨料的再生混凝土抗压强度平均降低 18%；掺入性能更差的再生粗骨料时，取代率为 50%时，混凝土抗压强度降低幅度超过 40%。

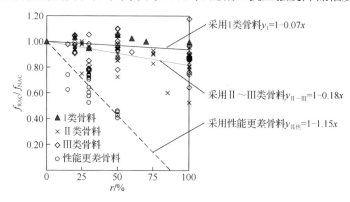

图 2-6　再生粗骨料取代率对混凝土抗压强度的影响

2.3.2.2　基体混凝土龄期

基体混凝土龄期是指用于制作再生粗骨料的废弃混凝土的龄期。目前，尚未有学者关注基体混凝土龄期对再生混凝土力学性能的影响，本节通过试验研究基体混凝土龄期对再生混凝土抗压强度的影响[19]。

试验采用 42.5 级普通硅酸盐水泥，表观密度为 3.17g/cm³，其物理性能和化学组分分别见表 2-2 和表 2-3，采用 AS-I 型高效减水剂保证混凝土的和易性满足浇筑要求。

表 2-2　水泥的物理性能

$f_{ct,f,3}$/MPa	$f_{ct,f,28}$/MPa	$f_{c,3}$/MPa	$f_{c,28}$/MPa	密度/（g/cm³）
4.8	6.8	21.3	50.8	3.17

注：$f_{ct,f,3}$，$f_{ct,f,28}$ 表示水泥 3d 和 28d 抗拉强度；$f_{c,3}$，$f_{c,28}$ 表示水泥 3d 和 28d 抗压强度。

表 2-3　水泥的化学组分　　　　　　　　（单位：%）

项目	组分							
	SiO_2	Al_2O_3	Fe_2O_3	CaO	R_2O	SO_3	MgO	L.O.I
含量	21.14	5.47	3.96	62.28	0.95	2.6	1.7	1.6

注：L.O.I（loss on ignition）为水泥的烧失量。

　　试验共选用 3 种具有不同基体混凝土龄期的再生粗骨料，其龄期分别为 1a、18a 和 40a，基体混凝土水灰比均为 0.45，设计强度均为 C30。其中，基体混凝土龄期为 1a 的再生粗骨料来源于实验室足尺钢筋混凝土梁试件的废弃混凝土，28d 立方体抗压强度为 37.5MPa；龄期为 18a 和 40a 的再生粗骨料分别来源于哈尔滨市国贸服装城和"7381"工程拆迁的废弃混凝土，这两种再生粗骨料的基体混凝土 28d 立方体抗压强度约为 38MPa，均在 I 类环境中服役，服役期间活荷载设计值均为 3.5kPa。天然粗骨料选用粒径为 5～25mm 的石灰石碎石，细骨料选用粒径为 0～5mm 的砂，细度模数为 2.58，骨料级配为表 2-4 中 I 型级配，骨料的物理性能见表 2-5。除龄期为 40a 的再生粗骨料属于Ⅲ类骨料外，其他再生粗骨料属于Ⅱ类骨料[38]。可以看出，具有不同基体混凝土龄期的再生粗骨料物理性能较为接近。例如，3 种 I 型级配再生粗骨料的表观密度和吸水率的最大差别分别为 3.7% 和 3.8%，龄期为 1a 和 18a 的 I 型级配再生粗骨料的压碎指标仅差 4.7%。试验中再生粗骨料取代率为 0、30%、50% 和 100%，采用体积取代；混凝土有效水灰比为 0.45，砂率为 0.36。当取代率为 100% 时，再生混凝土配合比为水泥：水：细骨料：粗骨料：减水剂=1：0.45：1.53：2.69：0.01，单位体积用水量（不包含再生粗骨料的附加用水量）为 180kg/m³。作为对照的普通混凝土（$r=0$）的配合比为水泥：水：细骨料：粗骨料：减水剂=1：0.45：1.68：2.95：0.01，单位体积用水量为 180kg/m³。

表 2-4　骨料级配

方孔筛尺寸/mm	累计筛余/%				
	天然粗骨料		再生粗骨料		细骨料
	I 型	Ⅱ 型	I 型	Ⅱ 型	
26.5	100.0	100.0	100.0	100.0	—
16.0	38.5	49.8	39.6	49.8	—
4.75	0.6	0.5	0.9	0.5	100.0
2.36	—	—	—	—	86.2
1.18	—	—	—	—	74.3
0.60	—	—	—	—	52.0
0.30	—	—	—	—	12.9
0.15	—	—	—	—	2.4

表 2-5　骨料的物理性能

物理性能	骨料						
	天然粗骨料		再生粗骨料（1a）	再生粗骨料（18a）		再生粗骨料（40a）	天然细骨料
	I 型	Ⅱ 型	I 型	I 型	Ⅱ 型	I 型	—
$D/$（kg/m³）	2678.6	2777.2	2518.5	2492.6	2588.1	2427.9	2623.4

物理性能	骨料						
	天然粗骨料		再生粗骨料（1a）	再生粗骨料（18a）		再生粗骨料（40a）	天然细骨料
	Ⅰ型	Ⅱ型	Ⅰ型	Ⅰ型	Ⅱ型	Ⅰ型	—
D_{ssd}/（kg/m³）	2692.0	2792.5	2597.8	2572.2	2673.5	2570.8	2713.9
W/%	0.50	0.55	3.15	3.22	3.30	3.27	3.45
C_{RM}/%	—	—	53.1	32.9	32.2	47.9	—
岩质	石灰岩	石灰岩	安山岩	安山岩	安山岩	二长岩	砂
A_{CV}/%	3.1	4.3	12.8	13.4	15.2	23.0	—

注：D、D_{ssd} 和 W 分别表示骨料的干燥表观密度、饱和面干表观密度和吸水率；C_{RM} 表示再生粗骨料中残余砂浆含量；A_{CV} 表示粗骨料压碎指标。

　　基体混凝土龄期对不同龄期 t 再生混凝土抗压强度 f_{cu} 的影响如图 2-7 所示，图中 NCA 和 RCA 分别表示天然粗骨料和再生粗骨料。例如，"RCA（1a）"表示基体混凝土龄期为 1a 的再生粗骨料。可以看出，虽然具有不同基体混凝土龄期的再生粗骨料物理性能相似（表 2-5），但再生混凝土的抗压强度随着基体混凝土龄期的增大而显著降低。例如，当取代率为 100% 时，基体混凝土龄期为 1a 的再生混凝土 28d 抗压强度为 38.9MPa，而采用基体混凝土龄期为 18a 和 40a 的再生混凝土 28d 抗压强度仅为 30.2MPa 和 25.9MPa。这是由于随着服役龄期的增大，基体混凝土中界面过渡区和砂浆在外荷载和碳化作用的综合影响下，性能不断降低，因而其破碎得到的粗骨料力学性能也相应降低。除上述原因外，另一种可能的原因是，龄期较短的再生粗骨料内部存在未水化水泥，其在新制混凝土中可以继续水化，进而提高新旧砂浆之间和旧砂浆与基体粗骨料之间的界面过渡区性能。

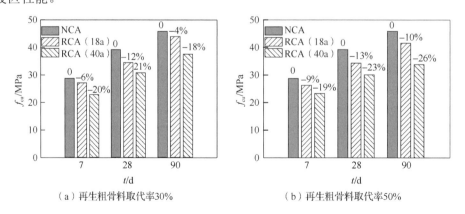

（a）再生粗骨料取代率30%　　　　　　　（b）再生粗骨料取代率50%

图 2-7　基体混凝土龄期对不同龄期 t 再生混凝土抗压强度 f_{cu} 的影响

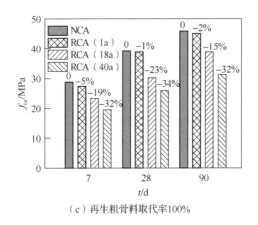

（c）再生粗骨料取代率100%

图 2-7（续）

试验结果还表明，粗骨料的压碎指标和吸水率不能全面反映再生粗骨料对再生混凝土抗压强度的影响，有必要考虑基体混凝土龄期的影响。例如，基体混凝土龄期为 1a 和 18a 的再生粗骨料的表观密度、吸水率和压碎指标的差别在 5%以内（表 2-5），但采用二者配制的再生混凝土 28d 抗压强度相差 22%（图 2-7）。基于以上试验结果，建议将龄期较短的废弃混凝土（如工程建造废弃混凝土）和龄期较长的废弃混凝土（如工程拆迁废弃混凝土）进行分类使用，以降低再生混凝土抗压强度的离散性。

2.3.2.3　配制方法和粗骨料级配

目前，在学术界较为认可的再生混凝土配制方法主要包括 PS、EMV、TSMA 与 MWC 等，本书 1.3.2 节已对该 4 种配制方法进行了详细介绍。为寻找适合实际工程应用、经济有效的再生混凝土配制方法，并给出相应的骨料级配建议，本节将通过试验研究配制方法和粗骨料级配对再生混凝土抗压强度的影响[159]。本节试验中的 PS 法、EMV 法、TSMA 法和 MWC 法 4 种方法的配制流程如图 2-8 所示；试验中作为对照组的普通混凝土采用传统配制方法配制，如图 2-8（a）所示；试验中共选取两种粗骨料级配，分别记为Ⅰ型和Ⅱ型，见表 2-4。

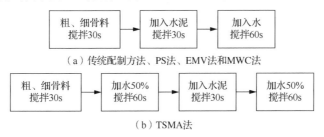

（a）传统配制方法、PS法、EMV法和MWC法

（b）TSMA法

图 2-8　不同配制方法配制混凝土的流程

本节试验中混凝土试件的原材料、有效水灰比、砂率和再生粗骨料取代率与2.3.2.2 节相同；再生粗骨料为 2.3.2.2 节中基体混凝土龄期为 18a 的再生粗骨料。当再生粗骨料取代率 r 为 0 和 100%时，采用不同配制方法和骨料级配的混凝土配合比见表 2-6。

表 2-6 采用不同配制方法和不同骨料级配的混凝土配合比

配制方法	粗骨料级配	r/%	各组分含量/（kg/m³）						坍落度/mm
			水	水泥	细骨料	粗骨料		减水剂	
						天然	再生		
传统配制方法	Ⅰ型	0	180	400	670	1180	0	4.0	190
PS 法	Ⅰ型	100	180	400	610	0	1074	4.0	160
EMV 法	Ⅰ型	100	113	251	421	0	1590	3.6	40
TSMA 法	Ⅰ型	100	215	400	610	0	1074	4.0	180
MWC 法	Ⅰ型	100	215	400	610	0	1074	4.0	170
传统配制方法	Ⅱ型	0	180	400	670	1180	0	4.0	180
PS 法	Ⅱ型	100	180	400	610	0	1074	4.0	160
EMV 法	Ⅱ型	100	113	250	382	0	1619	2.5	70

当再生粗骨料取代率为 100%时，不同配制方法对不同龄期 t 再生混凝土立方体抗压强度 f_{cu} 的影响如图 2-9 所示。其中，采用 PS 法配制的再生混凝土试件的抗压强度最高，其 90d 抗压强度可达 38.9MPa，与普通混凝土试件相比降低 15.3%，具有良好的坍落度（160mm），该结果与已有的研究结果[19]相似；采用 MWC 法配制的再生混凝土试件 90d 抗压强度为 32.6MPa，与采用 PS 法配制的混凝土试件相比降低 16.2%，坍落度达 170mm。导致 MWC 法配制的混凝土抗压强度降低幅度较大的原因，是采用该方法时再生粗骨料只在搅拌过程吸水，不能达到饱和面干状态，在总搅拌水用量相同的前提下，其有效搅拌水用量高于 PS 法，相当于增加了混凝土的水灰比；采用 TSMA 法配制的再生混凝土，其 90d 抗压强度仅比 PS 法低 3.1%，比 MWC 法高 15.6%，坍落度为 180mm。这是因为采用在拌和过程中分两次加水的 TSMA 法时，再生粗骨料吸水时间介于直接增加拌和水用量的 MWC 法和将再生粗骨料预浸泡处理的 PS 法之间（图 2-8），导致其有效搅拌水用量也介于二者之间。可以看出，采用上述几种方法配制的再生混凝土的坍落度与普通混凝土（坍落度 190mm）接近，均能满足实际工程要求。

采用 EMV 法配制的再生混凝土试件 90d 抗压强度比普通混凝土低 18.7%，其坍落度仅为 40mm（图 2-9）。这是由于 Fathifazl 学者提出 EMV 法的假设为再生粗骨料中残余砂浆的性能与新制砂浆性能相似，均可承担"粘结"和"填充"的作用，采用 EMV 法配制的再生混凝土和普通混凝土配合比与各项力学性能也相近[22,45,46]。实际上，残余砂浆更多地发挥"填充"作用，其自身还需要新制砂浆来承担"粘结"作用。因此，采用 EMV 法，实质上降低了再生混凝土的有效砂率，这可能导致混凝土的和易性显著降低，当和易性过低时，会降低混凝土的各项力学性能。

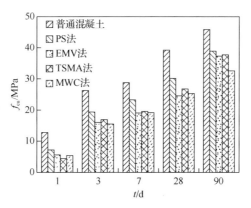

图 2-9　配制方法对再生混凝土抗压强度的影响（r=100%）

图 2-10 分析了配制方法对再生混凝土抗压强度的影响。改善配制方法，能够提高再生混凝土的抗压强度，且采用 EMV 法配制的再生混凝土的抗压强度对骨料级配更为敏感。例如，当采用 PS 法且再生粗骨料取代率为 100%时，相比于 I 型级配，采用 II 型级配得到的再生混凝土 28d 抗压强度高 28.5%，坍落度不变（160mm）；采用 EMV 法配制取代率为 100%的再生混凝土时，改善骨料级配（由 I 型变为 II 型）可将混凝土 28d 抗压强度提高 58.1%，并将坍落度从 40mm 提高至 70mm，使混凝土的和易性基本达到实际工程要求。当使用 I 型级配时，相比于 PS 法，采用 EMV 法配制的再生混凝土抗压强度低 19.4%；当将骨料级配改善为 II 型级配时，分别采用 EMV 法和 PS 法配制的再生混凝土抗压强度仅差 3.2%。因此，使用 EMV 法时应更注重骨料级配，当骨料级配合理时，采用 EMV 法配制的再生混凝土抗压强度基本能够达到使用 PS 法配制的再生混凝土的抗压强度。

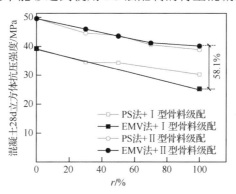

图 2-10　配制方法对再生混凝土抗压强度的影响

以上试验结果表明，研究再生混凝土力学性能时，应保证再生粗骨料与天然粗骨料级配相同，以避免骨料级配不同对结果产生额外的影响。采用 TSMA 法配制的再生混凝土抗压强度较高且具有良好的和易性，该方法配制流程简单，易于操作。采用 EMV 法时，粗骨料级配对再生混凝土的抗压强度有明显影响，因此使用该方法配制再生混凝土时，应对砂率、粗骨料级配、减水剂的类型和用量等配合比参数进行更严格的控制，以确保配制的再生混凝土能达到设计强度。

2.3.3　再生混凝土抗压强度发展规律及预测模型

2.3.3.1　再生混凝土抗压强度发展规律试验研究

对于采用 PS 法配制的再生混凝土，由于"自养护"效应的存在，再生混凝土抗压强度发展可能与普通混凝土不同。为研究再生混凝土抗压强度随龄期的发展规律，进行了两批试验，分别研究采用不同基体混凝土龄期的再生粗骨料配制不同强度的再生混凝土时，抗压强度随龄期的发展规律[19,160]。

第一批试验研究再生粗骨料的基体混凝土龄期分别为 1a、18a 和 40a 时，C30 混凝土抗压强度随龄期的发展规律[19]。试验试件的原材料和配合比与 2.3.2.2 节的试验相同，试验中分别测量 1d、3d、7d、28d 和 90d 时各组混凝土试件的立方体抗压强度。

第二批试验研究 C30 和 C50 再生混凝土抗压强度随龄期的发展规律[160]。试验试件的原材料和配合比等与 2.3.2.1 节的试验相同，试验中分别测量 7d、14d、28d、51d 和 128d 时各组混凝土试件的立方体抗压强度。

基体混凝土龄期对 C30 再生混凝土抗压强度发展的影响如图 2-11 所示，图中纵坐标 $f_{cu}(t)/f_{cu}(28)$ 表示混凝土龄期为 t 时的抗压强度与相应 28d 混凝土抗压强度的比值。与普通混凝土相比，再生混凝土 1d 抗压强度发展较慢：普通混凝土 1d 抗压强度为 12.8MPa，约为 28d 抗压强度的 32.6%；而取代率为 100% 时，采用基体混凝土龄期为 18a 的再生粗骨料配制混凝土，其 1d 抗压强度仅为 28d 抗压强度的 23.8%。该结果与文献[40]的试验结果相似：普通混凝土 1d 强度发展为 28d 强度的 34.2%～37.5%，而再生粗骨料取代率为 50% 的再生混凝土 1d 强度发展仅为 28d 强度的 20.6%～25.4%[40]。这可能是由于完全饱和面干骨料的吸附水阻止了水泥浆向骨料孔隙中渗入，导致早龄期时再生粗骨料与新制砂浆之间的界面过渡区性能较差，降低混凝土抗压强度（试验中 1d 的试块均为界面过渡区受压破坏），从而减小了 1d 时混凝土试块的抗压强度。随着养护龄期的延长，水泥持续水化，再生粗骨料与新制砂浆之间的界面过渡区性能得到增强[49]，因此养护龄期为 7～28d 时，普通混凝土和再生混凝土的强度发展相近。例如，养护龄期为 7d 时，普通混凝土和再生混凝土的强度发展均为 28d 强度的 70.4%～78.5%。养护龄期超过 28d 时，再生混凝土的强度发展始终大于普通混凝土；本节试验中，普通混凝土

90d 强度发展为 28d 强度的 117%；而在相同养护龄期条件下，取代率为 100%时，使用基体混凝土龄期为 18a 和 40a 的再生混凝土强度发展分别为 28d 强度的 129% 和 121%（图 2-11）。文献[161]的研究结果也表明，随着取代率的提高，混凝土晚龄期时抗压强度发展增大：当再生粗骨料取代率为 0、50%和 100%时，混凝土 720d 抗压强度发展分别为 28d 强度的 132%、147%和 151%。这是由于采用 PS 法配制再生混凝土时，在再生混凝土养护过程中，饱和面干骨料内的吸附水将不断从骨料中析出，促进再生混凝土持续发生水化作用，即"自养护"效应。

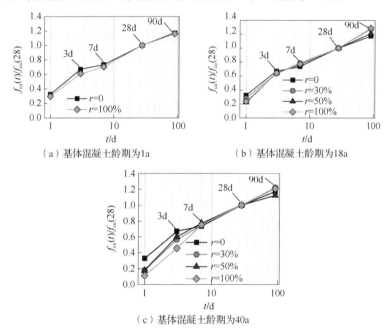

（a）基体混凝土龄期为1a　　　（b）基体混凝土龄期为18a

（c）基体混凝土龄期为40a

图 2-11　基体混凝土龄期对 C30 再生混凝土抗压强度发展的影响

C30 和 C50 再生混凝土抗压强度随龄期的变化如图 2-12 所示。与 C30 再生混凝土抗压强度相比，C50 再生混凝土抗压强度早期发展较快。例如，当取代率为 100%时，加载龄期为 7d 和 14d 时，C50 再生混凝土抗压强度发展比 C30 再生混凝土分别高 16.7%和 8.8%。这是由于混凝土强度越高，胶凝材料的用量越大，水化反应过程中可放出更多的热量，导致混凝土水化反应速率较快[162]，促进了混凝土强度的发展。此外，与 C30 再生混凝土相比，再生粗骨料取代率对 C50 混凝土抗压强度随龄期发展规律的影响更为显著。例如，当龄期为 7d 时，各取代率的 C30 再生混凝土强度发展 $f_{cu}(t)/f_{cu}(28)$ 之间最大差异为 10%，而对于 C50 再生混凝土，该差异增至 19%。

当龄期较晚（128d）时，C30 再生混凝土的抗压强度高于普通混凝土，表现出明显的"自养护"效应；对于 C50，其他文献中试验结果表明，高强度混凝土也具有"自养护"效应[76,83,86,114]。而本节试验中，128d 时取代率为 100%的 C50 再生混凝土的抗压强度发展低于普通混凝土，未表现出"自养护"效应，这可能是由试验的离散性造成的。

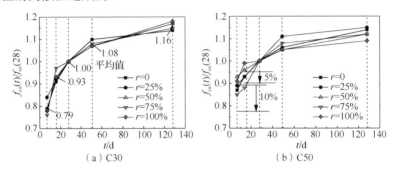

（a）C30　　　　　（b）C50

图 2-12　C30 和 C50 再生混凝土抗压强度随龄期的变化

2.3.3.2　再生混凝土抗压强度发展规律预测模型

2.3.3.1 节试验结果说明，受"自养护"效应影响，晚龄期时采用 PS 法配制的再生混凝土抗压强度发展与普通混凝土有较大不同，现有普通混凝土抗压强度发展模型可能不适用于再生混凝土。本节对 EC2 规范[163]中普通混凝土抗压强度发展模型进行修正，使其适于采用 PS 法配制的再生混凝土。

选用本节和部分文献[49,76,83,92,109,114,161,164,165]中的试验数据，研究 EC2 模型[163]对普通混凝土和再生混凝土的适用性，分别如图 2-13 和图 2-14（a）所示。混凝土抗压强度范围为 12.8～98.1MPa，养护龄期为 1d～5a，水泥的种类为 CEM42.5N 和 CEM42.5R。文献[12]提出可以采用线性回归系数（预测值和试验值的比值）和线性回归判定系数 R^2 评价模型的可靠性，而且当 $R^2>0.95$、$0.80 \leqslant R^2<0.95$、$0.65 \leqslant R^2<0.80$ 和 $R^2<0.65$ 时，其预测结果的精度分别为"优""良""中""差"。

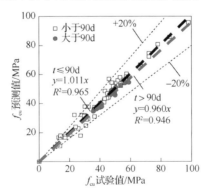

图 2-13　普通混凝土抗压强度试验值与 EC2 模型预测值对比

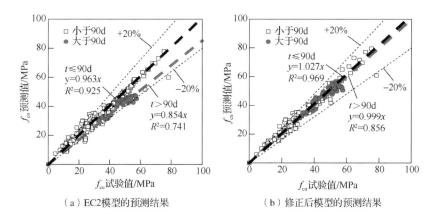

（a）EC2模型的预测结果　　　　　　（b）修正后模型的预测结果

图 2-14　再生混凝土抗压强度试验值与 EC2 模型预测值对比

由图 2-13 可以发现,现有的 EC2 模型可以有效地预测普通混凝土早期（≤90d）和长期（>90d）抗压强度,线性回归系数分别为 1.011 和 0.960;相应的线性回归判定系数 R^2 分别为 0.965 和 0.946,表明 EC2 模型对普通混凝土有很好的适用性。使用 EC2 模型对再生混凝土早期（≤90d）和长期（>90d）抗压强度试验值进行预测,如图 2-14（a）所示。可以发现,现有的 EC2 模型可以有效地预测再生混凝土前 90d 抗压强度,相应的线性回归系数和判定系数 R^2 分别为 0.963 和 0.925;但 EC2 模型明显低估再生混凝土 90d 后抗压强度,相应的线性回归系数和判定系数 R^2 分别为 0.854 和 0.741。

基于以上研究,对现有的 EC2 模型进行修正。当养护龄期超过 28d 时,通过引入再生粗骨料取代率 r 来考虑混凝土"自养护"效应的影响,相应的预测模型如式（2-2）所示。

$$f_{cm}(t) = \begin{cases} \exp\left\{s[1-(28/t)^{1/2}]\right\}f_{cm}, & t \leqslant 28d \\ \exp\left\{s[1-(28/t)^{1/2}]\right\}^{1+r}f_{cm}, & t > 28d \end{cases} \quad (2\text{-}2)$$

式中　　$f_{cm}(t)$、f_{cm}——再生混凝土 t(d)和 28d 时的抗压强度,MPa;

　　　　s——水泥修正系数,对于 CEM 42.5R、CEM 52.5 和 CEM 52.5R 取 0.20,

　　　　　　对于 CEM 32.5R 和 CEM 42.5 取 0.25,对于 CEM 32.5 取 0.38。

为了量化本节提出的再生混凝土抗压强度预测模型的精度,图 2-14（b）对比分析了模型计算结果和相应试验值。可以看出,本节提出的再生混凝土抗压强度模型可以有效地预测再生混凝土早期（≤90d）和长期（>90d）抗压强度,线性回归系数分别为 1.027 和 0.999;相应的判定系数 R^2 分别为 0.969 和 0.856。因此,式（2-2）能够较好地预测采用 PS 法配制的再生混凝土抗压强度发展。

2.4　再生混凝土抗拉强度

2.4.1　再生混凝土抗折试验方法

试验中，每个参数浇筑 3 个 100mm×100mm×400mm 棱柱体试块用来测量混凝土 28d 抗折强度，同时浇筑 3 个边长为 100mm 的立方体与 3 个 150mm×150mm×300mm 的棱柱体分别测量混凝土 28d 抗压强度与弹性模量。根据《混凝土物理力学性能试验方法标准》（GB/T 50081—2019）[155]的相关规定，基于同组 3 个试块的实测结果确定试件抗折强度。根据欧洲规范 EC2[163]，试验得到的抗折强度乘以系数 1.5 即为试件的抗拉强度。混凝土抗折强度试验在 1000kN 压力试验机下进行，加载制度参考《混凝土物理力学性能试验方法标准》（GB/T 50081—2019）[155]，采用 0.5kN/s 的加载速率对试件连续均匀施加荷载，加载装置如图 2-15 所示。

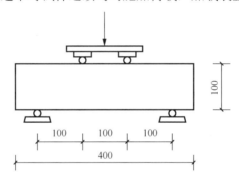

图 2-15　再生混凝土抗折强度试验加载方案（单位：mm）

2.4.2　再生混凝土抗拉强度影响因素

2.4.2.1　试验参数

本节试验研究了再生粗骨料取代率、基体与再生混凝土水灰比、基体混凝土龄期、配制方法和粗骨料级配等因素对再生混凝土抗拉强度的影响[166]。目前，关于再生粗骨料取代率对再生混凝土抗拉强度影响的研究已经较为丰富，但考虑再生粗骨料取代率是影响再生混凝土抗拉强度的基础因素，本节试验中依然对此进行了研究[166]。

再生粗骨料取代率 r 采用 0、50% 和 100%；基体混凝土水灰比（w_{or}/c_{or}）与再生混凝土水灰比（w/c）均取 0.30、0.45 和 0.60；共选用 5 种具有不同基体混凝土龄期和水灰比的再生粗骨料，其中，3 种再生粗骨料源自实验室废弃混凝土，均在Ⅰ类环境中存放 1a，水灰比分别为 0.30、0.45 和 0.60，另两种再生粗骨料源自实际工程废弃混凝土，分别在Ⅰ类环境中服役 20a 和 42a，设计强度均为 C30（相应的设计水灰比约为 0.45）；试验中采用 PS 法、TSMA 法、EMV 法及 MWC 法配制再生混凝土，采用传统配制方法配制作为对照组的普通混凝土，流程如图 2-8 所示。

　　试验中采用两种粗骨料级配，分别为 I 型和 II 型，见表 2-4。天然细骨料、水泥与减水剂与 2.3.2.2 节相同；天然粗骨料采用碎石，骨料粒径为 5~25mm，骨料编号及物理性能见表 2-7。其中，除 RCA4 属于 II 类骨料外，其余再生粗骨料属于 III 类骨料[38]。

表 2-7　再生混凝土抗拉强度试验中所使用骨料编号及物理性能

骨料编号	骨料类型	骨料级配	w_{or}/c_{or}	基体混凝土龄期	物理性能				
					$D/(kg/m^3)$	$D_{ssd}/(kg/m^3)$	$W/\%$	$C_{RM}/\%$	$A_{CV}/\%$
NCA1	天然粗骨料	I	—	—	2679	2692	0.50	—	3.1
NCA2	天然粗骨料	II	—	—	2816	2827	0.41	—	4.3
RCA1	再生粗骨料	II	0.30	1a	2704	2866	5.99	46.3	8.7
RCA2	再生粗骨料	II	0.45	1a	2713	2863	5.53	39.4	10.9
RCA3	再生粗骨料	II	0.60	1a	2708	2852	5.33	35.8	12.4
RCA4	再生粗骨料	I	0.45	20a	2493	2572	3.22	32.9	13.4
RCA5	再生粗骨料	II	0.45	20a	2699	2842	5.33	40.1	15.2
RCA6	再生粗骨料	II	0.45	42a	2605	2744	5.36	47.9	20.2
NFA	天然细骨料	—	—	—	2623	2714	3.45	—	—

　　注：w_{or}/c_{or} 代表基体混凝土水灰比；D 与 D_{ssd} 分别代表骨料干燥密度与饱和面干密度；W 代表吸水率；C_{RM} 代表残余砂浆含量；A_{CV} 代表骨料压碎指标。

　　各类 II 型级配再生粗骨料的表观密度和吸水率接近，最大差距分别为 4.4% 和 12.4%（表 2-7）。基体混凝土水灰比较大或基体混凝土龄期较大的再生粗骨料压碎指标较大。例如，RCA3（基体混凝土水灰比 0.60）的压碎指标比 RCA1（基体混凝土水灰比 0.30）大 42.5%，RCA6（龄期 42a）的压碎指标比 RCA2（龄期 1a）大 85.3%。各组混凝土试件的配合比和坍落度见表 2-8。

表 2-8　再生混凝土抗拉强度试验试件配合比

$r/\%$	w/c	RCA编号	NCA编号	配制方法	各组分含量/（kg/m³）						坍落度/mm
					水	水泥	细骨料	粗骨料		减水剂	
								天然	再生		
0	0.30	—	NCA2	传统配制方法	180	600	610	1080	0	6.0	120
50	0.30	RCA6	NCA2	PS	180	600	603	509	509	6.0	115
100	0.30	RCA6	—	PS	180	600	590	0	1018	6.0	125
100	0.30	RCA1	—	PS	180	600	580	0	1030	6.0	90
100	0.30	RCA2	—	PS	180	600	580	0	1030	6.0	130

续表

r/%	w/c	RCA 编号	NCA 编号	配制方法	各组分含量/（kg/m³）						坍落度/mm
					水	水泥	细骨料	粗骨料		减水剂	
								天然	再生		
100	0.30	RCA3	—	PS	180	600	580	0	1030	6.0	110
0	0.45	—	NCA2	传统配制方法	180	400	670	1180	0	4.0	180
50	0.45	RCA6	NCA2	PS	180	400	652	551	551	4.0	180
100	0.45	RCA6	—	PS	180	400	652	0	1102	4.0	190
50	0.45	RCA5	NCA2	PS	180	400	652	564	564	4.0	185
50	0.45	RCA5	NCA2	EMV	152	337	530	682	682	3.4	110
100	0.45	RCA5	—	PS	180	400	652	0	1129	4.0	195
100	0.45	RCA5	—	EMV	113	250	382	0	1619	2.5	70
0	0.45	—	NCA1	传统配制方法	180	400	670	1180	0	4.0	180
50	0.45	RCA4	NCA1	PS	180	400	630	555	555	4.0	180
100	0.45	RCA4	—	PS	180	400	610	0	1074	4.0	160
100	0.45	RCA4	—	EMV	113	251	421	0	1590	2.5	40
100	0.45	RCA4	—	TSMA	215	400	610	0	1074	4.0	180
100	0.45	RCA4	—	MWC	215	400	610	0	1074	4.0	170
100	0.45	RCA1	—	PS	180	400	640	0	1130	4.0	160
100	0.45	RCA2	—	PS	180	400	640	0	1130	4.0	200
100	0.45	RCA3	—	PS	180	400	640	0	1130	4.0	185
0	0.60	—	NCA2	传统配制方法	180	300	710	1240	0	3.0	145
50	0.60	RCA6	NCA2	PS	180	300	702	593	593	3.0	135
100	0.60	RCA6	—	PS	180	300	702	0	1185	3.0	170
100	0.60	RCA1	—	PS	180	300	680	0	1200	3.0	165
100	0.60	RCA2	—	PS	180	300	680	0	1200	3.0	130
100	0.60	RCA3	—	PS	180	300	680	0	1200	3.0	155

2.4.2.2 再生粗骨料取代率

图 2-16 表示再生粗骨料为 RCA6 时，再生粗骨料取代率 r 对再生混凝土抗拉强度 f_t 的影响，图中取代率为 0 的普通混凝土使用的天然粗骨料为 NCA2。当取代率为 100%，再生混凝土水灰比为 0.30～0.60 时，相比于普通混凝土，再生混凝土抗拉强度降低 7.9%～13.6%。这是因为，再生混凝土中残余砂浆与粗骨料间界面过渡区的性能较差且残余砂浆中存在较多微裂纹，在荷载作用下易发生破坏[167]。

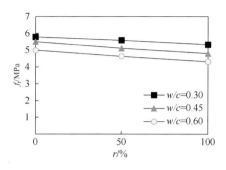

图 2-16　再生粗骨料取代率 r 对再生混凝土抗拉强度 f_f 的影响

　　国内外其他学者也针对再生粗骨料取代率 r 对混凝土抗拉强度的影响进行了大量试验研究，文献[168]中包含了 1985 年以来再生混凝土抗拉强度的试验结果，如图 2-17 所示，图中纵轴 $f_{f,RAC}/f_{f,NAC}$ 表示再生混凝土抗拉强度与同配比普通混凝土抗拉强度的比值。可以看出，随着再生粗骨料取代率的提高，混凝土抗拉强度总体呈下降趋势，当采用性能较差的再生粗骨料时，再生粗骨料取代率对混凝土抗拉强度的影响更为显著。例如，当再生粗骨料取代率为 100% 时，采用 Ⅰ 类、Ⅱ 类及Ⅲ类再生粗骨料配制的再生混凝土与普通混凝土相比，抗拉强度平均降低9%、15%和 18%。

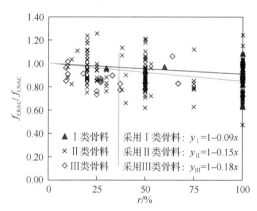

图 2-17　再生粗骨料取代率和骨料类型对再生混凝土抗拉强度的影响

　　再生混凝土抗拉强度 f_f 和立方体抗压强度 f_{cu} 的关系与再生粗骨料取代率 r 有关，如图 2-18 所示，图中混凝土试件采用的天然粗骨料与再生粗骨料分别为 NCA2 和 RCA6。可以看出，$f_f/\sqrt{f_{cu}}$ 随再生粗骨料取代率的增加有所降低，以水灰比为 0.45 的再生混凝土为例，当再生粗骨料取代率由 0 增加至 100% 时，$f_f/\sqrt{f_{cu}}$ 由 0.738 降低至 0.677，降低幅度为 8.3%。这说明再生粗骨料的掺入对混凝土抗拉强度的影响比对抗压强度的影响更为显著。

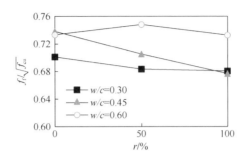

图 2-18　各取代率条件下不同水灰比再生混凝土抗拉强度与抗压强度的关系

2.4.2.3　基体混凝土龄期

基体混凝土龄期对不同再生粗骨料取代率 r 再生混凝土抗拉强度 f_f 的影响如图 2-19 所示。尽管个别试验数据存在一定的离散性，再生混凝土抗拉强度随基体混凝土龄期的增大而呈现一定下降趋势，但影响并不明显。例如，取代率为 50%时，相比于基体混凝土龄期为 20a 的再生混凝土，基体混凝土龄期为 42a 的再生混凝土抗拉强度降低 4.1%；取代率为 100%时，相比于基体混凝土龄期为 1a 的再生混凝土，基体混凝土龄期为 42a 的再生混凝土抗拉强度降低 5.0%。其原因与基体混凝土龄期对再生混凝土抗压强度的影响相同。

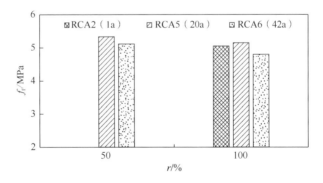

图 2-19　基体混凝土龄期对不同再生粗骨料取代率 r 再生混凝土抗拉强度 f_f 的影响
（w_{or}/c_{or}=0.45）

再生粗骨料取代率为 100%时，具有不同基体混凝土龄期的再生粗骨料对再生混凝土抗拉强度的影响如图 2-20 所示，图中纵轴 $f_{f,RAC}/f_{f,NAC}$ 表示再生混凝土抗拉强度与同配比普通混凝土抗拉强度的比值。可以看出，再生混凝土水灰比相同时，随着基体混凝土龄期的增大，再生粗骨料对再生混凝土抗拉强度的影响略有增大。例如，当再生混凝土水灰比为 0.45 时，采用基体混凝土龄期为 1a 的再生粗骨料配制的再生混凝土抗拉强度比普通混凝土低 8.2%；而对于采用基体混凝土龄期为 42a 的再生粗骨料配制的再生混凝土，该降低幅度增大至 12.7%。以上试验结果表明基体混凝土龄期对再生混凝土抗拉强度有一定影响，但并不显著。

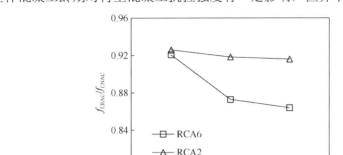

图 2-20　基体混凝土龄期对再生混凝土抗拉强度的影响（r=100%）

2.4.2.4　基体混凝土水灰比与再生混凝土水灰比

基体混凝土水灰比（w_{or}/c_{or}）和再生混凝土水灰比（w/c）对再生混凝土抗拉强度 f_t 的影响如图 2-21 所示。可以发现，基体混凝土水灰比越高，再生混凝土抗拉强度越低。例如，取代率为 100%且再生混凝土水灰比为 0.3～0.6 时，相比于基体混凝土水灰比为 0.30 的再生混凝土，基体混凝土水灰比为 0.60 的再生混凝土抗拉强度降低 3.7%～7.6%。这是由于基体混凝土水灰比越高，再生粗骨料压碎指标越大（表 2-7），其强度越低，再生混凝土在荷载作用下更易发生破坏（试验中水灰比较低的试件主要为再生粗骨料强度不足导致的破坏），不利于再生混凝土强度的发挥。图 2-21 还可说明，对于试验研究的水灰比范围（0.30～0.60），再生混凝土水灰比对混凝土抗拉强度的影响程度显著大于基体混凝土水灰比的影响。例如，取代率为 100%时，再生混凝土水灰比从 0.30 增大至 0.60 时，抗拉强度降低 16.0%～17.6%，远大于基体混凝土水灰比从 0.30 增大至 0.60 时抗拉强度的降低幅度（3.7%～7.6%）。

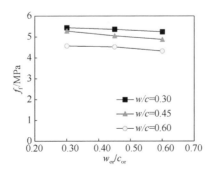

图 2-21　基体混凝土水灰比和再生混凝土水灰比对再生混凝土抗拉强度的影响（r=100%）

再生粗骨料取代率为 100%时，具有不同基体混凝土水灰比的再生粗骨料对具有不同水灰比的再生混凝土抗拉强度的影响如图 2-22 所示，图中纵轴 $f_{f,RAC}/f_{f,NAC}$ 表示再生混凝土抗拉强度与同配比普通混凝土抗拉强度的比值。可以看出，随着再生混凝土水灰比的增大，混凝土抗拉强度的降低幅度有所增大；此外，基体混凝土龄期越大，水灰比增大造成的抗拉强度降低幅度仅略有增大。例如，基体混凝土龄期为 1a（RCA2）时，再生混凝土水灰比由 0.30 增大至 0.60 可使再生混凝土抗拉强度相比普通混凝土降低幅度由 8.0%增大至 10.4%；基体混凝土龄期为 42a（RCA6）时，相同条件下混凝土抗拉强度降低幅度由 8.6%增大至 15.8%。导致再生粗骨料对水灰比大的再生混凝土抗拉强度影响更大的原因是，水泥有利于提高再生粗骨料与残余砂浆间的界面过渡区性能，而混凝土中水泥掺量随水灰比的增大而降低，因此其对再生混凝土抗拉性能的补强作用也相应降低。

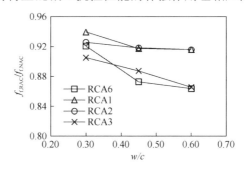

图 2-22　基体混凝土水灰比对再生混凝土抗拉强度的影响（r=100%）

图 2-22 中的数据还说明，随着基体混凝土水灰比（w_{or}/c_{or}）增大，掺入再生粗骨料导致的混凝土抗拉强度 f_f 折减幅度仅略有增大。例如，再生混凝土水灰比为 0.60 时，分别采用基体混凝土水灰比为 0.30、0.45 和 0.60 的再生粗骨料进行 100%取代，可使再生混凝土抗拉强度相比普通混凝土降低 8.4%、9.4%和 13.4%。这表明基体混凝土水灰比对再生混凝土抗拉强度有一定影响，但并不显著。

文献[169]的研究结果（图 2-23）也能说明，随着再生混凝土水灰比的增大，掺入再生粗骨料对混凝土抗拉强度的影响增大（图中 NAC 和 RAC 分别表示普通混凝土和再生混凝土）。例如，当混凝土水灰比由 0.420 增大至 0.575 时，再生混凝土抗拉强度降低幅度由 10.2%增大至 18.4%。

再生混凝土水灰比（w/c）对再生混凝土抗拉强度 f_f 与立方体抗压强度 f_{cu} 的关系有一定影响，如图 2-24 所示。可以发现，$f_f/\sqrt{f_{cu}}$ 随着再生混凝土水灰比的增大而显著增大。例如，采用不同基体混凝土龄期和基体混凝土水灰比的再生粗骨料进行 100%取代时，再生混凝土水灰比从 0.30 增大至 0.60 可使 $f_f/\sqrt{f_{cu}}$ 最大增加 27.2%。这说明再生混凝土水灰比对再生混凝土抗压强度的影响大于其对抗拉强度的影响。

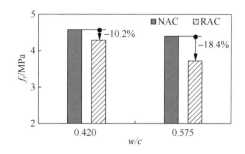

图 2-23　文献[169]的试验数据

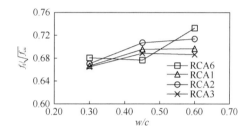

图 2-24　再生混凝土水灰比不同时再生混凝土抗拉强度与抗压强度的关系（r=100%）

2.4.2.5　配制方法和粗骨料级配

当采用基体混凝土龄期为 20a 的再生粗骨料进行 100%取代时,配制方法和粗骨料级配对再生混凝土抗拉强度 f_t 的影响如图 2-25 所示。其中,采用Ⅰ型和Ⅱ型级配时再生粗骨料分别为 RCA4 和 RCA5。可以看出,采用 PS 法配制的再生混凝土抗拉强度最高,使用Ⅰ型和Ⅱ型级配制的再生混凝土坍落度分别为 160mm 和195mm,表明混凝土具有良好的和易性。再生粗骨料为Ⅰ型级配时,采用 TSMA法与 MWC 法得到的再生混凝土具有良好和易性(坍落度分别为 180mm 和170mm),其抗拉强度较 PS 法分别降低 1.3%和 9.9%。这是因为 3 种方法中再生粗骨料与搅拌用水的接触时间存在差异,导致在总用水量一致的前提下,有效搅拌水用量不同,从而使再生混凝土抗拉强度存在差异。例如采用 PS 法时,再生粗骨料通过预浸泡已经达到饱和面干状态;采用其他方法时,再生粗骨料仅在拌和时吸水,无法到达饱和面干状态,吸水量较小。在总用水量相同的前提下,采用 PS 法时,与新水泥反应的有效搅拌水含量最小,在水泥用量一定的前提下,有效搅拌水用量越小,水灰比越小,因此 PS 法配制的再生混凝土抗拉强度最高。

粗骨料级配为Ⅰ型和Ⅱ型时,采用 EMV 法配制的再生混凝土抗拉强度比普通混凝土抗拉强度分别降低 18.9%和 12.9%(图 2-25)。这主要是由于 EMV 法假设再生粗骨料中残余砂浆的性能与新制砂浆性能相似,均可承担"粘结"和"填充"的作用,但实际上残余砂浆更多地发挥"填充"作用,需要新制砂浆来承担

"粘结"作用。因此，采用 EMV 法配制的再生混凝土有效砂率偏低，这会降低混凝土的和易性，和易性过低会降低混凝土抗拉强度。以坍落度为例，在采用 EMV 法配制再生混凝土时，尽管添加了一定量的高效减水剂，但其坍落度（40～70mm）仍明显低于普通混凝土（180mm）及采用其他 3 种方法配制的再生混凝土（160～195mm）。

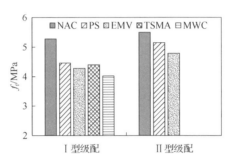

图 2-25　配制方法和粗骨料级配对再生混凝土抗拉强度 f_t 的影响（r=100%）

图 2-25 中的数据还说明，粗骨料级配对再生混凝土抗拉强度的影响较其对普通混凝土的影响更为显著。采用 Ⅱ 型（粒径较细）骨料的普通混凝土较采用 Ⅰ 型（粒径较粗）骨料的普通混凝土抗拉强度提高 4.1%；采用 PS 法与 EMV 法时，使用 Ⅱ 型（粒径较细）骨料较采用 Ⅰ 型（粒径较粗）骨料配制的再生混凝土抗拉强度分别提高 15.5% 与 11.9%。这是因为 Ⅱ 型骨料粒径较细，配制的混凝土致密性较好，所以抗拉强度较高。然而，与再生混凝土抗压强度的情况不同，改善粗骨料级配无法有效提高采用 EMV 法配制的再生混凝土抗拉强度。例如，采用更合理的 Ⅱ 型级配后，采用 EMV 法得到的再生混凝土抗拉强度提高幅度仍然小于采用 PS 法配制的再生混凝土。此时，使用 EMV 法得到的再生混凝土抗拉强度依然比采用 PS 法得到的再生混凝土低 10.6%。

图 2-25 同时表明，采用 TSMA 法配制的再生混凝土具有较高的抗拉强度。对采用 Ⅰ 型级配配制的混凝土，采用 TSMA 法配制的再生混凝土抗拉强度较采用 EMV 法和 MWC 法时分别高 2.8% 和 9.5%，与采用 PS 法时相比低 1.3%。此外，采用 TSMA 法配制的再生混凝土具有良好的和易性，该方法配置流程简单，易于操作。因此，可以考虑在再生混凝土的商品化生产中应用该方法。

2.4.3　再生混凝土抗拉强度预测模型

由于再生粗骨料掺入对混凝土抗拉强度的影响要显著高于其对抗压强度的影响，普通混凝土抗拉强度预测公式不再适用于再生混凝土[168]。目前，国内外研究学者一般基于自己的试验数据提出再生混凝土抗拉强度计算公式，但对公式的适用范围与预测精度的研究较少。

2.4.3.1　现有再生混凝土抗拉强度计算公式

现有再生混凝土抗拉强度计算公式主要考虑的参数包括再生粗骨料取代率 r、混凝土抗压强度 f_{cu} 及混凝土表观密度 D 等。

Akbarnezhad 等[167]基于自己的试验数据（混凝土水灰比为 0.45），以取代率为参数，提出了再生混凝土抗拉强度计算公式（简称 Akbarnezhad 公式）：

$$f_f = 6.3(1 - 0.15r) \qquad (2\text{-}3)$$

肖建庄等[170]基于普通混凝土抗拉强度公式形式，并引入取代率与混凝土表观密度等参数，提出再生混凝土抗拉强度计算公式（简称肖建庄 2005 公式）：

$$f_f = 0.70\sqrt{f_{cu}}\left(\frac{D}{2400}\right)\left(1 + \frac{r}{-6.8045r^2 + 10.772r - 0.4737}\right) \qquad (2\text{-}4)$$

Xiao 等[168]与 Yehia 等[171]分别于 2006 年与 2015 年提出了再生混凝土抗拉强度计算公式（分别简称为肖建庄 2006 公式与 Yehia 2015 公式），公式中主要考虑再生混凝土抗压强度的影响。

肖建庄 2006 公式：

$$f_f = 0.75\sqrt{f_{cu}} \qquad (2\text{-}5)$$

Yehia 2015 公式：

$$f_f = 0.85f_c' \qquad (2\text{-}6)$$

式中　　f_c'——再生混凝土圆柱体的抗压强度，MPa。

此外，Kheder 等[172]建议以砂浆强度为基本参数预测再生混凝土抗拉强度（简称 Kheder 公式）：

$$f_f = 1.163f_{fm}^{0.697} \qquad (2\text{-}7)$$

式中　　f_{fm}——砂浆的抗拉强度，MPa。

2.4.3.2　现有再生混凝土抗拉强度公式的预测精度

采用现有公式对再生混凝土抗拉强度进行预测，对比结果如图 2-26 所示。图中 f_{f_exp} 和 f_{f_pre} 分别表示再生混凝土抗拉强度的试验值和公式预测值。由于试验中一般未提供砂浆抗拉强度，图中未出给 Kheder 公式的预测结果。公式的预测精度采用线性回归系数 k 和判定系数 R^2 两个参数来定量评价，k 为预测结果与试验结果的比值，R^2 低于 0.650 时认为预测结果与试验结果的相关性较低[165]。由图 2-26（a）可以看出，Akbarnezhad 公式不能有效预测再生混凝土抗拉强度，公式预测结果与试验结果的相关性较低，判定系数 R^2 仅为 0.110。这主要是因为 Akbarnezhad 公式仅基于自己少量的试验数据提出，以再生粗骨料取代率为唯一参数，未考虑不同水灰比时混凝土抗拉强度的变化。以抗压强度为基本参数的抗拉强度公式在一定程度上可以预测再生混凝土抗拉强度，采用肖建庄 2006 公式和

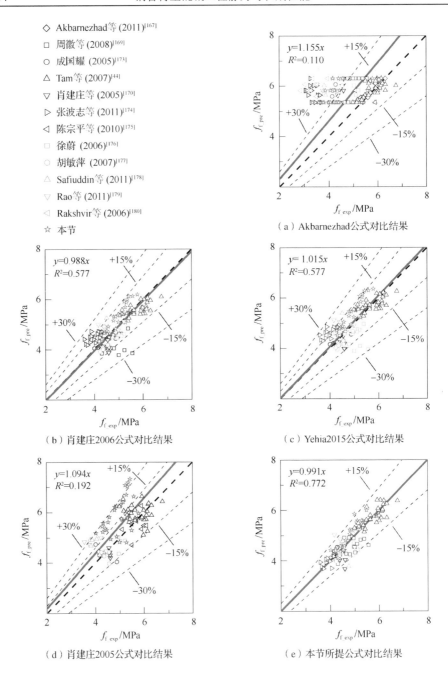

　◇ Akbarnezhad等 (2011)[167]

　□ 周徽等 (2008)[169]

　○ 成国耀 (2005)[173]

　△ Tam等 (2007)[44]

　▽ 肖建庄等 (2005)[170]

　▷ 张波志等 (2011)[174]

　◁ 陈宗平等 (2010)[175]

　□ 徐蔚 (2006)[176]

　○ 胡敏萍 (2007)[177]

　△ Safiuddin等 (2011)[178]

　▽ Rao等 (2011)[179]

　◁ Rakshvir等 (2006)[180]

　☆ 本节

（a）Akbarnezhad公式对比结果

（b）肖建庄2006公式对比结果

（c）Yehia2015公式对比结果

（d）肖建庄2005公式对比结果

（e）本节所提公式对比结果

图 2-26　再生混凝土抗拉强度计算公式的预测精度

Yehia 2015 公式时线性回归系数分别为 0.988 与 1.015，分别如图 2-26（b）和（c）所示。但这两个公式的计算精度略低，采用肖建庄 2006 公式与 Yehia 2015 公式时的判定系数 R^2 均为 0.577。这是由于再生粗骨料的掺入对再生混凝土抗拉强度与其对抗压强度的影响幅度存在较大差异，仅考虑再生混凝土抗压强度的影响无法充分考虑该差异。肖建庄 2005 公式虽然考虑了再生粗骨料取代率和混凝土表观密度的综合影响，但其预测结果仍存在离散性大的问题，其线性回归系数为 1.094，判定系数 R^2 为 0.192，如图 2-26（d）所示。

上述研究表明，再生粗骨料的掺入对抗拉强度与其对抗压强度的影响幅度不同，导致现有的再生混凝土抗拉强度计算公式的预测结果离散性较大，因此有必要提出精度较高的再生混凝土抗拉强度预测公式。

2.4.3.3　再生混凝土抗拉强度修正公式

基于现有普通混凝土抗拉强度计算公式形式，选用 $f_f/\sqrt{f_{cu}}$ 来表征再生粗骨料的掺入对抗拉强度与其对抗压强度影响幅度的差异。图 2-18 和图 2-24 的结果表明，再生混凝土抗拉强度的预测需要考虑再生混凝土水灰比和再生粗骨料取代率的影响。因此，基于普通混凝土抗拉强度预测公式形式，通过引入再生混凝土影响因子 α 来反映再生混凝土水灰比及再生粗骨料取代率对再生混凝土抗拉强度的影响，利用本节及其他文献中的试验数据，通过回归分析方法，提出再生粗骨料混凝土抗拉强度计算式：

$$f_f = \alpha\sqrt{f_{cu}} \tag{2-8}$$

$$\alpha = 4.5 - 28.6w/c + 68.6(w/c)^2 - (51.8 + 0.6r)(w/c)^3 \tag{2-9}$$

2.4.3.4　再生混凝土抗拉强度修正公式的验证

采用本节所提公式得到的预测结果与试验结果的对比如图 2-26（e）所示。可以发现，本节公式具有较高的预测精度，公式预测结果与试验结果的比值为 0.991，判定系数 R^2 为 0.772。需要指出，本节计算公式适用的再生混凝土水灰比范围为 0.30～0.62，对于采用其他水灰比的再生混凝土抗拉强度的预测，仍需要进一步研究。

2.5　再生混凝土弹性模量

2.5.1　再生混凝土弹性模量试验方法

试验中，每个参数浇筑 3 个 150mm×150mm×300mm 的棱柱体试块用来测量再生混凝土弹性模量，试验结果取 3 个试块试验结果的平均值。采用 2000kN 液压试验机测定混凝土棱柱体试块的弹性模量，加载制度参考《混凝土物理力学性能试验方法标准》（GB/T 50081—2019）[155]，采用 5kN/s 的加载速率对试件连续均匀施加荷载，加载装置如图 2-27 所示。试验时，在再生混凝土试件侧面中部布置电阻应变片，测量再生混凝土在荷载作用下的竖向应变。

图 2-27　再生混凝土弹性模量试验加载装置

2.5.2　再生混凝土弹性模量影响因素

2.5.2.1　再生粗骨料取代率

试验中，混凝土强度等级为 C30 和 C50，再生粗骨料取代率为 0、25%、50%、75% 和 100%，弹性模量的测量龄期为 28d 和 128d。混凝土试块的原材料和配合比与 2.3.2.1 节相同。

再生粗骨料取代率 r 对 C30 和 C50 再生混凝土 28d 和 128d 的弹性模量 E_c 的影响如图 2-28 所示。可以看出，随着再生粗骨料取代率的提高，再生混凝土弹性模量明显降低。例如，当 r=100% 时，C30 再生混凝土 28d 和 128d 弹性模量比对应的普通混凝土分别降低 19.9% 和 20.3%，C50 再生混凝土 28d 和 128d 弹性模量比对应的普通混凝土分别降低 25.3% 和 23.1%。这是由于再生粗骨料表面残余砂浆的刚度比天然粗骨料低，且单位体积再生混凝土内残余砂浆含量随取代率的增加而增大；此外，所配制的再生混凝土与普通混凝土的有效水灰比相同，再生粗骨料吸水率较高，使单位体积再生混凝土的用水量比普通混凝土大。图 2-28 中同时给出了《混凝土结构设计规范（2015 年版）》（GB 50010—2010）[96] 和《再生骨料应用技术规程》（JGJ/T 240—2011）[39] 的预测值，本节稍后将对规范预测结果进行分析。

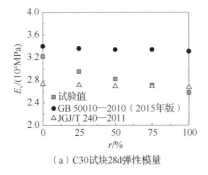

（a）C30试块28d弹性模量

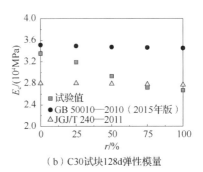

（b）C30试块128d弹性模量

图 2-28　再生粗骨料取代率对 C30 和 C50 再生混凝土的弹性模量的影响

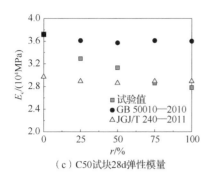
（c）C50 试块 28d 弹性模量

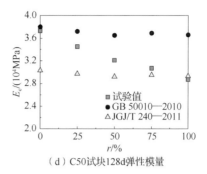
（d）C50 试块 128d 弹性模量

图 2-28（续）

分析再生粗骨料取代率 r 对不同强度等级再生混凝土弹性模量的影响，如图 2-29 所示。图中纵坐标 $E_{c,r}/E_c$ 表示再生粗骨料取代率为 r 的再生混凝土弹性模量与相应普通混凝土弹性模量的比值。可以看出，随着取代率的增大，C30 和 C50 再生混凝土弹性模量相较于普通混凝土的降低幅度逐渐增大，且再生粗骨料对不同龄期 C50 再生混凝土弹性模量的影响略大于 C30 再生混凝土，但该影响并不显著。例如，当掺入 25%、50%、75% 和 100% 再生粗骨料时，C30 混凝土 28d 弹性模量降低 8.4%、12.4%、15.8% 和 19.9%，而 C50 混凝土 28d 弹性模量相应的降低幅度可达 11.6%、15.9%、23.1% 和 25.3%。因此，可以采用相同的趋势线表示再生粗骨料取代率对 $E_{c,r}/E_c$ 的影响（图 2-29）。

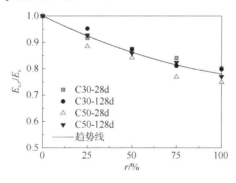

图 2-29　不同取代率条件下再生粗骨料对再生混凝土弹性模量的影响

国内外学者通过大量试验研究发现，随着再生粗骨料取代率的提高，混凝土弹性模量呈下降趋势，如图 2-30 所示。当取代率为 100% 时，采用 I 类、II 类、III 类及性能更差的再生粗骨料时，混凝土弹性模量平均降低 11%、21% 和 27%。将图 2-30 与图 2-6 对比可以发现，采用 I 类、II 类和 III 类再生粗骨料时，再生粗骨料取代率对再生混凝土弹性模量的影响大于其对抗压强度的影响；当采用性能更差的再生粗骨料时，取代率对再生混凝土弹性模量的影响小于其对抗压强度的影响。例如，当取代率为 100% 时，采用 I～III 类再生粗骨料的再生混凝土抗压强度平均降低 7%～18%，弹性模量平均降低 11%～21%；取代率为 50%时，掺入性能更差的再生粗骨料可导致再生混凝土抗压强度降低 40%以上，而弹性模量降低幅度小于 20%。这是因为性能更差的再生粗骨料具有更多微裂纹，导致其强度较天然粗骨料有明显降低，从而显著降低配制的再生混凝土的抗压强度；但微裂纹的产生对再生粗骨料的刚度的削弱程度较小，因此使用性能更差的再生粗骨料对再生混凝土弹性模量的影响小于抗压强度。

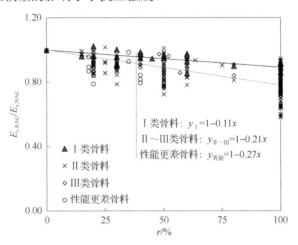

图 2-30　再生粗骨料取代率对混凝土弹性模量的影响

2.5.2.2　基体混凝土龄期

目前，尚未有学者关注基体混凝土龄期对再生混凝土力学性能的影响。本节将通过试验研究基体混凝土龄期对再生混凝土弹性模量 E_c 的影响[19]。

试验中选用 3 种基体混凝土龄期分别为 1a、18a 和 40a 的再生粗骨料，混凝土试块原材料和配合比与 2.3.2.2 节相同。

图 2-31 分析了基体混凝土龄期对再生混凝土 28d 弹性模量的影响，可以看出，基体混凝土龄期对再生混凝土弹性模量的影响较小，可以忽略不计。例如，当取代率为 30%时，基体混凝土龄期为 18a 和 40a 的再生混凝土 28d 弹性模量分别为 23.3GPa 和 24.1GPa，二者仅相差 3.4%；当取代率为 50%和 100%时，二者分别相差 2.8%和 6.5%。这是由于混凝土的弹性模量主要由粗骨料的弹性模量、砂浆的密实度及界面过渡区的含量和弹性模量控制[181]，而这些因素均不会随着基体混凝土服役龄期的变化而显著变化。本节试验中，龄期为 18a 和 40a 的基体混凝土，天然粗骨料分别为鞍山岩和二长岩，其弹性模量一般认为与龄期为 1a 的再生粗骨料与天然粗骨料中的石灰岩相似[22]，因此在本试验参数范围内，得到基体混凝土龄期对再生混凝土弹性模量的影响可以忽略不计的结论是合理的。

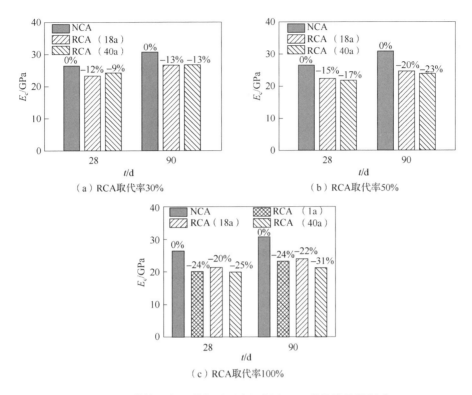

（a）RCA取代率30%　　　　　　　　　　（b）RCA取代率50%

（c）RCA取代率100%

图 2-31　基体混凝土龄期对再生混凝土 28d 弹性模量的影响

2.5.2.3　配制方法和粗骨料级配

　　为寻找适合实际工程应用的、经济有效的再生混凝土配制方法，并给出相应的骨料级配建议，本节将通过试验研究配制方法和粗骨料级配对再生混凝土弹性模量的影响[159]。

　　试验中，采用 PS 法、EMV 法、TSMA 法和 MWC 法 4 种方法配制再生混凝土，作为对照的普通混凝土采用传统配制方法配制，如图 2-8 所示。试验中共选取两种粗骨料级配，分别记为Ⅰ型和Ⅱ型，参见表 2-4。

　　当采用Ⅰ型级配且再生粗骨料取代率为 100%时，配制方法对再生混凝土 28d 和 90d 弹性模量 E_c 的影响如图 2-32 所示。可以看出，当采用较差级配（Ⅰ型）时，不同配制方法所得再生混凝土试件的弹性模量相近，且均明显低于普通混凝土。例如，养护龄期为 28d 时，采用 PS 法、EMV 法、TSMA 法和 MWC 法得到的再生混凝土弹性模量分别为 21.2GPa、20.2GPa、20.0GPa 和 22.0GPa，比对应的普通混凝土弹性模量低 16.7%～23.5%。

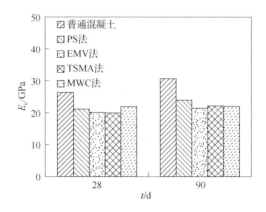

图 2-32　配制方法对再生混凝土 28d 和 90d 弹性模量的影响

　　图 2-33 分析了配制方法和粗骨料级配对再生混凝土 28d 弹性模量的影响。由图可见，采用 PS 法配制再生混凝土时，其弹性模量始终低于普通混凝土。例如，与普通混凝土相比，当取代率为 100%时，采用 Ⅰ 型和 Ⅱ 型级配粗骨料配制的再生混凝土弹性模量分别降低 19.7%和 26.4%。

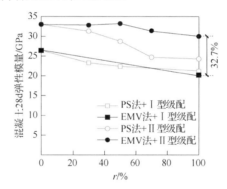

图 2-33　配制方法和粗骨料级配对再生混凝土 28d 弹性模量的影响

　　相比于 PS 法，采用 EMV 法配制的再生混凝土的弹性模量对骨料级配更为敏感（图 2-33）。例如，当再生粗骨料取代率为 100%时，改善骨料级配（Ⅰ 型变为 Ⅱ 型）可使采用 EMV 法配制的再生混凝土弹性模量提高 32.7%，相同条件下采用 PS 法得到的再生混凝土弹性模量提高 12.8%。在取代率为 100%的情况下，采用 Ⅰ 型级配粗骨料时，使用 EMV 法配制的再生混凝土 28d 弹性模量与采用 PS 法配制的混凝土相比低 4.7%；改善骨料级配后（采用 Ⅱ 型级配），使用 EMV 法配制的再生混凝土的弹性模量反而比相同条件下采用 PS 法配制的再生混凝土的弹性模量高 23.4%。采用 Ⅱ 型级配后，使用 EMV 法配制的再生混凝土弹性模量仅比普通混凝土低 9.1%。

　　在采用 Ⅱ 型级配的情况下，当取代率不高于 50%时，使用 EMV 法得到的再生混凝土的弹性模量与普通混凝土相近（图 2-33）。例如，取代率为 30%和 50%时，相应的再生混凝土 28d 弹性模量仅与普通混凝土相差 1%以内。这是由于，如果新制砂浆可以保证"粘结"作用，混凝土的弹性模量由天然粗骨料的总体积含量控制，而采用 EMV 法配制的再生混凝土与普通混凝土的天然粗骨料总体积（包括再生粗骨料中去除残余砂浆的部分）相同，所得的再生混凝土和普通混凝土弹性模量相近。混凝土坍落度在一定程度上可用于评估新制砂浆能否充分发挥"粘结"作用。本试验中采用 EMV 法配制再生混凝土时，取代率不高于 50%时，其坍落度值为（180±20）mm，当取代率提高后，再生混凝土的坍落度显著降低（r=70%，坍落度为 110mm；r=100%，坍落度为 70mm）。因此仅当取代率较低（不高于 50%）时，新制砂浆可以保证"粘结"作用，使用 EMV 法得到的再生混凝土弹性模量接近普通混凝土。

此外，图 2-33 还可说明骨料级配对再生混凝土弹性模量有一定影响。在进行再生混凝土弹性模量试验时，应保证再生粗骨料和天然粗骨料的级配相似，以消除粗骨料级配对混凝土弹性模量的影响。

以上试验结果表明，采用 TSMA 法配制的再生混凝土具有良好的和易性，其弹性模量与采用 PS 法、EMV 法和 MWC 法配置的再生混凝土相近（图 2-32），且该方法配制流程简单，便于操作，因此可以考虑在再生混凝土的商品化生产中应用该方法。此外，当采用 EMV 法配制再生混凝土时，应对混凝土配合比中相关参数进行更严格的控制，如砂率、级配、减水剂的类型和用量等，确保得到的再生混凝土的和易性和普通混凝土相近。

2.5.3　再生混凝土弹性模量预测模型

2.5.3.1　现有再生混凝土弹性模量预测模型的精度

《混凝土结构设计规范（2015 年版）》（GB 50010—2010）[96]和《再生骨料应用技术规程》（JGJ/T 240—2011）[39]规定普通混凝土和再生混凝土弹性模量的计算公式分别如式（2-10）和式（2-11）所示。

$$E_c = 10^5 / (2.2 + 34.7 / f_{cu}) \qquad (2\text{-}10)$$

$$E_c = 10^5 / (2.8 + 40.1 / f_{cu}) \qquad (2\text{-}11)$$

采用式（2-10）和式（2-11）预测本节各组混凝土试件的弹性模量，将预测结果与试验结果进行对比，如图 2-34 所示。可以看出，由于《混凝土结构设计规范（2015 年版）》（GB 50010—2010）推荐的弹性模量计算公式是针对普通混凝土提出，公式预测结果与普通混凝土弹性模量的试验结果差异不超过 5%；但若直接沿用该公式预测再生混凝土弹性模量，会导致预测结果比试验结果大，且取代率r 越高，二者差别越大。《再生骨料应用技术规程》（JGJ/T 240—2011）推荐的弹性模量计算公式的预测结果与取代率 r（100%）的再生混凝土的弹性模量试验结果吻合较好,差异不超过4%;对于部分取代的再生混凝土,则低估了弹性模量结果,且二者差别随取代率 r 的降低而增大。

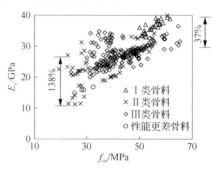

图 2-34　再生混凝土抗压强度与弹性模量的关系

2.5.3.2　再生混凝土弹性模量预测模型的推导和验证

现有再生混凝土弹性模量模型一般以混凝土抗压强度及混凝土表观密度为基本参数,根据试验数据通过回归得到[80]。但再生粗骨料对混凝土抗压强度的影响和弹性模量的影响机理不同。具体而言,使用再生粗骨料会增加再生混凝土中界面过渡区的数量;对再生粗骨料的饱和面干处理会增加单位体积再生混凝土的实际用水量,从而增大了再生混凝土的总水灰比,导致再生混凝土抗压强度低于普通混凝土。而掺入再生粗骨料对再生混凝土弹性模量的影响则主要是由于残余砂浆的存在降低了骨料刚度。这导致同抗压强度 f_{cu} 的再生混凝土弹性模量 E_c 相差37%~138%[18],如图 2-34 所示。因此,基于再生混凝土抗压强度预测再生混凝土的弹性模量会导致模型预测结果与试验结果相差较大[19,160]。为提高模型预测精度,需要从再生粗骨料对混凝土弹性模量的影响机理出发,通过建立再生混凝土弹性模量与同配比普通混凝土弹性模量的关系表达式,提出更具普适性的再生混凝土弹性模量预测公式。

普通混凝土由天然粗骨料和砂浆组成,两者的弹性模量和体积含量是影响普通混凝土弹性模量的主要因素。对于再生混凝土而言,其天然粗骨料总体积含量包含配制时使用的天然粗骨料体积及再生粗骨料中去除残余砂浆后的体积;其砂浆含量则同时包含新制砂浆和再生粗骨料中残余砂浆的体积。本节基于普通混凝土弹性模量模型,通过引入再生粗骨料影响系数来预测再生混凝土弹性模量。首先,基于两相复合材料理论,可将普通混凝土弹性模量表达为[182]

$$E_{NAC} = V_{NCA}^{NAC} E_{NCA}^{NAC} + V_{NM}^{NAC} E_{NM}^{NAC} \tag{2-12}$$

式中　E_{NAC}、E_{NCA}^{NAC}、E_{NM}^{NAC}——普通混凝土、普通混凝土中天然粗骨料和普通混凝土中天然砂浆的弹性模量,MPa;

V_{NCA}^{NAC}、V_{NM}^{NAC}——普通混凝土中天然粗骨料和普通混凝土中砂浆的体积含量。

由于再生粗骨料可以认为是天然粗骨料和残余砂浆二者的结合，可以提出再生混凝土的弹性模量公式：

$$E_{\text{RAC}} = V_{\text{TNCA}}^{\text{RAC}} E_{\text{NCA}}^{\text{RAC}} + V_{\text{TM}}^{\text{RAC}} E_{\text{TM}}^{\text{RAC}} \tag{2-13}$$

式中　E_{RAC}、$E_{\text{NCA}}^{\text{RAC}}$、$E_{\text{TM}}^{\text{RAC}}$——再生混凝土、再生混凝土中天然粗骨料和再生混凝土中砂浆的弹性模量，MPa；

$V_{\text{TNCA}}^{\text{RAC}}$、$V_{\text{TM}}^{\text{RAC}}$——再生混凝土中天然粗骨料和砂浆的总体积含量。

其中，$V_{\text{TNCA}}^{\text{RAC}}$ 由再生混凝土中天然粗骨料的体积含量和再生粗骨料中基体天然粗骨料的体积含量两部分组成：

$$V_{\text{TNCA}}^{\text{RAC}} = V_{\text{NCA}}^{\text{RAC}} + V_{\text{OVA}}^{\text{RAC}} = (1 - rC_{\text{RM}})V_{\text{CA}}^{\text{RAC}} \tag{2-14}$$

式中　r——再生粗骨料取代率；

$V_{\text{OVA}}^{\text{RAC}}$——再生混凝土中基体天然粗骨料的体积含量（包括天然粗骨料体积和再生粗骨料中去除残余砂浆后的天然粗骨料体积）；

C_{RM}——再生粗骨料残余砂浆含量；

$V_{\text{CA}}^{\text{RAC}}$——再生混凝土中粗骨料的体积含量（包括天然粗骨料和再生粗骨料两部分）。

对于普通强度的普通混凝土，一般认为 $E_{\text{NCA}}/E_{\text{NAC}} \approx 2.0$[22]；对于常见的再生混凝土，一般可假定再生粗骨料中残余砂浆的弹性模量与新制砂浆弹性模量相近。基于上述两条基本假定，联合上面得到的公式，可以得到再生混凝土的弹性模量模型：

$$E_{\text{RAC}} = \left[2V_{\text{TNCA}}^{\text{RAC}} + \frac{(1 - 2V_{\text{CA}}^{\text{RAC}})}{(1 - V_{\text{CA}}^{\text{RAC}})}(1 - V_{\text{TNCA}}^{\text{RAC}}) \right] E_{\text{NAC}} \tag{2-15}$$

采用本节试验和 12 篇相关文献[20,40,41,49,71,76,82,83,92,109,164,165]的再生粗骨料混凝土弹性模量试验数据对本节提出的再生混凝土弹性模量模型进行验证，对比结果如图 2-35 所示。可以看出，相应的线性回归系数为 0.972，判定系数 R^2 为 0.850。表明本节提出的基于两相复合材料理论的再生混凝土弹性模量模型具有良好的预测精度。

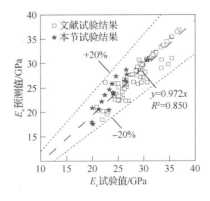

图 2-35　再生混凝土弹性模量试验值与修正的弹性模量模型计算结果对比

2.5.3.3　再生弹性模量的简化预测模型

再生混凝土弹性模量模型虽然具有良好的准确性，但式（2-15）需要用到残余砂浆含量和粗骨料体积含量等参数，而在实际工程中这些参数不易获取，特别是对于设计人员，在设计中不便于使用式（2-15）进行计算。为适应实际工程的特点，本节基于试验结果进行回归，给出具有良好精度且形式更为简单的再生混凝土弹性模量的简化预测模型[160]。该模型仍基于同配比普通混凝土弹性模量预测再生混凝土弹性模量，以再生粗骨料取代率为基本参数。

根据图 2-29 中试验结果回归得到再生混凝土弹性模量 $E_{c,r}$ 与相应普通混凝土弹性模量 E_c 的比值 $E_{c,r}/E_c$ 随取代率 r 的变化关系如下式所示，并将 $E_{c,r}/E_c$ 称为再生粗骨料弹性模量影响系数。

$$E_{c,r}/E_c = 0.11r^2 - 0.33r + 1 \tag{2-16}$$

将式（2-16）引入《混凝土结构设计规范（2015 年版）》（GB 50010—2010）[96]推荐的普通混凝土弹性模量计算公式，以预测不同再生粗骨料取代率的再生混凝土弹性模量。

将预测结果与 9 篇文献[49,70,84,85,94,107-109,183]中共 120 组再生混凝土试件的弹性模量试验结果进行对比，如图 2-36 所示。图中同时将采用《混凝土结构设计规范

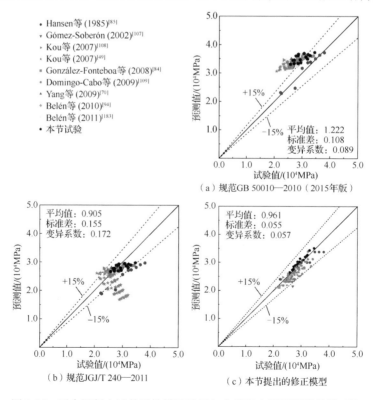

（a）规范GB 50010—2010（2015年版）

（b）规范JGJ/T 240—2011　　　（c）本节提出的修正模型

图 2-36　再生混凝土试件弹性模量结果与本节提出模型预测结果对比

（2015 年版）》（GB 50010—2010）和《再生骨料应用技术规程》（JGJ/T 240—2011）推荐的弹性模量计算公式计算所得的预测结果与试验结果进行对比。

为进一步量化各模型分析结果的预测精度，对各模型预测结果与 120 组试验结果的比值进行统计分析，各模型的预测结果与试验结果比值的平均值和变异系数也列于图 2-36 中。可以看出，《混凝土结构设计规范（2015 年版）》（GB 50010—2010）中适用于普通混凝土的弹性模量公式高估了取代率较大的再生混凝土的弹性模量，表明该公式不适用于再生混凝土；《再生骨料应用技术规程》（JGJ/T 240—2011）推荐的再生混凝土弹性模量计算公式低估了部分取代的再生混凝土弹性模量试验结果，且离散性较大；本节提出的再生混凝土弹性模量预测模型考虑了不同再生粗骨料取代率对混凝土弹性模量的影响，可得到更为可靠的预测结果，相比于其他模型，平均值最接近于 1 且变异系数最小。

2.6　再生混凝土的应力-应变全过程曲线

2.6.1　再生混凝土应力-应变全过程曲线试验方法

混凝土是一种脆性材料，当采用普通压力机加载时，试件在所受荷载超过峰值荷载时会发生突然的脆性破坏，很难采集到混凝土下降段的荷载变形信息。过镇海等[184]介绍 whitney 的观点，认为试件的突然破坏是由于压力机本身刚度不足造成的。目前，获得脆性材料稳定的应力-应变全曲线的试验方法主要有两种：第一种方法是在普通压力机上增加刚度较大的辅助元件，增加整个装置的刚度；第二种方法是采用电液伺服控制的刚度较大的压力机进行等应变速率加载。本节试验采用第一种方法，其中，辅助元件采用刚度与弹性变形范围均较大的 40Cr 钢制成，加载过程中在试件两侧对称放置。试验采用 500t 电液伺服液压压力机完成。试验中每个参数浇筑 3 个 100mm×100mm×300mm 的棱柱体试件，各组试件试验结果取 3 个试件的平均值。试件荷载采用 100t 压力传感器测量，试件两侧分别粘有对称的纵向与横向应变片，用于进行应变测量。位移计通过加工的钢环支架对称垂直固定于试件中部 140mm 范围，当裂缝产生导致应变片退出工作时，试件的变形由位移计测量得到。为避免试件不平及不对中对试验结果的影响，正式加载之前进行 3 次预压，预压荷载约为峰值荷载的 30%。在 80%峰值荷载之前加载速率约为 1kN/s，随后荷载速率调低至 0.2kN/s。刚性元件约在荷载加载至 40%峰值荷载时与试件开始共同受力[185]。试验装置如图 2-37 所示。施加的轴向荷载和试件的轴向位移分别由力传感器和位移传感器监测，测量结果通过北京波谱 WS3811 应变采集仪进行采集，从而实现对试件荷载-位移曲线的实时监测。

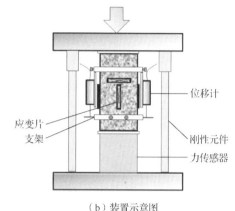

（a）装置照片　　　　　　　　　　　（b）装置示意图

图 2-37　混凝土应力-应变全过程曲线试验装置

2.6.2　再生粗骨料取代率对应力-应变曲线的影响

2.3～2.5 节的试验结果表明，再生粗骨料取代率对混凝土的强度和弹性模量等力学性能有较大影响，本节进行两批试验，分别研究不同龄期时，再生粗骨料取代率对不同强度等级的再生混凝土应力-应变全过程曲线的影响[160,186]。两批试验中，再生粗骨料取代率均取 0、25%、50%、75% 和 100%，C30 和 C50 混凝土的有效水灰比分别为 0.45 和 0.31。

两批试验分别在龄期为 128d 和 326d 时测量混凝土试块的应力-应变曲线。其中，第一批试验中混凝土试块的原材料和配合比与 2.3.2.1 相同。第二批试验中，水泥为哈尔滨水泥厂天鹅牌 42.5 普通硅酸盐水泥，其 3d 抗压强度为 21.5MPa，28d 抗压强度为 47.2MPa。砂为天然砂，细度模数 2.30。为保证混凝土的工作性能，混凝土配制过程中添加了萘系高效减水剂。天然粗骨料与再生粗骨料均为安山岩；再生粗骨料来自哈尔滨市松北区太阳城 5 层框架结构拆迁得到的废弃混凝土，基体混凝土服役龄期为 13a，通过回弹仪测定其立方体抗压强度为 41.5MPa。再生粗骨料和天然粗骨料的级配与物理性能见表 2-9，该再生粗骨料属于 II 类骨料[38]。混凝土试块砂率均为 0.36，且再生粗骨料采用体积取代。当取代率为 100% 时，C30 再生混凝土配合比为水泥：水：细骨料：粗骨料：减水剂=1：0.45：1.56：2.78：0.005，C50 再生混凝土配合比为水泥：水：细骨料：粗骨料：减水剂=1：0.31：0.98：1.75：0.01。作为对照的 C30 普通混凝土配合比为水泥：水：细骨料：粗骨料：减水剂=1：0.45：1.67：2.97：0.005，C50 普通混凝土配合比为水泥：水：细骨料：粗骨料：减水剂=1：0.31：1.05：1.87：0.01。所有混凝土试块的单位体积用水量均为 180kg/m³。

表 2-9　测量再生混凝土应力-应变关系曲线时使用的粗骨料的级配和物理性能

类型	粒径范围/mm	累计筛余/%					表观密度/（kg/m³）	吸水率/%	压碎指标/%	残余砂浆含量/%
		26.5mm	19.0mm	16.0mm	9.5mm	4.75mm				
天然粗骨料	5～25	0	38	57	86	100	2780	0.49	3.7	—
再生粗骨料	5～25	0	38	57	86	100	2500	4.40	12.0	34.7

试验结束时，不同再生粗骨料取代率的 C30 和 C50 混凝土试件破坏模式如图 2-38 和图 2-39 所示。可以看出，再生粗骨料取代率对试件的破坏模式影响不大，各参数试件均发生典型的剪切破坏。

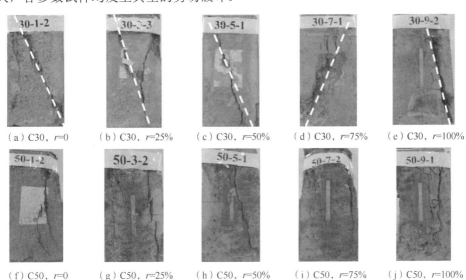

（a）C30，$r=0$　　（b）C30，$r=25\%$　　（c）C30，$r=50\%$　　（d）C30，$r=75\%$　　（e）C30，$r=100\%$

（f）C50，$r=0$　　（g）C50，$r=25\%$　　（h）C50，$r=50\%$　　（i）C50，$r=75\%$　　（j）C50，$r=100\%$

图 2-38　龄期 128d 时 C30 和 C50 混凝土试件破坏模式

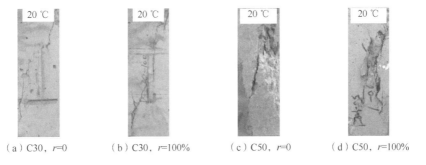

（a）C30，$r=0$　　　　（b）C30，$r=100\%$　　　　（c）C50，$r=0$　　　　（d）C50，$r=100\%$

图 2-39　龄期 326d 时 C30 和 C50 混凝土试件破坏模式

不同龄期时各取代率的 C30 和 C50 混凝土试块的应力-应变关系曲线如图 2-40 所示,图中 σ 和 ε 分别表示混凝土的应力和应变。由于试验装置未能较好测得龄期为 128d 的 C50 再生混凝土试件轴压应力-应变关系曲线的下降段,故图 2-40(b)中该类试件轴压应力-应变关系曲线的下降段采用虚线表示。

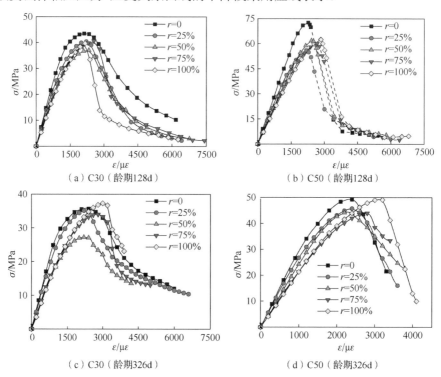

图 2-40　不同龄期时各取代率的 C30 和 C50 混凝土试块的应力-应变关系曲线

可以看出,再生粗骨料取代率不同时,C30 和 C50 混凝土试块的应力-应变关系曲线有较大不同,随着取代率增大,混凝土的峰值应变有增大的趋势,且应力-应变关系曲线的下降段变得更为陡峭。为进一步量化掺入再生粗骨料对再生混凝土试件峰值应变的影响,以再生混凝土峰值应变 $\varepsilon_{c,r}$ 与普通混凝土峰值应变 ε_c 的比值作为表征, $\varepsilon_{c,r}/\varepsilon_c$ 随再生粗骨料取代率的变化规律如图 2-41 所示。可以看出,随着再生粗骨料取代率的增大,掺入再生粗骨料对再生混凝土峰值应变的影响有增大的趋势,且取代率对不同强度再生混凝土峰值应变的影响相似。例如,龄期为 326d、取代率为 75%时,C30 和 C50 再生混凝土试件的峰值应变相比普通混凝土均增大约 21.7%;取代率为 100%时,C30 和 C50 再生混凝土试件峰值应变比普通混凝土分别大 30.4%和 34.8%。这与文献[94]和文献[51]的研究结果相似(图 2-41)。

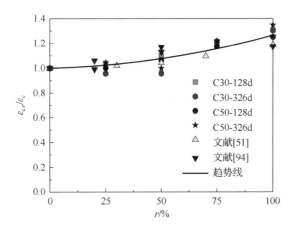

图 2-41　$\varepsilon_{c,r}/\varepsilon_c$ 随再生粗骨料取代率的变化规律

为明确取代率对混凝土延性的影响,将不同再生粗骨料取代率 r 时 C30 和 C50 混凝土试件的轴压应力-应变关系试验结果进行归一化处理,如图 2-42 所示,图中 f_{cp} 表示混凝土峰值应力。可以看出,再生粗骨料取代率越高,再生混凝土试件的极限应变与峰值应变的比值 $\varepsilon_u/\varepsilon_c$ 越小。以 C30 混凝土在 128d 的应力-应变曲线为例,当再生粗骨料取代率 r 由 0 增加至 100% 时,试件极限应变与峰值应变的比值 $\varepsilon_u/\varepsilon_c$ 降低了 28%。表明再生混凝土试件的延性随取代率的增加而降低,这与文献[51]的研究结论相似。这可能是因为再生粗骨料中存在微裂纹,导致再生混凝土的延性比普通混凝土差。与 C50 再生混凝土相比,再生粗骨料对 C30 再生混凝土的延性影响更大。例如,将应力-应变曲线下降段 0.8 倍和 0.7 倍峰值荷载对应的应变分别记为 $\varepsilon_{0.8}$ 和 $\varepsilon_{0.7}$,龄期为 326d 时,取代率从 0 增加到 75%,C30 和 C50 试件的 $\varepsilon_{0.8}/\varepsilon_c$ 分别降低 23.0% 和 7.85%;取代率从 0 增加到 100% 时,C30 和 C50 试件的 $\varepsilon_{0.7}/\varepsilon_c$ 分别降低 30.3% 和 13.7%。这可能是因为 C50 再生混凝土中新制砂浆的强度更高,导致 C50 再生混凝土受再生粗骨料的影响较小。

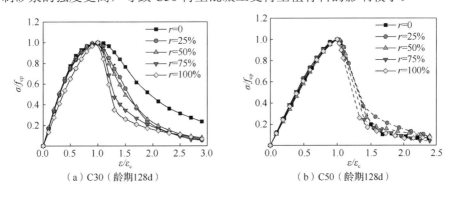

（a）C30（龄期128d）　　　　　　　　（b）C50（龄期128d）

图 2-42　轴向荷载作用下混凝土应力-应变关系归一化曲线

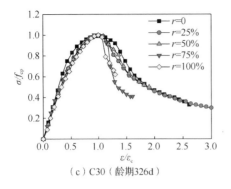 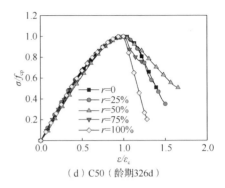

（c）C30（龄期326d）　　　　　　　　（d）C50（龄期326d）

图 2-42（续）

2.6.3　再生混凝土的应力-应变关系表达式

国内外学者根据各自的试验数据建立了不同的混凝土轴压应力-应变关系曲线数学模型[187,188]，其中《混凝土结构设计规范（2015 年版）》（GB 50010—2010）[96]基于文献[189]的研究成果推荐了以混凝土的弹性模量 E_c、峰值应变 ε_c 及下降段形状参数 α_c 为重要参数的普通混凝土轴压应力-应变关系计算公式。基于该规范的公式形式，普通混凝土应力 σ 与应变 ε 间的关系表达式如式（2-17）～式（2-23）所示。

$$y = \begin{cases} \dfrac{nx}{n-1+x^n}, & 0 \leqslant x \leqslant 1 \\[3mm] \dfrac{x}{\alpha_c(x-1)^2+x}, & x>1 \end{cases} \tag{2-17}$$

$$x = \varepsilon/\varepsilon_c \tag{2-18}$$

$$y = \sigma/f_c \tag{2-19}$$

$$E_c = \frac{10^5}{2.2+\dfrac{34.7}{f_{cu,k}}} \tag{2-20}$$

$$\alpha_c = 0.157 f_c^{0.785} - 0.905 \tag{2-21}$$

$$\varepsilon_c = (700+172\sqrt{f_c}) \times 10^{-6} \tag{2-22}$$

$$n = \frac{E_c \varepsilon_c}{E_c \varepsilon_c - f_c} \tag{2-23}$$

式中　ε ——单轴受压混凝土应变；

　　　σ ——单轴受压混凝土应力，MPa；

　　　$f_{cu,k}$ ——混凝土立方体抗压强度标准值，MPa；

　　　f_c ——混凝土棱柱体抗压强度，MPa；

E_c——普通混凝土弹性模量，MPa；

ε_c——普通混凝土峰值应变；

α_c——普通混凝土单轴受压应力-应变关系曲线下降段形状参数。

根据本节的试验结果（图 2-41）拟合得到再生混凝土峰值应变 $\varepsilon_{c,r}$ 与相应普通混凝土峰值应变 ε_c 的比值随再生粗骨料取代率 r 的变化规律［式（2-24）］，并将 $\varepsilon_{c,r}/\varepsilon_c$ 称为再生粗骨料峰值应变影响系数。

$$\varepsilon_{c,r}/\varepsilon_c = 0.225r^2 + 0.04r + 1 \qquad (2\text{-}24)$$

根据混凝土轴压应力-应变曲线的参数值设置可知，下降段形状参数 α_c 随极限应变与峰值应变比值 $\varepsilon_u/\varepsilon_c$ 的降低而增大，即混凝土延性越差，下降段形状参数 α_c 越大。根据本节试验数据拟合得到不同再生粗骨料取代率 r 的再生混凝土轴压应力-应变曲线下降段参数 $\alpha_{c,r}$ 的计算公式［式（2-25）］，并将 $\alpha_{c,r}/\alpha_c$ 称为再生粗骨料下降段形状参数影响系数。

$$\alpha_{c,r}/\alpha_c = 3.06r^2 + 3.49r + 1 \qquad (2\text{-}25)$$

将普通混凝土轴压应力-应变关系曲线计算公式中的 ε_c、α_c 和 E_c 分别替换为再生混凝土的峰值应变 $\varepsilon_{c,r}$、下降段参数 $\alpha_{c,r}$ 和弹性模量 $E_{c,r}$，同时将式（2-16）、式（2-24）和式（2-25）代入式（2-17）[96]，即可计算再生混凝土应力-应变关系曲线。

除本节所提模型外，Xiao 等[51]在 2005 年根据试验结果也提出了再生混凝土应力-应变关系模型：

$$y = \begin{cases} ax + (3-2a)x^2 + (a-2)x^3, & 0 \leqslant x < 1 \\ \dfrac{x}{b(x-1)^2 + x}, & x \geqslant 1 \end{cases} \qquad (2\text{-}26)$$

$$a = 2.2(0.748r^2 - 1.231r + 0.975) \qquad (2\text{-}27)$$

$$b = 0.8(7.6483r + 1.142) \qquad (2\text{-}28)$$

$$\frac{\varepsilon_{c,r}}{\varepsilon_c} = 1 + \frac{r}{65.715r^2 - 109.43r + 48.989} \qquad (2\text{-}29)$$

采用本节试验数据，对比验证本节所提模型和文献[51]模型的计算精度，如图 2-43 所示，图中同时给出了采用《混凝土结构设计规范（2015 年版）》（GB 50010—2010）推荐计算公式得到的预测曲线。可以看出，《混凝土结构设计规范（2015 年版）》（GB 50010—2010）推荐计算公式的预测结果与普通混凝土的轴压应力-应变关系试验结果吻合较好，而随着再生粗骨料取代率 r 增加，该计算公式对轴压应力-应变关系曲线下降段的预测结果与实测结果差别逐渐增大。对于再生混凝土试件，本节所提模型和文献[51]模型的预测结果均优于《混凝土结构设计规范（2015 年版）》（GB 50010—2010）推荐计算公式的预测结果，且本节所提模型对再生混凝土下降段的预测结果明显优于文献[51]模型。

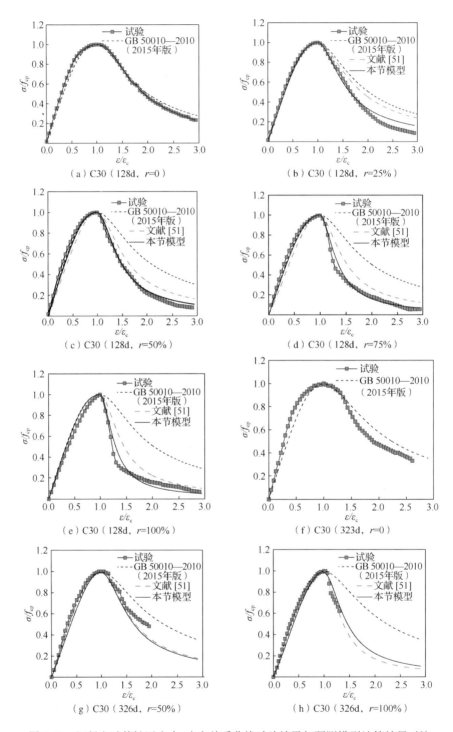

图 2-43 混凝土试件轴压应力-应变关系曲线试验结果与预测模型计算结果对比

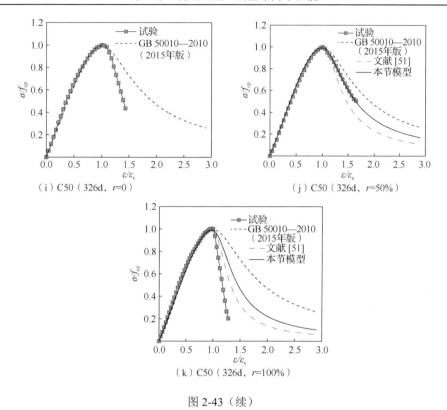

图 2-43（续）

　　为进一步验证本节所提模型预测再生混凝土轴压应力-应变关系曲线的可靠性，将文献[51]的试验数据与本节所提模型的预测结果进行对比（图 2-44），图中再生混凝土试件的再生粗骨料取代率分别为 50%和 70%。可以看出，本节修正模型的预测结果与文献[51]的试验数据吻合良好。

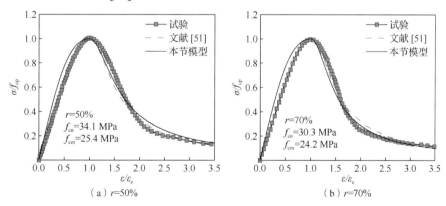

图 2-44　混凝土试件应力-应变关系曲线试验结果与预测模型计算结果对比

　　选用本节和其他文献[51,94]中的试验数据，对比本节所提模型和文献[51]模型关于再生混凝土延性（$\varepsilon_u/\varepsilon_c$）和再生粗骨料对再生混凝土峰值应变的影响（$\varepsilon_{c,r}/\varepsilon_c$）

的预测精度，如图 2-45 和图 2-46 所示。图中横轴均为试验数据，纵轴均为模型预测结果，图中同时给出模型预测结果与试验数据比值的平均值和变异系数。可以看出，两个预测模型对再生混凝土峰值应变的预测结果精度较高且相近；本节所提模型对再生混凝土延性的预测结果优于文献[51]模型。本节所提模型对再生混凝土 $\varepsilon_u/\varepsilon_c$ 的预测结果与试验结果比值的平均值和变异系数分别为 1.003 和 0.098；文献[51]模型对再生混凝土 $\varepsilon_u/\varepsilon_c$ 的预测结果与试验结果比值的平均值和变异系数分别为 1.086 和 0.138。关于再生粗骨料对再生混凝土峰值应变（$\varepsilon_{c,r}/\varepsilon_c$）的影响，本节所提模型的预测结果与试验结果比值的平均值和变异系数分别为 0.979 和 0.084；文献[51]模型的预测结果与试验结果比值的平均值和变异系数分别为 0.958 和 0.088。

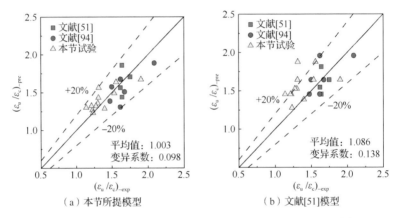

（a）本节所提模型　　　　　　（b）文献[51]模型

图 2-45　不同模型关于再生混凝土延性（$\varepsilon_u/\varepsilon_c$）的预测精度

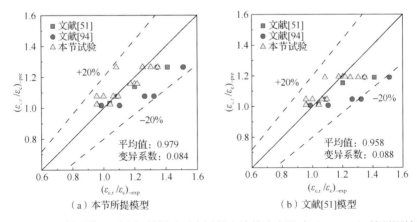

（a）本节所提模型　　　　　　（b）文献[51]模型

图 2-46　不同模型关于再生粗骨料对再生混凝土峰值应变影响（$\varepsilon_{c,r}/\varepsilon_c$）的预测精度

综上所述，本节提出的模型考虑了再生粗骨料取代率 r 对再生混凝土弹性模量 E_c、峰值应变 ε_c 及再生混凝土轴压应力-应变关系曲线下降段延性的影响，可较好地预测再生混凝土轴压应力-应变关系。

2.7 本 章 小 结

本章采用不同基体混凝土龄期及不同基体混凝土水灰比的再生粗骨料,使用不同配制方法和粗骨料级配制作再生混凝土,通过试验研究了再生混凝土的各项基本力学性能,主要包括抗压强度、抗拉强度、弹性模量和轴压下应力-应变全过程曲线。基于本章和其他文献中的试验数据,提出了再生混凝土基本力学性能系列模型。主要得到以下结论。

1) 本章试验参数范围内,基体废弃混凝土龄期对再生混凝土抗压强度影响显著,而对其抗拉强度和弹性模量影响较小。因此,建议将龄期较短的工程建造废弃混凝土和龄期较长的工程拆迁废弃混凝土进行分类使用,以降低再生混凝土抗压强度的离散性。

2) 本章试验参数范围内,配制方法和粗骨料级配对再生混凝土抗压强度、抗拉强度和弹性模量均有较大影响。其中,采用 TSMA 法配制的再生混凝土具有与采用 PS 法配制的再生混凝土相近的力学性能及和易性,且该方法配制流程简单,便于操作,推荐在实际工程中使用 TSMA 法配制再生混凝土。此外,采用 EMV 法时,粗骨料级配对再生混凝土的力学性能(抗压强度和弹性模量)和坍落度有明显影响,因此当使用该方法配制再生混凝土时,应对砂率、粗骨料级配、减水剂的类型和用量等配合比参数进行更严格的控制,确保配制的再生混凝土能达到设计强度,并具有良好的和易性。

3) 采用 PS 法配制再生混凝土时,由于"自养护"效应的存在,再生混凝土在浇筑 28d 后,强度仍有较大幅度的提高空间。对再生混凝土 90d 以后的抗压强度,现有的 EC2 模型最高低估 14.6%。考虑再生粗骨料取代率影响,对现有 EC2 模型进行修正,提出再生混凝土抗压强度发展预测模型。经验证,该模型可以有效地提高再生混凝土长期抗压强度的预测精度。对于再生混凝土早期(≤90d)和长期(>90d)抗压强度,该模型相应的线性回归系数分别为 1.027 和 0.999;相应的判定系数 R^2 分别为 0.969 和 0.856。

4) 本章试验参数范围内,再生粗骨料掺入对混凝土抗拉强度的影响幅度随混凝土水灰比的增大而增大。基体混凝土水灰比对再生混凝土抗拉强度影响较小。基于现有试验结果,考虑水灰比及再生粗骨料取代率的影响,提出再生混凝土抗拉强度预测模型,该模型预测精度较高,相应的线性回归系数为 0.991,判定系数 R^2 为 0.772。

5) 基于两相复合材料理论,考虑残余砂浆含量影响,通过理论推导得到再生混凝土弹性模量模型,采用该模型可有效提高再生混凝土弹性模量的预测精度,相应的线性回归系数为 0.972,判定系数 R^2 为 0.850。此外,为适应实际工程的需要,本章基于现有大量试验数据进行回归,给出考虑再生粗骨料取代率的再生混凝土弹性模量的简化预测模型，该简化模型具有良好精度，简化模型预测结果与试验结果比值的平均值为 0.961，变异系数为 0.057。

6）在试验结果分析的基础上，修正《混凝土结构设计规范（2015 年版）》（GB 50010—2010）推荐的普通混凝土单轴受压应力-应变关系曲线，考虑再生粗骨料取代率对再生混凝土弹性模量、峰值应变及延性系数的影响，最终提出再生混凝土单轴受压应力-应变关系表达式。本节所提模型预测结果与试验结果吻合较好，特别是对再生混凝土延性的预测结果优于已有模型。对于再生混凝土极限应变与峰值应变的比值，本节所提模型预测结果与试验结果比值的平均值和变异系数分别为 1.003 和 0.098。本节所提模型关于再生粗骨料对再生混凝土峰值应变影响的预测结果与试验结果比值的平均值和变异系数分别为 0.979 和 0.084。

第3章 再生混凝土的长期性能

3.1 引　　言

现有研究表明，掺入再生粗骨料会显著增大混凝土的收缩和徐变变形，且再生粗骨料取代率不是影响再生混凝土长期性能的唯一因素。国内外学者已通过试验系统研究了配制方法、应力水平、再生混凝土水灰比及外加剂掺量等对再生混凝土长期性能的影响，但目前尚未有关于基体混凝土龄期对再生混凝土收缩性能影响的研究成果。现有再生混凝土的自生收缩试验结果离散性较大、试验时间较短，且目前尚无再生混凝土自生收缩预测模型。

针对上述问题，本章进行试验研究，分析了再生混凝土收缩和徐变的影响因素；重点研究在非密闭条件和密闭条件下，基体混凝土龄期对再生混凝土收缩性能的影响；提出密闭条件下再生混凝土自生收缩模型，模型在理论推导过程中通过残余砂浆含量考虑再生粗骨料与天然粗骨料的刚度差异，并通过粗骨料吸水率考虑再生混凝土内部"自养护"效应的影响；基于本章和其他文献中的试验数据，研究本章提出的密闭条件下再生混凝土的自生收缩模型及现有非密闭条件下再生混凝土的收缩模型和徐变模型的预测精度。

3.2 非密闭条件下再生混凝土的收缩性能

3.2.1 再生混凝土收缩试验方法

试验中，每个参数浇筑 3 个 100mm×100mm×400mm 的棱柱体试件，用以测量非密闭条件下再生混凝土的收缩变形，试验测量持续 224d，每组试件的试验结果取 3 个试件结果的平均值。混凝土试件均在实验室条件下浇筑，浇筑完成后采用铝箔对试件上表面进行覆盖，以避免水分的散失；浇筑 24h 后拆模，并置于恒温恒湿试验箱内进行养护。此外，每组试件浇筑 3 个边长 100mm 的立方体试件和 3 个 150mm×150mm×300mm 的棱柱体试件，分别用于测量再生混凝土 28d 抗压强度和弹性模量。抗压强度试验结果根据《混凝土强度检验评定标准》（GB 50107—2010）[154]的相关规定取值；弹性模量试验结果取 3 个试件的平均值。

收缩试验参考相关文献[68,71,190,191]，在试件两个浇筑侧面中部布置手持式位移计端子，标距为 200mm；采用手持式位移计测量混凝土收缩应变，其最小分度值为 0.001mm，试验测量装置如图 3-1 所示。收缩试验过程中保持相对湿度为（50±5）%，温度为（23±2）℃。

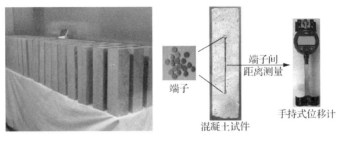

（a）混凝土试件　　　　　　　　（b）试验测量装置示意图

图 3-1　非密闭条件下混凝土收缩试验测量装置

3.2.2　再生混凝土收缩影响因素

3.2.2.1　试验参数

本节进行试验研究，分析在非密闭条件下，再生粗骨料取代率、基体混凝土龄期、配制方法和粗骨料级配对再生混凝土收缩性能的影响[19]。

试验中，选用基体混凝土龄期为 1a、18a 和 40a 的再生粗骨料，采用不同种配制方法制作再生粗骨料取代率为 0、30%、50%、70% 和 100% 的再生混凝土。试验共采用两种粗骨料级配，分别记为Ⅰ型和Ⅱ型，可参见表 2-4。再生混凝土采用 PS 法、EMV 法、TSMA 法与 MWC 法进行配制，作为对照的普通混凝土采用传统配制方法配制，配制流程如图 2-8 所示。混凝土试件的原材料与2.3.2.2 节相同。

各组试件的配合比及 28d 立方体抗压强度 $f_{cu,28}$ 和弹性模量 $E_{c,28}$ 见表 3-1。各组混凝土试块的有效水灰比均为 0.45，砂率均为 0.36。

3.2.2.2　再生粗骨料取代率

采用不同配制方法和再生粗骨料级配时再生粗骨料取代率对非密闭条件下再生混凝土收缩性能的影响如图 3-2 所示，图中 $\varepsilon_{sh,tot}$ 表示不同龄期（t）时再生混凝土的收缩应变。可以发现，再生粗骨料龄期和配制方法对再生混凝土收缩应变随龄期的发展趋势影响较小，所有的混凝土试件在 224d 测试时间内均不断发展，再生混凝土 28d 时收缩应变为 224d 的 70%，112d 时收缩应变为 224d 的90%以上。

图 3-2（a）和（d）分析了采用不同龄期（18a 和 40a）再生粗骨料时，基于PS 法配制的再生混凝土收缩应变随再生粗骨料取代率的变化关系。可以发现，随着取代率的增大，采用 PS 法配制的再生混凝土收缩应变不断增大。例如，当采用Ⅰ型级配的龄期为 18a 基体混凝土的再生粗骨料时，取代率为 30%、50% 和100% 的再生混凝土 224d 收缩应变和相应的普通混凝土比，分别增大 6.4%、13.0%

表 3-1　非密闭条件下再生混凝土收缩试验中试件配合比及 28d 抗压强度和弹性模量

r/%	基体混凝土龄期	配制方法	骨料级配	单位体积含量/(kg/m³)						坍落度/mm	$f_{cu,28}$/MPa (COV)	$E_{c,28}$/GPa (COV)
				w	c	NFA	NCA	RCA	SP			
0	—	传统配制方法	I 型	180	400	670	1180	0	4.0	190	39.2 (2.8%)	26.4 (0.53%)
100	1a	PS 法	I 型	180	400	610	0	1074	4.0	170	38.9 (0.3%)	20.1 (2.11%)
30	18a	PS 法	I 型	180	400	650	800	343	4.0	190	34.5 (4.3%)	23.3 (3.48%)
50	18a	PS 法	I 型	180	400	630	555	555	4.0	180	34.3 (4.1%)	22.4 (3.48%)
100	18a	PS 法	I 型	180	400	610	0	1074	4.0	160	30.2 (5.0%)	21.2 (6.67%)
30	40a	PS 法	I 型	180	400	650	803	344	4.0	200	30.8 (1.0%)	24.1 (1.76%)
50	40a	PS 法	I 型	180	400	630	560	560	4.0	180	30.1 (2.3%)	21.8 (1.95%)
100	40a	PS 法	I 型	180	400	610	0	1074	4.0	170	25.9 (4.6%)	19.9 (4.97%)
100	18a	EMV 法	I 型	113	251	421	0	1590	3.6	40	39.2 (2.8%)	26.4 (0.53%)
0	—	传统配制方法	II 型	180	400	670	1180	0	4.0	180	30.2 (5.0%)	21.2 (6.67%)
30	18a	PS 法	II 型	180	400	650	800	343	4.0	170	25.3 (3.3%)	20.2 (13.6%)
50	18a	PS 法	II 型	180	400	630	555	555	4.0	170	49.5 (6.1%)	33.0
70	18a	PS 法	II 型	180	400	620	330	794	4.0	160	44.5 (4.6%)	31.3
100	18a	PS 法	II 型	180	400	610	0	1074	4.0	160	43.7 (3.9%)	28.7
30	18a	EMV 法	II 型	164	364	592	899	385	3.6	170	40.5 (1.9%)	24.7
50	18a	EMV 法	II 型	152	337	531	682	683	3.4	160	38.8 (4.4%)	24.3
70	18a	EMV 法	II 型	138	306	474	437	1019	3.1	110	45.9 (1.0%)	32.8
100	18a	EMV 法	II 型	113	250	382	0	1619	2.5	70	43.4 (7.2%)	33.2
100	18a	TSMA 法	I 型	215	400	610	0	1074	4.0	180	41.1 (2.2%)	31.4
100	18a	MWC 法	I 型	215	400	610	0	1074	4.0	170	40.0 (2.3%)	30.0

注：r 表示取代率，w、c、NFA、NCA、RCA 和 SP 分别表示水、水泥、天然细骨料、天然粗骨料、再生粗骨料和减水剂；COV 表示变异系数。

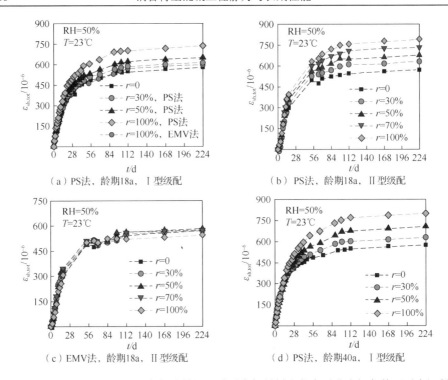

图 3-2　采用不同配制方法和再生粗骨料级配时再生粗骨料取代率对非密闭条件下再生混凝土
收缩性能的影响

和 28.2%；当采用 Ⅰ 型级配的龄期为 40a 基体混凝土的再生粗骨料时，取代率为 30%、50% 和 100% 的再生混凝土 224d 收缩应变分别比相应的普通混凝土大 9.2%、22.8% 和 39.1%。这主要是因为随着再生粗骨料取代率的增大，再生混凝土内砂浆总体积含量（包含新制砂浆和再生粗骨料中残余砂浆）增加，同时天然粗骨料总体积含量减小，降低了粗骨料对砂浆收缩变形的限制作用，从而增大了再生混凝土的收缩变形。由上述试验结果还可以看出，相比于基体混凝土龄期为 18a 的再生粗骨料，基体混凝土龄期为 40a 的再生混凝土的收缩性能受再生粗骨料取代率的影响更大。这是由于基体混凝土龄期为 40a 的再生粗骨料残余砂浆含量大于龄期为 18a 的再生粗骨料（表 2-5），取代率相同时，残余砂浆含量越高，混凝土内砂浆含量越大，天然粗骨料总体积含量越小，越能更大程度地降低粗骨料对砂浆收缩变形的限制作用。

　　对比图 3-2（a）和（b），可以发现，相比于 Ⅰ 型级配，采用 Ⅱ 型级配的再生混凝土收缩性能受再生粗骨料取代率的影响略大，但两者的差别很小。例如，在基体混凝土龄期为 18a 的情况下，采用 Ⅰ 型级配时，取代率从 30% 增大为 100% 可使再生混凝土 224d 收缩应变增大 20.6%；采用 Ⅱ 型级配时，该增幅变为 25.9%。

　　图 3-2（c）展示了采用 EMV 法时再生粗骨料取代率对再生混凝土收缩应变

的影响。比较图 3-2（b）与（c）可以看出，与 PS 法相比，采用 EMV 法时，再生粗骨料取代率对其收缩性能影响较小。例如，在基体混凝土龄期为 18a 且采用 II 型级配的情况下，当再生粗骨料取代率为 30%、50% 和 70% 时，使用 EMV 法配制的再生混凝土 224d 收缩应变仅比普通混凝土大 0.3%、2.5%、和 1.0%；当取代率为 100% 时，使用 EMV 法配制的再生混凝土 224d 收缩应变甚至比普通混凝土小 4.2%。

3.2.2.3 基体混凝土龄期

基体混凝土龄期对再生混凝土 28d 和 224d 收缩变形的影响如图 3-3 所示。图中 $\varepsilon_{sh,tot}$ 表示不同龄期（t）时再生混凝土的收缩变形；NCA 和 RCA 分别表示天然粗骨料和再生粗骨料。例如，RCA（1a）表示基体混凝土龄期为 1a 的再生粗骨料。可以发现，在本节试验参数范围内，基体混凝土龄期对再生混凝土早龄期（28d）的收缩应变影响很小，可以忽略不计。例如，当再生粗骨料取代率为 30% 和 50% 时，基体混凝土龄期为 18a 和 40a 的再生混凝土 28d 收缩应变仅相差 1.0% 和 0.3%；当再生粗骨料取代率为 100% 时，基体混凝土龄期为 1a、18a 和 40a 的再生混凝土 28d 收缩应变分别比同配比的普通混凝土大 21.9%、20.7% 和 24.1%。在龄期较长（224d）的情况下，当再生粗骨料取代率为 30% 和 50% 时，随着基体混凝土龄期的增大，再生混凝土收缩变形略有增大，但该影响并不显著。具体而言，基体混凝土龄期为 40a 的再生混凝土 224d 收缩应变分别比基体混凝土龄期为 18a 的再生混凝土大 2.5% 和 8.5%。当再生粗骨料取代率为 100% 时，基体混凝土龄期对再生混凝土收缩性能的影响没有明显规律。具体而言，基体混凝土龄期为 1a、18a 和 40a 的再生混凝土 224d 收缩应变分别比同配比的普通混凝土大 40.0%、28.1% 和 39.7%。该规律与试验中使用的 3 种再生粗骨料残余砂浆含量的大小相对应，基体混凝土龄期为 1a、18a 和 40a 的再生粗骨料残余砂浆含量分别为 53.1%、32.9% 和 47.9%（表 2-5）。因此，综合再生混凝土早龄期（28d）和晚龄期（224d）的收缩应变结果可以发现，基体混凝土龄期对非密闭条件下再生混凝土收缩性能的影响很小，可以忽略不计。

3.2.2.4 配制方法和粗骨料级配

采用基体混凝土龄期为 18a 的再生粗骨料进行 100% 取代时，配制方法对采用 I 型粗骨料级配的再生混凝土试块收缩应变 $\varepsilon_{sh,tot}$ 的影响如图 3-4（a）所示。可以看出，采用 PS 法、TSMA 法与 MWC 法配制的再生混凝土试件收缩性能相似。例如，采用上述 3 种方法配制的再生混凝土 224d 收缩应变分别为 7.37×10^{-4}、7.53×10^{-4} 和 7.13×10^{-4}，比对应的普通混凝土试件 224d 收缩应变大 28.2%、31.0% 和 24.0%。这主要是因为采用这 3 种配制方法得到的再生混凝土组成成分和坍落度值相似，因而其收缩性能也相似。需要特别说明的是，对于采用 TSMA 法配制的再生混凝土，其收缩性能与采用 PS 法配制的再生混凝土相似；根据第 2 章的相关研究结果，采用 TSMA 法配制的再生混凝土也具有与采用 PS 法配制的再生混凝土相似的抗压强度、抗拉强度、弹性模量和坍落度。采用 EMV 法配制的再生混凝土试件的收缩性能与普通混凝土相似。例如，使用 EMV 法得到的再生混凝土试件 224d 收缩应变为 5.97×10^{-4}，和同龄期普通混凝土试件相比仅增大 3.8%，该试验结果与文献[22]中的试验结果一致。这是因为混凝土的收缩是由砂浆收缩引起的，刚度较大的粗骨料对砂浆引起的收缩变形起限制作用，而采用 EMV 法配制的再生混凝土中天然粗骨料的总体积含量（包含配制混凝土时使用的天然粗骨料体积及再生粗骨料中去除残余砂浆后的体积）与普通混凝土相近，因而两种混凝土收缩性能相似。

采用 II 型骨料级配得到的混凝土试件收缩应变如图 3-4（b）所示。和采用 I 型骨料的结论相似，采用 PS 法配制的再生混凝土收缩应变明显高于普通混凝土，而采用 EMV 法得到的再生混凝土收缩性能与普通混凝土相似。例如，采用 PS 法和 EMV 法得到的再生混凝土试件 224d 收缩应变分别为 7.84×10^{-4} 和 5.96×10^{-4}，分别比普通混凝土 224d 收缩应变大 39.0% 和 5.7%。

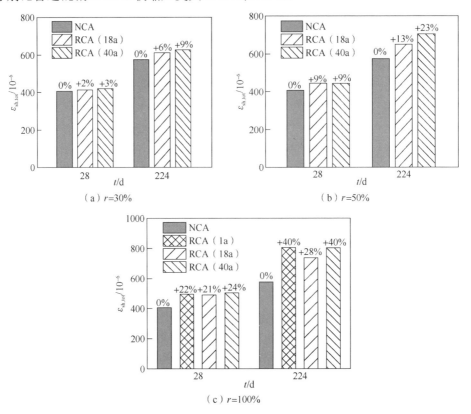

图 3-3　基体混凝土龄期对再生混凝土收缩性能的影响

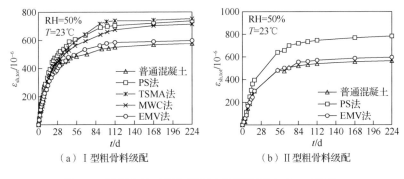

（a）Ⅰ型粗骨料级配　　　　　　　　（b）Ⅱ型粗骨料级配

图 3-4　配制方法对再生混凝土收缩的影响（r=100%）

对比图 3-4（a）和（b）可知，改善粗骨料级配能够减小采用 EMV 法配制的再生混凝土的收缩变形，但会增大采用 PS 法配制的再生混凝土的收缩变形；但影响均不显著。例如，当采用 PS 法时，使用Ⅱ型级配比使用Ⅰ型级配配制的再生混凝土 224d 收缩应变大 6.0%；而当采用 EMV 法时，改善骨料级配（Ⅰ型变为Ⅱ型）可使再生混凝土 224d 收缩应变减小 5.5%。

结果第 2 章的研究结果可以看出，采用 TSMA 法配制的再生混凝土的抗压强度、抗拉强度、弹性模量和收缩性能接近采用 PS 法配制的再生混凝土；且采用 TSMA 法时不需对再生粗骨料进行预浸泡处理，配制流程简便，便于施工。因此，推荐采用 TSMA 法进行商品化再生混凝土的配制。

3.2.3　现有再生混凝土收缩公式的预测精度

现有再生混凝土收缩试验结果表明，再生混凝土与普通混凝土收缩应变随龄期的变化规律相同。因此，国内外研究学者均基于普通混凝土收缩模型，通过引入再生混凝土收缩放大系数 κ_{sh} 得到再生混凝土收缩模型，如式（3-1）所示。其中，$\varepsilon_{sh,RAC}$ 表示再生混凝土的收缩应变；$\varepsilon_{sh,NAC}$ 表示普通混凝土的收缩应变，可根据普通混凝土收缩模型计算得到；κ_{sh} 可采用再生混凝土收缩模型计算得到。本节将首先介绍普通混凝土与再生混凝土收缩模型，随后将基于现有试验数据对再生混凝土收缩模型的预测精度进行研究。

$$\varepsilon_{sh,RAC}=\kappa_{sh}\varepsilon_{sh,NAC} \qquad (3-1)$$

3.2.3.1　普通混凝土收缩模型

目前，各国学者和组织已基于试验结果提出多种适用于普通混凝土的收缩模型。例如，CEB-FIP[192]提出了 MC90 模型；欧洲标准化委员会[163]在混凝土结构欧洲规范中提出了 EC2 模型；法国设计规范 BPEL 中包含了用于预应力混凝土结构的 AFREM 模型[193]；Bažant 等[194]提出了 B3 模型；ACI 209 委员会[126]推荐采用 ACI 209 模型计算普通混凝土收缩变形。本节选用 EC2 模型[163]进行普通混凝土收缩应变的预测。

EC2 模型[163]将普通混凝土的收缩应变 $\varepsilon_{\text{sh,NAC}}(t,t_s)$ 表示为干燥收缩应变 $\varepsilon_{\text{cd}}(t,t_s)$ 与自生收缩应变 $\varepsilon_{\text{au}}(t)$ 之和，如式（3-2）所示。其中 t 和 t_s 分别表示以 d 为单位的混凝土龄期和养护时间。

$$\varepsilon_{\text{sh,NAC}}(t,t_s) = \varepsilon_{\text{cd}}(t,t_s) + \varepsilon_{\text{au}}(t) \tag{3-2}$$

对于混凝土的干燥收缩，EC2 模型考虑了混凝土强度、水泥品种、环境相对湿度、混凝土经历干燥时间及试件截面有效尺寸等因素的影响。可根据式（3-3）~式（3-7）计算普通混凝土的干燥收缩应变 $\varepsilon_{\text{cd}}(t,t_s)$。

$$\varepsilon_{\text{cd}}(t,t_s) = \beta_{\text{ds}}(t,t_s)k_{\text{h}}\varepsilon_{\text{cd},0} \tag{3-3}$$

$$\beta_{\text{ds}}(t,t_s) = \frac{t-t_s}{(t-t_s) + 0.04\sqrt{h^3}} \tag{3-4}$$

$$\varepsilon_{\text{cd},0} = 0.85\left[(220+110\alpha_{\text{ds1}})\exp\left(-\alpha_{\text{ds2}}\frac{f_{\text{cm}}}{f_{\text{cm0}}}\right)\right]\beta_{\text{RH}} \times 10^{-6} \tag{3-5}$$

$$\beta_{\text{RH}} = 1.55\left[1-\left(\frac{\text{RH}}{100}\right)^3\right] \tag{3-6}$$

$$h = \frac{2A_{\text{c}}}{u} \tag{3-7}$$

式中　　$\beta_{\text{ds}}(t,t_s)$——由干燥时间 $(t-t_s)$ 和混凝土截面有效尺寸决定的系数；

k_{h}——系数，按表 3-2 进行线性插值取值；

$\varepsilon_{\text{cd},0}$——基本干燥收缩应变；

h——混凝土试件的截面有效尺寸，mm；

f_{cm}——混凝土 28d 圆柱体抗压强度平均值，MPa；

f_{cm0}——常数，等于 10MPa；

β_{RH}——环境相对湿度影响系数；

RH——环境相对湿度，%；

A_{c}——混凝土试件的截面面积，mm^2；

u——混凝土试件的截面周长，mm；

$\alpha_{\text{ds1}}, \alpha_{\text{ds2}}$——水泥品种影响系数。对慢硬水泥（S），$\alpha_{\text{ds1}}=3$，$\alpha_{\text{ds2}}=0.13$；对普通水泥（N），$\alpha_{\text{ds1}}=4$，$\alpha_{\text{ds2}}=0.12$；对快硬水泥（R），$\alpha_{\text{ds1}}=6$，$\alpha_{\text{ds2}}=0.11$。

表 3-2　k_h 的取值

项目	h/mm			
	100	200	300	$\geqslant 500$
k_h	1.0	0.85	0.75	0.70

对于混凝土的自生收缩，EC2 模型[163]考虑混凝土强度和龄期两种因素的影响。可按式（3-8）～式（3-11）计算混凝土的自生收缩应变 $\varepsilon_{au}(t)$。

$$\varepsilon_{au}(t)=\beta_{as}(t)\varepsilon_{ca}(\infty) \tag{3-8}$$

$$\beta_{as}(t)=1-\exp(-0.2t^{0.5}) \tag{3-9}$$

$$\varepsilon_{ca}(\infty)=2.5(f_{ck}-10)\times10^{-6} \tag{3-10}$$

$$f_{ck}=f_{cm}-8 \tag{3-11}$$

式中　$\beta_{as}(t)$ ——混凝土自生收缩龄期发展系数；

　　　$\varepsilon_{ca}(\infty)$ ——混凝土自生收缩应变终值；

　　　f_{ck} ——混凝土 28d 圆柱体抗压强度标准值，MPa。

3.2.3.2　再生混凝土收缩模型

目前，再生混凝土的收缩模型包括《再生骨料应用技术规程》（JGJ/T 240—2011）[39]推荐模型（简称"规范模型"）、Cabral 等[101]提出的模型（简称"Cabral 模型"）、de Brito 等[102,103]提出的模型（简称"de Brito(W)模型"和"de Brito(D)模型"）和 Fathifazl 等[22]提出的模型（简称"Fathifazl 模型"）。根据上述再生混凝土收缩模型可计算得到再生混凝土收缩放大系数 κ_{sh}，并根据式（3-1）计算得到再生混凝土收缩应变。

本节中提到的再生混凝土收缩模型均针对使用 PS 法配制的再生混凝土提出，本节将首先使用现有试验结果验证上述模型对该类再生混凝土的适用性。此外，采用 TSMA 法配制的再生混凝土的收缩性能与使用 PS 法配制的再生混凝土相似，建议采用 TSMA 法进行商品化再生混凝土的配制，本节将研究上述模型对采用 TSMA 法配制的再生混凝土的适用性。

3.2.3.3　采用 PS 法配制的再生混凝土

采用 3.2.3.2 中所提的再生混凝土收缩模型对本节试验和其他文献[22,77,81]中使用 PS 法配制的再生混凝土进行预测，并与试验结果对比，如图 3-5 和图 3-6 所示。可以看出，Fathifazl 模型和 de Brito(D)模型的预测结果与试验结果较为接近，优于其他模型；de Brito(W)模型的预测结果略低于 Fathifazl 模型和 de Brito(D)模型的预测结果；规范模型和 Cabral 模型由于仅考虑再生粗骨料取代率对再生混凝土收缩性能的影响，预测结果精度较低。

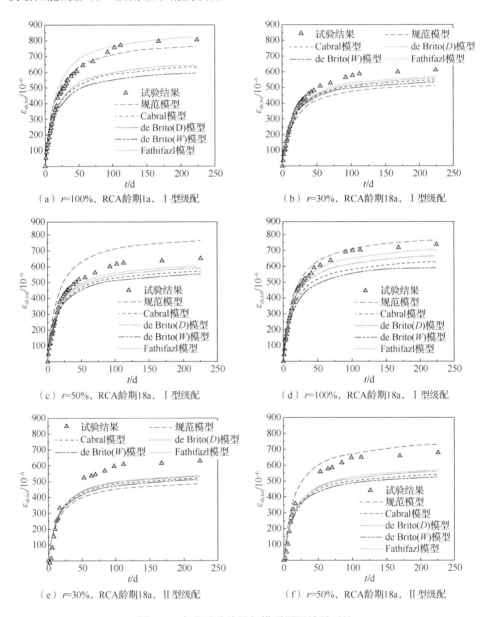

（a）r=100%，RCA龄期1a，Ⅰ型级配　　　　（b）r=30%，RCA龄期18a，Ⅰ型级配

（c）r=50%，RCA龄期18a，Ⅰ型级配　　　　（d）r=100%，RCA龄期18a，Ⅰ型级配

（e）r=30%，RCA龄期18a，Ⅱ型级配　　　　（f）r=50%，RCA龄期18a，Ⅱ型级配

图 3-5　本节试验结果与模型预测结果对比

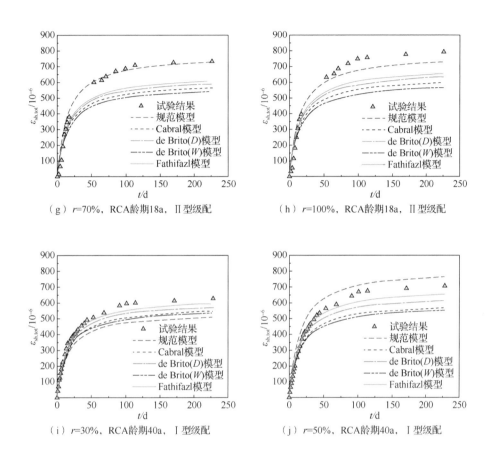

（g）r=70%，RCA龄期18a，Ⅱ型级配　　　　（h）r=100%，RCA龄期18a，Ⅱ型级配

（i）r=30%，RCA龄期40a，Ⅰ型级配　　　　（j）r=50%，RCA龄期40a，Ⅰ型级配

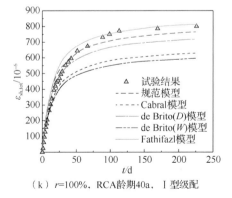

（k）r=100%，RCA龄期40a，Ⅰ型级配

图 3-5（续）

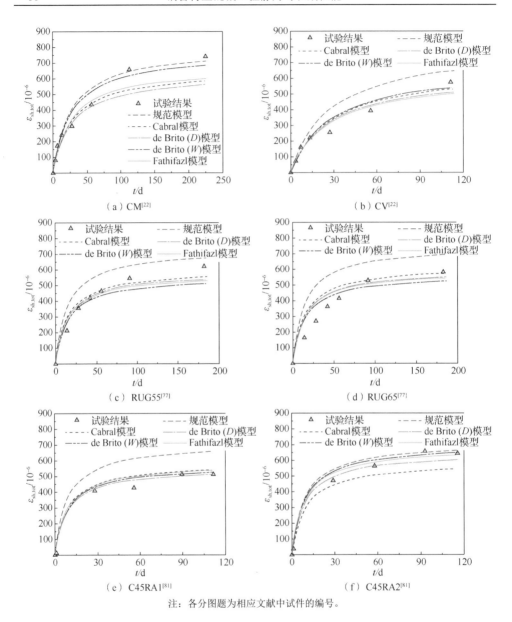

注：各分图题为相应文献中试件的编号。

图 3-6　文献中试验结果与模型预测结果对比（$r=100\%$）

　　为进一步验证各模型对采用 PS 法配制的再生混凝土的收缩性能的预测精度，采用本节和 16 篇相关文献[20,22,41,76,77,81,82,92,109,110,114,116,164,165,195,196]中的再生粗骨料混凝土收缩试验数据与各模型预测结果进行对比，如图 3-7 所示。图 3-7 中本节试验数据用星号表示，16 篇相关文献数据用方框表示；κ_{sh} 为再生混凝土收缩放大系数，表示再生混凝土收缩应变与同配比普通混凝土收缩应变的比值。由于规范模型和 Cabral 模型仅根据再生粗骨料取代率粗略预测收缩放大系数，离散性较大，本节仅给出考虑再生粗骨料特性（吸水率、表观密度和残余砂浆含量）的 de Brito(W)模型、de Brito(D)模型和 Fathifazl 模型的预测结果。

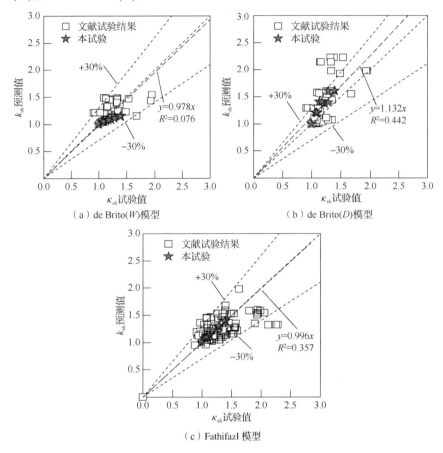

图 3-7　再生混凝土收缩放大系数试验结果与收缩模型计算结果对比

由图 3-7 可以看出，相比于试验结果，虽然各模型的预测结果约有 30%的离散性，但各模型的预测结果基本能反映再生混凝土的收缩性能；可将各模型预测得到的再生混凝土收缩放大系数κ_{sh}与普通混凝土收缩模型相结合，计算再生混凝土收缩应变。具体而言，de Brito(D)模型偏于保守，其预测结果平均值比试验结果平均值高 13.2%，线性回归判定系数 R^2 为 0.442；de Brito(W)模型则略微低估再生混凝土收缩应变，相应的线性回归系数和线性回归判定系数 R^2 分别为 0.978 和 0.076；Fathifazl 模型预测结果的平均值与试验结果平均值非常接近，相应的线性回归系数为 0.996，线性回归判定系数 R^2 为 0.357。虽然各模型的线性回归判定系数 R^2 均较低（文献[12]认为 R^2 低于 0.650 表明预测结果与试验结果的相关性较低），但 de Brito(D)模型和 Fathifazl 模型的线性回归判定系数 R^2 明显高于 de Brito(W)模型，表明 de Brito(D)模型和 Fathifazl 模型精度更高。造成上述模型的预测精度偏低的原因可能是这些模型未全面考虑影响再生混凝土收缩性能的主要因素。例如，de Brito(W)模型和 de Brito(D)模型分别仅考虑骨料吸水率和表观密度的影响；Fathifazl 模型仅考虑残余砂浆含量的影响。以上各模型均没有考虑残余砂浆性质、基体混凝土龄期等因素的影响。此外，普通混凝土和再生混凝土收缩试验的离散性较大也可能是造成上述模型预测精度较低的原因。

3.2.3.4 采用 TSMA 法配制的再生混凝土

虽然现有再生混凝土收缩模型是针对采用 PS 法配制的再生混凝土提出的，但根据试验结果可知，采用 TSMA 法配制的再生混凝土收缩性能与采用 PS 法配制的再生混凝土类似。下面研究现有再生混凝土收缩模型对采用 TSMA 法配制的再生混凝土的适用性。

采用现有再生混凝土收缩模型对 3.2.2 节和文献[159]中采用 TSMA 法配制的再生混凝土试件的收缩应变进行预测，模型预测结果与试验结果的对比如图 3-8 所示。可以看出，Cabral 模型和 de Brito(W)模型的预测结果略低于试验结果。规范模型的预测结果略高于试验结果，其仅对试验试件 100d 后的收缩应变预测较为准确，但考虑规范模型的形式过于简单且其对采用 PS 法配制的再生混凝土的收缩性能预测精度较低，不推荐采用规范模型预测采用 TSMA 法配制的再生混凝土的收缩性能。Fathifazl 模型和 de Brito(D)模型的预测结果与试验结果较为接近，因此，推荐采用 Fathifazl 模型和 de Brito(D)模型预测采用 TSMA 法配制的再生混凝土的收缩性能。

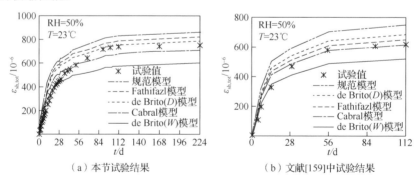

（a）本节试验结果　　　　（b）文献[159]中试验结果

图 3-8　再生混凝土收缩计算结果与试验结果对比

3.3　密闭条件下再生混凝土的自生收缩性能

3.3.1　再生混凝土自生收缩试验方法

采用每个参数浇筑 2 个 100mm×100mm×400mm 的棱柱体试件进行试验，以测量再生混凝土 224d 自生收缩变形；此外，每组试件浇筑 6 个 100mm 边长的立方体试件（用来测量再生混凝土 28d 和 90d 抗压强度），以及 6 个 150mm×150mm× 300mm 的棱柱体试件（用来测量混凝土 28d 和 90d 弹性模量）。自生收缩试验结果取两个试件平均值，抗压强度试验结果根据《混凝土强度检验评定标准》（GB 50107—2010）[154]的相关规定取值，弹性模量试验结果取 3 个试件的平均值。

为保证混凝土试块始终处于密闭条件，所有试件均在实验室条件下浇筑，浇筑完成后采用铝箔对试件上表面进行覆盖，以避免水分散失；试件在实验室条件养护 24h 后拆模，并用环氧树脂、保鲜膜和透明胶带对试件进行密封，如图 3-9（a）所示。试验中，在混凝土试块内部采用 PMFL-60-2LT 埋入式应变计测量混凝土自生收缩变形，如图 3-9（b）所示。再生混凝土自生收缩试验过程中环境温度为（23±2）℃。

（a）自生收缩试验　　　　（b）PMFL–60–2LT埋入式应变计

图 3-9　密闭条件下混凝土自生收缩试验

3.3.2　再生混凝土自生收缩影响因素

3.3.2.1　试验参数

本节试验研究了再生粗骨料取代率、基体混凝土龄期和基体混凝土强度对密闭条件下再生混凝土自生收缩性能的影响[19]。试验中，再生粗骨料取代率为 0、50% 和 100%，基体混凝土龄期为 1a、20a 和 42a；采用龄期为 1a，基体混凝土水灰比分别为 0.30、0.45 和 0.60 的再生粗骨料配制 3 种混凝土，这 3 种基体混凝土的 28d 立方体抗压强度分别为 62.7MPa、44.2MPa 和 36.9MPa。所有再生混凝土试件均采用 PS 法配制，作为对照的普通混凝土试件采用传统方法配制，配制流程如图 2-8 所示。试验中使用的再生粗骨料为表 2-7 中的 RCA1、RCA2、RCA3、RCA5 和 RCA6，天然粗骨料和天然细骨料分别为表 2-7 中的 NCA2 和 NFA。骨料级配见表 2-4，其中粗骨料级配为 II 型。试验中使用的水泥和减水剂与 2.3.2.2 节相同。试验中各组混凝土试块的配合比见表 3-3，再生混凝土的有效水灰比为 0.30、0.45 和 0.60，所有混凝土试块砂率均为 0.36。各组试件实测的 28d 和 90d 抗压强度和弹性模量见表 3-4。

表 3-3　再生混凝土自生收缩试验中混凝土的配合比

r/%	w/c	基体混凝土龄期	w_{or}/c_{or}	单位体积含量/（kg/m³）						坍落度/mm
				w	c	NFA	NCA	RCA	SP	
0	0.3	—	—	180	600	610	1080	0	6.0	120
50	0.3	42a	0.45	180	600	603	509	509	6.0	115
100	0.3	42a	0.45	180	600	590	0	1018	6.0	125
100	0.3	1a	0.3	180	600	580	0	1030	6.0	90
100	0.3	1a	0.45	180	600	580	0	1030	6.0	130
100	0.3	1a	0.6	180	600	580	0	1030	6.0	110
0	0.45	—	—	180	400	670	1180	0	4.0	180
50	0.45	42a	0.45	180	400	652	551	551	4.0	180
100	0.45	42a	0.45	180	400	652	0	1102	4.0	190
50	0.45	20a	0.45	180	400	652	564	564	4.0	185
100	0.45	20a	0.45	180	400	652	0	1129	4.0	195
100	0.45	1a	0.3	180	400	640	0	1130	4.0	160
100	0.45	1a	0.45	180	400	640	0	1130	4.0	200
100	0.45	1a	0.6	180	400	640	0	1130	4.0	185
0	0.6	—	—	180	300	710	1240	0	3.0	145
50	0.6	42a	0.45	180	300	702	593	593	3.0	135
100	0.6	42a	0.45	180	300	702	0	1185	3.0	170
100	0.6	1a	0.3	180	300	680	0	1200	3.0	165
100	0.6	1a	0.45	180	300	680	0	1200	3.0	130
100	0.6	1a	0.6	180	300	680	0	1200	3.0	155

注：r 表示再生粗骨料取代率；w/c 和 w_{or}/c_{or} 分别表示再生混凝土有效水灰比和基体混凝土水灰比；w、c、NFA、NCA、RCA 和 SP 分别表示水、水泥、天然细骨料、天然粗骨料、再生粗骨料和减水剂。

表 3-4　再生混凝土自生收缩试验中各组试件的抗压强度与弹性模量

r/%	w/c	基体混凝土龄期	w_{or}/c_{or}	f_{cu}/MPa（COV）		E_c/GPa	
				28d	90d	28d	90d
0	0.3	—	—	57.9（2.3%）	68.2（2.2%）	39.1	40.4
50	0.3	42a	0.45	58.2（0.6%）	66.9（3.7%）	34.5	35.7
100	0.3	42a	0.45	53.3（3.4%）	61.3（3.4%）	29.9	30.9
100	0.3	1a	0.3	58.2（4.8%）	66.6（4.2%）	31.7	32.8
100	0.3	1a	0.45	55.5（1.0%）	63.9（1.9%）	29.2	30.2
100	0.3	1a	0.6	53.4（1.0%）	62.1（7.3%）	31.9	33.0
0	0.45	—	—	46.7（9.8%）	55.5（1.4%）	34.3	35.5
50	0.45	42a	0.45	44.3（1.5%）	52.5（1.8%）	31.5	32.6
100	0.45	42a	0.45	40.9（3.7%）	50.3（3.2%）	27.8	28.7
50	0.45	20a	0.45	44.7（0.7%）	52.6（1.6%）	33.0	34.1

r/%	w/c	基体混凝土龄期	w_{or}/c_{or}	f_{cu}/MPa（COV）		E_c/GPa	
				28d	90d	28d	90d
100	0.45	20a	0.45	42.6（2.1%）	52.3（0.7%）	28.0	29.1
100	0.45	1a	0.3	46.0（0.5%）	57.6（3.2%）	27.5	28.4
100	0.45	1a	0.45	43.9（3.0%）	51.0（0.7%）	27.8	28.7
100	0.45	1a	0.6	41.1（2.2%）	50.2（5.4%）	27.4	28.3
0	0.6	—	—	36.9（0.8%）	46.3（6.6%）	32.5	33.6
50	0.6	42a	0.45	32.1（6.6%）	38.3（0.7%）	30.4	31.4
100	0.6	42a	0.45	28.4（3.9%）	34.6（3.0%）	27.2	28.1
100	0.6	1a	0.3	33.1（1.5%）	43.0（3.4%）	27.1	28.0
100	0.6	1a	0.45	32.4（6.1%）	40.1（4.3%）	27.1	28.0
100	0.6	1a	0.6	31.6（1.6%）	39.6（2.2%）	27.7	28.6

注：f_{cu} 和 E_c 分别表示混凝土立方体抗压强度和弹性模量；COV 表示变异系数。

3.3.2.2　再生粗骨料取代率

图 3-10 展示了再生粗骨料取代率对密闭条件下再生混凝土自生收缩应变 ε_{au} 的影响。所有混凝土试件的自生收缩应变在前 28d 发展迅速，随后发展相对缓慢，并在 156d 后发展相对恒定。可以发现，再生混凝土的自生收缩应变随再生粗骨料取代率的增加而降低。例如，在基体混凝土龄期为 42a 且再生混凝土水灰比为 0.30 的情况下 [图 3-10（a）]，当再生粗骨料取代率为 50% 和 100% 时，再生混凝土 224d 自生收缩应变分别比普通混凝土低 24.8% 和 56.3%；在基体混凝土龄期为 42a 且再生混凝土水灰比为 0.60 的情况下 [图 3-10（d）]，当再生粗骨料取代率为 50% 和 100% 时，再生混凝土 224d 自生收缩应变分别比普通混凝土低 31.3% 和 46.3%。对比图 3-10（b）和（c）可以看出，当基体混凝土龄期较短时，再生粗骨料取代率对再生混凝土自生收缩性能的影响更大，但基体混凝土龄期的影响并不显著。具体而言，当采用基体混凝土龄期为 20a 的再生粗骨料配制水灰比为 0.45 的再生混凝土时，取代率为 50% 和 100% 的再生混凝土 224d 自生收缩应变比普通混凝土分别低 32.5% 和 66.5%；当基体混凝土龄期为 42a 时，该降低幅度分别为 27.6% 和 55.7%。

由普通混凝土自生收缩的机理可知，普通混凝土的自生收缩主要由胶凝材料（本节试验采用的胶凝材料为水泥）的水化作用引起，粗骨料和细骨料主要对水泥浆引起的收缩变形进行限制。基于此，再生混凝土与普通混凝土自生收缩性能的差异可能包括以下 3 个方面因素：①饱和面干再生粗骨料可能会为再生混凝土提供"自养护"效应；②残余砂浆的掺入会降低再生粗骨料的刚度；③再生粗骨料中未水化水泥可能会发生进一步水化作用。为了便于描述，下面简称 3 个因素分别为"因素（1）""因素（2）""因素（3）"。

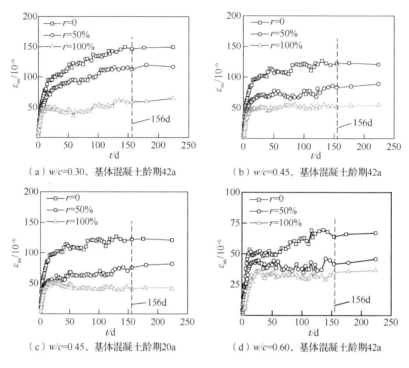

图 3-10　再生粗骨料取代率对再生混凝土自生收缩的影响

　　"自养护"效应这一概念由 Weber 等[197]于 1997 年首次提出，是指由于饱和面干的粗骨料吸收的水分在混凝土硬化后可以持续析出，混凝土内部保持较大的相对湿度的现象。本节试验中，基体混凝土龄期为 20a 和 42a 的再生粗骨料的吸水率分别为 5.33%和 5.36%，明显高于天然粗骨料的吸水率（0.41%）。因此，与普通混凝土相比，再生混凝土内部相对湿度更大，进而使再生混凝土的毛细孔压力降低、自生收缩变形减小。因素（2）和因素（3）均会增大再生混凝土的自生收缩变形，而本节试验中采用龄期较长（20a 和 40a）的再生粗骨料配制的再生混凝土自生收缩随取代率的增加而降低。这说明，与骨料刚度降低的影响因素（2）和未水化水泥的影响因素（3）相比，饱和面干骨料提供的"自养护"效应因素（1）对混凝土自生收缩性能的影响更为显著。

　　当基体混凝土龄期为 42a 时，研究不同再生粗骨料取代率再生混凝土的自生收缩应变ε_{au}与抗压强度f_{cu}的关系，如图 3-11 所示。可以看出，普通混凝土和再生混凝土自生收缩应变均与抗压强度呈线性关系。例如，再生粗骨料取代率为 0、50%和 100%时，相应的线性回归判定系数R^2分别为 0.936、0.947 和 0.912。由图 3-11 还可以看出，再生粗骨料取代率对混凝土抗压强度和自生收缩应变的影响幅度不同，即随着取代率的增大，对于相同的混凝土抗压强度降低幅度，混凝土自生收缩应变的降低幅度减小。例如，当混凝土抗压强度从 50MPa 降到 40MPa

时，普通混凝土自生收缩应变降低 44.5%；而取代率为 50% 和 100% 时，该降低幅度分别为 38.9% 和 23.1%。

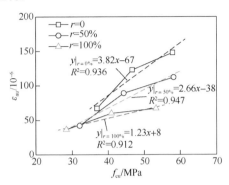

图 3-11　再生混凝土抗压强度和自生收缩变形的关系

3.3.2.3　基体混凝土龄期

研究再生粗骨料取代率为 100% 时，基体混凝土龄期对密闭条件下再生混凝土自生收缩性能的影响，如图 3-12 所示。再生粗骨料的物理性能见表 2-7。基体混凝土龄期分别为 1a、20a 和 42a 的 3 种再生粗骨料的基体混凝土水灰比均为 0.45。可以发现，相比于采用基体混凝土龄期较小（1a）的再生粗骨料，使用基体混凝土龄期较大（20a 和 42a）的再生粗骨料能够显著降低再生混凝土的自生收缩应变。例如，对于再生粗骨料取代率为 100% 且水灰比为 0.30 的再生混凝土[图 3-12(a)]，基体混凝土龄期为 1a（RCA2）和 42a（RCA6）时，再生混凝土 224d 自生收缩应变分别为 179×10^{-6} 和 65×10^{-6}，前者为后者的 2.75 倍；对于再生粗骨料取代率为 100% 且水灰比为 0.45 的再生混凝土图 3-12（b），基体混凝土龄期为 1a（RCA2）和 42a（RCA6）时，再生混凝土 224d 自生收缩应变分别为 122×10^{-6} 和 54×10^{-6}，前者为后者的 2.26 倍。这是因为，基体混凝土龄期较小的再生粗骨料中存在的未水化水泥更多。一方面，这些未水化的水泥会增加再生混凝土水泥总量，而再生混凝土中水泥总量越多，其自生收缩变形越大；另一方面，基体混凝土中未水化的水泥会消耗再生粗骨料吸附的水分，进而降低饱和面干骨料提供的"自养护"效应。这两方面影响均会导致再生混凝土的自生收缩显著增大。

由于上述原因，采用基体混凝土龄期较小的再生粗骨料配制的再生混凝土自生收缩变形可能与普通混凝土相近，甚至大于普通混凝土（图 3-12）。具体而言，当再生混凝土水灰比为 0.45 时[图 3-12（b）]，采用基体混凝土龄期为 1a 的再生粗骨料进行 100% 取代的再生混凝土 224d 自生收缩应变仅比普通混凝土大 1.2%；当再生混凝土水灰比分别为 0.30[图 3-12（a）]和 0.60[图 3-12（c）]时，采用基体混凝土龄期为 1a 的再生粗骨料进行 100% 取代的再生混凝土 224d 自生收缩应变比普通混凝土分别大 20.0% 和 35.8%。

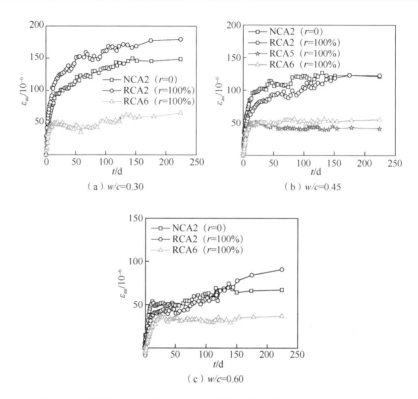

图 3-12　基体混凝土龄期对再生混凝土自生收缩的影响（r=100%）

　　此外，采用两种基体混凝土龄期较大（20a 和 42a）的再生粗骨料配制的再生混凝土 224d 自生收缩应变较为接近，如图 3-10（b）、图 3-10（c）和图 3-12（b）所示。具体而言，在再生混凝土水灰比为 0.45 的情况下，当取代率为 50%时，采用基体混凝土龄期为 20a 和 42a 的再生粗骨料配制的再生混凝土 224d 自生收缩应变分别为 82×10^{-6} 和 89×10^{-6}；当取代率为 100%时，采用基体混凝土龄期为 20a 和 42a 的再生粗骨料配制的再生混凝土 224d 自生收缩应变分别为 41×10^{-6} 和 54×10^{-6}。这是由于采用普通强度且龄期较长的基体混凝土制作再生粗骨料时，基体混凝土中的水泥水化已基本完成，再生粗骨料中的未水化水泥含量较少，其对再生混凝土自生收缩的影响可以忽略不计。

　　基于以上试验结果，有以下建议：①将基体混凝土龄期较小的废弃混凝土（如工程建造废弃混凝土）和基体混凝土龄期较大的废弃混凝土（如工程拆迁废弃混凝土）进行分类存放和使用；②基体混凝土龄期较小的废弃混凝土应存放一段时间后再使用，否则将再生粗骨料应用于受自生收缩影响较为显著的结构构件时，应进行现场试验研究，明确再生混凝土的自生收缩性能；③进行再生混凝土的自生收缩试验研究时，应在研究报告中明确说明基体混凝土龄期这一指标，否则试验得到的再生混凝土自生收缩性能可能存在较大的离散性，甚至得到相反的结论。

3.3.2.4　基体混凝土抗压强度

图 3-13 分析了取代率为 100%时,基体混凝土抗压强度对再生混凝土自生收缩变形的影响。再生粗骨料的物理性能可参见表 2-7,RCA1、RCA2 和 RCA3 的基体混凝土 28d 立方体抗压强度分别为 62.7MPa、44.2MPa 和 36.9MPa,对应的基体混凝土水灰比分别为 0.30、0.45 和 0.60。RCA1、RCA2 和 RCA3 吸水率相近(表 2-7),因此 3 种饱和面干骨料提供的"自养护"效应也应基本相近。由图 3-13 可见,随着基体混凝土抗压强度降低,再生混凝土自生收缩呈现出增大的趋势。例如,再生混凝土水灰比为 0.30 且取代率为 100%时 [图 3-13(a)],采用 RCA3 的再生混凝土 224d 自生收缩应变为 221×10^{-6},比采用 RCA2 和 RCA1 的再生混凝土 224d 自生收缩应变分别大 23.5%和 48.3%;再生混凝土水灰比为 0.60 且取代率为 100%时,相比采用 RCA2 和 RCA1 的再生混凝土,使用 RCA3 的再生混凝土 224d 自生收缩应变分别大 3.4%和 13.6%。

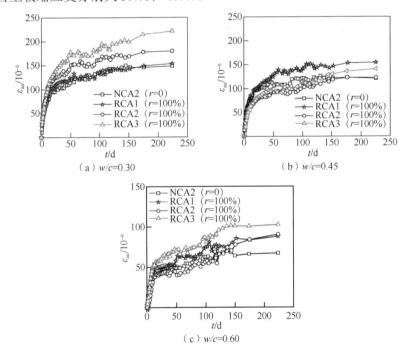

图 3-13　基体混凝土抗压强度对再生混凝土自生收缩的影响(r=100%)

Gonzalez-Corominas 等[20]通过 10 组再生混凝土自生收缩试验,研究了基体混凝土抗压强度对高强再生混凝土自生收缩性能的影响,试验中也发现随着基体混凝土抗压强度的提高,再生混凝土的自生收缩变形降低,如图 3-14 所示。试验中所采用的由 60MPa 基体混凝土破碎得到的粗骨料(RCA-60)与由 40MPa 基体混凝土破碎得到的粗骨料（RCA-40）的吸水率相近，分别为 4.90%和 5.91%。可以看出，当再生粗骨料取代率为 50%和 100%时，采用 RCA-40 配制的再生混凝土 3d 自生收缩应变分别为 122×10^{-6} 和 46×10^{-6}，比采用 RCA-60 配制的再生混凝土 3d 自生收缩应变分别大 40.2%和 48.4%。

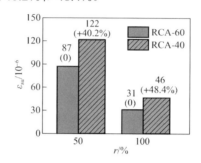

图 3-14　文献[20]研究的自生收缩试验数据

本节和文献[20]的试验结果均表明，再生混凝土自生收缩变形随基体混凝土抗压强度的增加而降低。考虑本节试验采用的 3 种再生粗骨料具有相同的基体混凝土龄期（1a），未水化水泥对再生混凝土自生收缩的影响程度相似。因此，可以认为基体混凝土抗压强度对再生混凝土自生收缩性能具有上述影响的原因是，基体混凝土抗压强度越大，再生粗骨料中的残余砂浆越致密、刚度越大，再生粗骨料对砂浆收缩的约束效应越大。

本节试验仅选用了基体混凝土龄期较小的再生粗骨料来研究基体混凝土抗压强度对再生混凝土自生收缩性能的影响，未来仍需针对采用老龄期基体混凝土（工程拆迁废弃混凝土）制作的再生粗骨料配制的再生混凝土，研究基体混凝土抗压强度对其自生收缩性能的影响。

3.3.3　再生混凝土自生收缩模型

目前，尚无再生混凝土在密闭条件下的自生收缩模型；对于普通混凝土，多国规范中已给出了相应的自生收缩模型，如欧洲规范 EC2[163]、澳大利亚规范 AS 3600[198]及日本规范 JIS 2002[199]等。本书 3.3.2 节的试验结果已表明，再生混凝土的自生收缩性能与普通混凝土有较大不同，因此不宜直接将普通混凝土自生收缩模型用于再生混凝土。

本节将首先介绍普通混凝土的自生收缩模型，并基于本节试验结果验证其对于普通混凝土的适用性；随后将通过理论推导得到再生混凝土自生收缩影响系数 $\kappa_{sh,au}$，并结合现有普通混凝土自生收缩模型，根据式（3-12）计算再生混凝土自生收缩应变[19]，并基于试验结果分析该模型预测结果的精度。其中，$\varepsilon_{au,RAC}$ 表示再生混凝土自生收缩应变；$\varepsilon_{au,NAC}$ 表示普通混凝土自生收缩应变，可采用普通混凝土自生收缩模型计算得到。

$$\varepsilon_{au,RAC} = \kappa_{sh,au} \varepsilon_{au,NAC} \tag{3-12}$$

3.3.3.1 普通混凝土自生收缩模型及其预测精度

本节基于 3.3.2 节的试验结果，研究欧洲规范 EC2[163]对不同水灰比普通混凝土自生收缩应变的预测精度，如图 3-15 所示。如 3.2.3.1 节所述，EC2 模型[163]根据式（3-8）～式（3-11）计算普通混凝土自生收缩应变。可以看出，EC2 模型的预测结果明显低于试验结果。这是因为普通混凝土自生收缩试验本身具有较大离散性，且温度等环境因素的影响会进一步增大试验结果的离散性，所以较难采用普通混凝土自生收缩模型得到准确的预测结果。

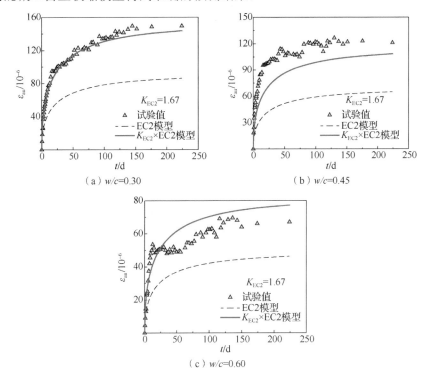

图 3-15　普通混凝土自生收缩全曲线试验值与 EC2 模型预测结果的对比

基于此，目前，大多学者在研究普通混凝土自生收缩性能时虽然选用普通混凝土自生收缩模型，但通常会基于试验数据对模型中的系数进行回归[200-203]。由于上述原因，为消除普通混凝土自生收缩模型的预测偏差对再生混凝土自生收缩模型预测结果的影响，本节基于试验结果拟合得到调整系数 $K_{EC2}=1.67$，将 EC2 模型预测结果乘以相应的调整系数 K_{EC2} 来预测 3.3.2 节试验中普通混凝土的自生收缩应变（图 3-15）。可以发现，调整后的 EC2 模型的预测结果与试验结果较为接近，比原 EC2 模型更能反映混凝土试件的自生收缩性能。需要说明的是，本节选用 EC2 模型是为了采用其对普通混凝土自生收缩应变随龄期的发展趋势进行预测，将 EC2 模型预测结果乘以调整系数 K_{EC2} 不会改变 EC2 模型对普通混凝土自生收缩应变发展趋势的预测。

图 3-16 进一步对比了 3.3.2 节试验中不同水灰比的普通混凝土 224d 自生收缩应变试验值与 EC2 模型的预测值。可以看出，原 EC2 模型预测值低于试验值；但引入调整系数 K_{EC2} 后，调整后的 EC2 模型预测值和试验值最大差值小于 15%，相应的线性回归系数和判定系数 R^2 分别为 0.955 和 0.883，表明该模型具有良好的预测精度。在后面计算再生混凝土自生收缩应变时，式（3-12）中 $\varepsilon_{au,NAC}$ 采用调整后的 EC2 模型计算。

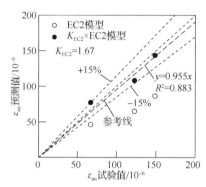

图 3-16　普通混凝土自生收缩试验值与 EC2 模型预测值对比

3.3.3.2　再生混凝土自生收缩模型的建立

混凝土的自生收缩变形受混凝土骨灰比（a/c，粗骨料和水泥的质量比）和水灰比（w/c）的影响显著，Hubler 等[204]提出了适用于普通混凝土自生收缩的计算方法：

$$\varepsilon_{au}^{NAC} = \varepsilon_{au,cem}\left[a_{NAC}/(6c_{NAC})\right]^{r_{ea}}\left[w_{NAC}/(0.38c_{NAC})\right]^{r_{ew}} \tag{3-13}$$

式中　ε_{au}^{NAC}——普通混凝土的自生收缩应变；

$\quad\quad\varepsilon_{au,cem}$——水泥砂浆的自生收缩应变；

$\quad\quad a_{NAC}$——普通混凝土中骨料的质量含量，kg/m^3；

$\quad\quad c_{NAC}$——普通混凝土中水泥的质量含量，kg/m^3；

$\quad\quad w_{NAC}$——普通混凝土中搅拌用水的质量含量，kg/m^3；

$\quad\quad r_{ea}$——普通混凝土骨灰比修正系数，Hubler 等[204]建议采用-0.5；

$\quad\quad r_{ew}$——普通混凝土水灰比修正系数，Hubler 等[204]建议采用-3.5。

考虑以下两个因素：①目前常用的再生粗骨料一般源于龄期较长的工程拆迁废弃混凝土；②现有的基体混凝土抗压强度对再生混凝土自生收缩的影响研究较少，暂且忽略再生粗骨料中未水化水泥和基体混凝土抗压强度对再生混凝土自生收缩变形的影响。

由于再生混凝土与普通混凝土相比，骨料刚度较低，总水灰比较大，再生混凝土的自生收缩计算方法可由式（3-14）表示：

$$\varepsilon_{\mathrm{au}}^{\mathrm{RAC}} = \varepsilon_{\mathrm{au,cem}} \left[a_{\mathrm{RAC}} / (6c_{\mathrm{RAC}}) \right]^{r_{\varepsilon a}} \left[w_{\mathrm{RAC}}^{\mathrm{T}} / (0.38c_{\mathrm{RAC}}) \right]^{r_{\varepsilon w}} \tag{3-14}$$

式中　$\varepsilon_{\mathrm{au}}^{\mathrm{RAC}}$——再生混凝土的自生收缩应变；

$\quad\quad a_{\mathrm{RAC}}$——再生混凝土中骨料的质量含量，$\mathrm{kg/m^3}$；

$\quad\quad c_{\mathrm{RAC}}$——再生混凝土中水泥的质量含量，$\mathrm{kg/m^3}$；

$\quad\quad w_{\mathrm{RAC}}^{\mathrm{T}}$——再生混凝土中总搅拌用水（有效搅拌水用量与再生粗骨料吸水量之和）的质量含量，$\mathrm{kg/m^3}$。

联合式（3-13）和式（3-14）可以得到再生混凝土自生收缩影响系数 $\kappa_{\mathrm{sh,au}}$，见式（3-15）：

$$\kappa_{\mathrm{sh,au}} = \frac{\varepsilon_{\mathrm{au}}^{\mathrm{RAC}}}{\varepsilon_{\mathrm{au}}^{\mathrm{NAC}}} = \left[\frac{a_{\mathrm{RAC}} / (6c_{\mathrm{RAC}})}{a_{\mathrm{NAC}} / (6c_{\mathrm{NAC}})} \right]^{r_{\varepsilon a}} \left[\frac{w_{\mathrm{RAC}}^{\mathrm{T}} / (0.38c_{\mathrm{RAC}})}{w_{\mathrm{NAC}} / (0.38c_{\mathrm{NAC}})} \right]^{r_{\varepsilon w}} \tag{3-15}$$

可将式（3-15）分成两部分，即考虑骨料刚度影响的 $K_{\mathrm{a,au}}$ ［式（3-16）］和考虑"自养护"效应影响的 $K_{\mathrm{w/c}}$ ［式（3-17）］。由于不考虑基体混凝土龄期（未水化水泥）对再生混凝土自生收缩性能的影响，假定再生混凝土和普通混凝土的水泥用量相同，即 $c_{\mathrm{RAC}} = c_{\mathrm{NAC}}$。

$$K_{\mathrm{a,au}} = \left[\frac{a_{\mathrm{RAC}} / (6c_{\mathrm{RAC}})}{a_{\mathrm{NAC}} / (6c_{\mathrm{NAC}})} \right]^{r_{\varepsilon a}} = \left[\frac{a_{\mathrm{RAC}}}{a_{\mathrm{NAC}}} \right]^{r_{\varepsilon a}} \tag{3-16}$$

$$K_{\mathrm{w/c}} = \left[\frac{w_{\mathrm{RAC}}^{\mathrm{T}} / (0.38c_{\mathrm{RAC}})}{w_{\mathrm{NAC}} / (0.38c_{\mathrm{NAC}})} \right]^{r_{\varepsilon w}} = \left[\frac{w_{\mathrm{RAC}}^{\mathrm{T}}}{w_{\mathrm{NAC}}} \right]^{r_{\varepsilon w}} \tag{3-17}$$

考虑再生粗骨料是由基体天然粗骨料和残余砂浆组成的两相复合材料，若假定再生粗骨料中基体天然粗骨料和普通混凝土中天然粗骨料表观密度相同，式（3-16）可由式（3-18）表示：

$$K_{\mathrm{a,au}} = \left(\frac{a_{\mathrm{RAC}}}{a_{\mathrm{NAC}}} \right)^{r_{\varepsilon a}} = \left(\frac{V_{\mathrm{TNCA}}^{\mathrm{RAC}}}{V_{\mathrm{NCA}}^{\mathrm{NAC}}} \right)^{r_{\varepsilon a}} \tag{3-18}$$

式中　$V_{\mathrm{NCA}}^{\mathrm{NAC}}$——普通混凝土中天然粗骨料的体积含量；

$\quad\quad V_{\mathrm{TNCA}}^{\mathrm{RAC}}$——再生混凝土中天然粗骨料的总体积含量，可由式（3-19）确定：

$$V_{\mathrm{TNCA}}^{\mathrm{RAC}} = V_{\mathrm{NCA}}^{\mathrm{RAC}} + V_{\mathrm{OVA}}^{\mathrm{RAC}} = (1 - rC_{\mathrm{RM}})V_{\mathrm{CA}}^{\mathrm{RAC}} \tag{3-19}$$

式中　$V_{\mathrm{NCA}}^{\mathrm{RAC}}$——再生混凝土中天然粗骨料的体积含量；

$\quad\quad V_{\mathrm{OVA}}^{\mathrm{RAC}}$——再生混凝土中基体天然粗骨料的体积含量；

$\quad\quad V_{\mathrm{CA}}^{\mathrm{RAC}}$——再生混凝土的粗骨料体积含量，即再生混凝土中天然粗骨料和再生粗骨料的体积含量之和；

$\quad\quad r$——再生混凝土中再生粗骨料取代率；

$\quad\quad C_{\mathrm{RM}}$——再生粗骨料残余砂浆含量。

一般情况下，再生混凝土的粗骨料体积含量（V_{CA}^{RAC}）和普通混凝土的粗骨料体积含量（V_{NCA}^{RAC}）相同，因此，式（3-18）可以由式（3-20）表示：

$$K_{a,au} = (1 - rC_{RM})^{r_{\varepsilon a}} \tag{3-20}$$

另外，为了考虑饱和面干骨料提供的"自养护"效应的影响，w_{RAC}^{T} 为再生混凝土的总搅拌用水总量（有效搅拌水用量与再生粗骨料吸水量之和），式（3-17）可由式（3-21）表示：

$$K_{w/c} = \left(\frac{w_{RAC}^{T}}{w_{NAC}}\right)^{r_{\varepsilon w}} = \left(\frac{w_{RAC} + \omega a_{RAC}^{RCA}}{w_{RAC}}\right)^{r_{\varepsilon w}} \tag{3-21}$$

式中　ω ——再生粗骨料的吸水率；

a_{RAC}^{RCA} ——再生粗骨料的质量含量，kg/m^3。

联合式（3-15）、式（3-20）和式（3-21），可以得到再生混凝土自生收缩影响系数 $\kappa_{sh,au}$ 的预测模型，见式（3-22）：

$$\kappa_{sh,au} = \frac{\varepsilon_{au}^{RAC}}{\varepsilon_{au}^{NAC}} = (1 - rC_{RM})^{r_{\varepsilon a}} \left(\frac{w_{RAC} + \omega a_{RCA}^{RAC}}{w_{RAC}}\right)^{r_{\varepsilon w}} \tag{3-22}$$

3.3.3.3　再生混凝土自生收缩模型的预测精度

目前，再生混凝土自生收缩性能的试验研究较少，且试验结果离散性较大，不同学者的研究结论相悖。因此，仅采用 3.3.2 节试验结果对 3.3.3.2 小节所提的再生混凝土自生收缩影响系数模型进行验证。再生混凝土自生收缩应变的预测值根据式（3-12）计算，其中，$\kappa_{sh,au}$ 根据式（3-22）计算；$\varepsilon_{au,NAC}$ 采用 3.3.3.1 小节中调整后的 EC2 模型计算。

将 3.3.2 节所得的再生混凝土自生收缩应变随龄期发展的试验结果与 3.3.3.2 小节所述模型的预测结果进行对比，如图 3-17 所示。可以看出，相比调整后的 EC2 模型，采用 3.3.3.2 小节所提模型可以更好地预测再生混凝土自生收缩性能。

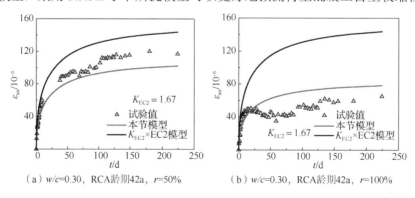

（a）w/c=0.30，RCA龄期42a，r=50%　　　（b）w/c=0.30，RCA龄期42a，r=100%

图 3-17　再生混凝土自生收缩全曲线试验值与模型预测结果的对比

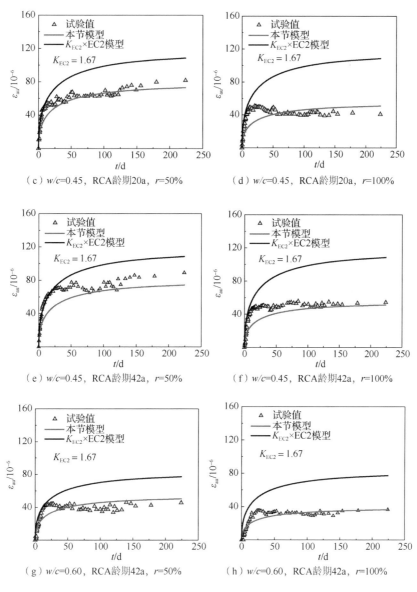

图 3-17（续）

　　进一步对比再生混凝土 224d 自生收缩应变的试验值和预测值，如图 3-18 所示。可以发现，本节提出的再生混凝土自生收缩模型具有良好的预测精度。具体而言，预测值与试验值的差距小于 15%，相应的线性回归系数和线性回归判定系数 R^2 分别为 0.960 和 0.910。

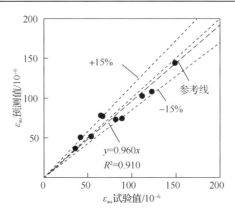

图 3-18　再生混凝土 224d 自生收缩试验值与再生混凝土自生收缩模型计算值的对比

3.4　非密闭条件下再生混凝土的徐变性能

3.4.1　再生混凝土徐变性能试验研究

3.4.1.1　试验方法

为研究再生混凝土的徐变性能，共进行 6 组混凝土柱长期变形试验。主要试验参数为再生粗骨料取代率 r（0 和 100%）和再生混凝土水灰比 w/c（0.30、0.45 和 0.60）。

试验中，每组试件浇筑 5 个 100mm×100mm×400mm 的棱柱体试件。其中，2 个试件用于测量长期持荷状态下再生混凝土的长期变形，3 个试件用于测量再生混凝土在非密闭条件下的收缩变形。试件在长期荷载作用下的总变形包括加载初期的初始变形及持荷过程中的徐变变形和收缩变形，其中后两者统称为长期变形。各试件的徐变变形为 2 个长期持荷试件的长期变形平均值与同组 3 个收缩试件的收缩变形平均值之差。此外，每组试验同时浇筑 3 个边长为 100mm 的混凝土立方体试块及 3 个 150mm×150mm×300mm 的混凝土棱柱体试块，以测量加载当天混凝土的抗压强度和弹性模量。

混凝土试块的抗压强度和弹性模量测量方法分别见 2.3.1 和 2.5.1 内容。混凝土试块弹性模量取各试件测量结果的平均值；混凝土试块抗压强度按照《混凝土强度检验评定标准》（GB 50107—2010）[154] 的相关规定取值。

试验中，采用自行设计加工的混凝土徐变仪进行混凝土试件的长期持荷试验，如图 3-19（a）所示。该装置由 3 块加载板、3 根承担拉力的螺杆及配套弹簧组成，其中每个弹簧可承担 18t 荷载，满足试验加载需求。试验初始加载及后期补载过程中，可使用千斤顶顶紧实验室顶板进行加载，并最终通过拧紧螺栓使荷载达到预期值。将同组 2 个长期持荷试件叠放于徐变仪 2 块加载板之间，以保证作用于

2 个试件的长期荷载相同；同时，将同组的另外 3 个收缩试件放置在持荷试件附近，以保证试验环境相同。

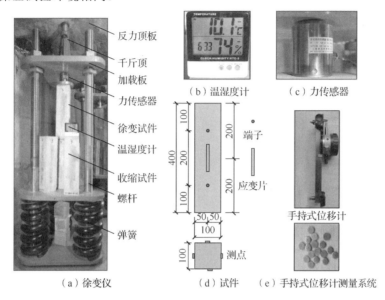

（a）徐变仪　　　　　　　　（d）试件　　（e）手持式位移计测量系统

图 3-19　再生混凝土长期荷载试验加载装置图

　　长期试验过程中，将实验室的出入口进行密封处理，并采用辅助措施保证相对稳定的温湿度环境。试验加载及长期持荷过程中的环境温度及湿度采用图 3-19（b）中型号为 HTC-2 的温湿度计进行监测，结果如图 3-20 所示。可见，在长期试验过程中，在 97% 的持荷时间内湿度均控制在（77±5）% 的范围内；环境温度随时间的推移而逐渐提高，温度变化会引起混凝土试件产生温度变形，但这部分变形可通过各组收缩试件的测量结果进行补偿，因此不会影响混凝土试件徐变的试验结果。

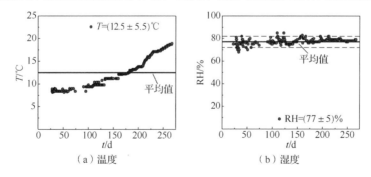

（a）温度　　　　　　　　　　　　（b）湿度

图 3-20　混凝土试件长期荷载试验温湿度随时间的变化

　　试件所承受的荷载通过布置于试件上端与上加载板之间的 200kN 力传感器进行监测，如图 3-19（c）所示，并在力传感器与试件之间增设 10mm 的钢垫板，保证试件全截面受压。每个试件中端子和应变片的测点位置如图 3-19（d）所示。具体而言，在试件每个面中部布置标距为 200mm 的不锈钢测量端子，并采用手持式位移计测量端子之间的长期变形，如图 3-19（e）所示；此外，在试件加载过程中，在徐变试件的各个面布置 4 组电阻应变片，用于校核手持式位移计的测量结果。试验表明，采用手持式位移计及电阻应变片所测的试件初始变形之差不超过 3%，这验证了采用手持式位移计测量系统进行试件长期变形监测的可靠性。

采用分级加载的加载制度对混凝土试件施加荷载，每级荷载为预计荷载的1/5。加载过程中，实时监测试件各截面的电阻应变片读数并采用扳手拧紧螺栓，以保证试件始终处于轴心受压状态。试验过程中，试件产生长期变形，使加载系统螺栓松弛，产生卸荷的趋势。为保证持荷荷载恒定，需对试件进行补载，补载频率由变形发展速率决定，加载初期频率较高，试验后期可逐渐降低。徐变仪设有配套弹簧，显著减小了由试件变形导致的荷载变化幅度，因此有效降低了补载频率。初次补载为加载结束 1 周左右，第 2 次补载在试件加载结束后的第 4 周，此后补载频率约为每 2 个月 1 次。整个试验过程中持荷荷载在初始荷载的±2%范围内，满足《普通混凝土长期性能和耐久性能试验方法标准》（GB/T 50082—2009）[205]关于混凝土徐变试验的持荷荷载要求。

3.4.1.2　试验参数

试验中采用的水泥均为哈尔滨水泥厂生产的普通硅酸盐水泥（P.O 42.5），其物理性能和化学组分见表 3-5。

表 3-5　再生混凝土徐变性能试验中使用的水泥的物理性能和化学组分

物理性能	规范要求①	试验值	化学组分	规范要求/%①	试验值/%
$f_{v,3}$/MPa②	≥3.5	4.8	SiO_2	—	21.08
$f_{v,28}$/MPa②	≥6.5	6.8	Al_2O_3	—	5.47
$f_{c,3}$/MPa③	≥6.5	21.3	Fe_2O_3	—	3.96
$f_{c,28}$/MPa③	≥42.5	50.8	CaO	—	62.28
f/%④	≥90.0	98.2	R_2O	—	0.95
ρ/（g/cm³）⑤	—	3.17	SO^3	≤3.5	2.6
L.O.I⑥	≤5.0	1.6	MgO	≤5.0	1.7

① 满足规范《通用硅酸盐水泥》（GB 175—2007）规定的允许范围。

② $f_{v,t}$ 为 t（d）时水泥的抗弯强度。

③ $f_{c,t}$ 为 t（d）时水泥的抗压强度。

④ f 为采用方孔直径为 80μm 的方孔筛对水泥进行筛分的筛分通过率。

⑤ ρ 为水泥的密度。

⑥ L.O.I 为水泥的烧失量（loss on ignition）。

试验所用的骨料物理性能见表 3-6。其中，天然粗骨料为花岗岩；天然细骨料为砂。制造再生粗骨料的基体混凝土源自实验室废弃混凝土，基体混凝土水灰比为 0.45。根据《混凝土用再生粗骨料》（GB/T 25177—2010）[38]对骨料分类标准的规定，本次试验中使用的再生粗骨料属于Ⅲ类骨料，试验中使用的骨料级配如图 3-21 所示。

表 3-6　再生混凝土徐变性能试验中使用的骨料的物理性能

类型	粒径范围/mm	表观密度/ (kg/m³)	吸水率/%	压碎指标/%	残余砂浆含量 C_{RM}/%	细度模数
天然粗骨料	4.75~25	2880.0	0.50	3.12	—	—
再生粗骨料	4.75~25	2713.2	5.07	9.97	35	—
天然细骨料	0~4.75	2623.4	3.45	—	—	2.58

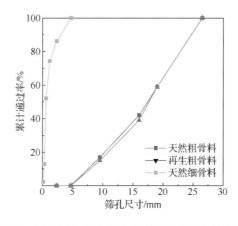

图 3-21　再生混凝土徐变性能试验中使用的骨料级配

　　参考国家行业标准《再生骨料应用技术规程》（JGJ/T 240—2011）[39]配制不同水灰比的再生混凝土，各组混凝土的基本参数和配合比见表 3-7。n_c 为试件内的应力水平，可按式（3-23）计算；t_0 为长期持荷试件的加载龄期，本次试验中各组试件 t_0 均为 28d。各组试件的名义应力水平均为 0.25，由于各试件实际尺寸和荷载略有不同，试件实际应力水平有微小差异（表 3-7）。配合比中，粗骨料均为干重，水灰比为有效水灰比，即表 3-7 中的用水量不包含再生粗骨料的附加用水量。

$$n_c = \sigma_c / f_{cm}(t_0) \tag{3-23}$$

式中　σ_c——再生混凝土试件的压应力，MPa；

　　　$f_{cm}(t_0)$——加载时再生混凝土圆柱体抗压强度平均值，MPa。

表 3-7　再生混凝土徐变性能研究中使用的混凝土试件配合比

编号	r/%	w/c	n_c 名义	n_c 实际	单位体积含量/（kg/m³） w	c	NCA	RCA	NFA	SP	坍落度/ mm
NAC-0.30	0	0.30	0.25	0.29	180	600	1080	0	610	6.0	140
NAC-0.45	0	0.45	0.25	0.26	180	400	1180	0	670	2.0	160
NAC-0.60	0	0.60	0.25	0.27	180	300	1240	0	710	0	180
RAC-0.30	100	0.30	0.25	0.27	180	600	0	1030	580	6.0	120

续表

| 编号 | r/% | w/c | n_c | | 单位体积含量/（kg/m³） | | | | | | 坍落度/ |
			名义	实际	w	c	NCA	RCA	NFA	SP	mm
RAC-0.45	100	0.45	0.25	0.26	180	400	0	1130	640	2.0	150
RAC-0.60	100	0.60	0.25	0.26	180	300	0	1200	680	0	165

注：r 表示再生粗骨料取代率；w/c 表示再生混凝土水灰比；n_c 表示混凝土的应力水平；w、c、NCA、RCA、NFA 和 SP 分别表示水、水泥、天然粗骨料、再生粗骨料、天然细骨料和减水剂。

试验中，再生混凝土采用 PS 法进行配制，普通混凝土采用传统方法进行配制，配制流程如图 2-8 所示。试件在浇筑完毕 24h 后拆模，随后将所有试块置于温度为（20.0±2.0）℃且相对湿度为 95%的标准养护条件中养护至试件加载当天。试件加载当天的抗压强度和弹性模量见表 3-8。$f_{cu,100}$ 为试验测得的边长为 100mm 的混凝土立方体试块强度；f_{cu} 为按照《混凝土结构设计规范（2015 年版）》（GB 50010—2010）[96]换算得到的边长为 150mm 的混凝土立方体试块抗压强度；f_{cm} 为按照《欧洲混凝土结构技术规范》（CEB-FIP Model Code 1990）[192]换算得到的混凝土标准圆柱体[150mm（直径）×300mm（长度）]抗压强度；E_c 为混凝土的弹性模量。

表 3-8 加载当天混凝土力学性能指标

| 编号 | r/% | 混凝土抗压强度/MPa | | | E_c/（10⁴MPa） |
		$f_{cu,100}$	f_{cu}	f_{cm}	
NAC-0.30	0	72.4	67.3	53.2	3.39
NAC-0.45	0	49.7	47.2	38.4	3.57
NAC-0.60	0	43.0	40.9	33.5	3.17
RAC-0.30	100	63.8	60.0	47.2	2.94
RAC-0.45	100	48.9	46.5	37.8	2.74
RAC-0.60	100	39.0	37.1	30.6	2.60

3.4.1.3 试验结果

各组混凝土试件在轴向荷载作用下的徐变度 $C(t,t_0)$（单位应力下的徐变变形）随时间的变化曲线如图 3-22 所示，图中 a 和 b 分别代表每组 2 个混凝土长期持荷试件的编号。考虑同组 2 个试件试验所测结果差异较小，与平均值相差不超过 6%，后面采用同组 2 个试件实测结果的平均值进行分析。可以看出，各试件徐变变形在加载后 1 个月内发展较快，随后变形的增加速率随持荷时间的增加逐渐降低。例如，持荷时间为 1 个月、2 个月和 3 个月试件的徐变变形分别达到了持荷结束时徐变变形的 60%、75%和 82%。可以看出，在相同水灰比的情况下，再生混凝土的徐变度明显高于普通混凝土。具体而言，在水灰比分别为 0.30、0.45 和 0.60 的情况下，长期持荷试验结束时，再生混凝土的徐变度分别为普通混凝土的 2.03 倍、1.77 倍和 1.41 倍。从图 3-22 中还可以看出，随着水灰比的增大，普通混凝土和再生混凝土试件的徐变度均增加；且与普通混凝土相比，水灰比对再生混凝土试件徐变度的影响更小。例如，当水灰比由 0.30 增加至 0.60 时，普通混凝土的徐变度提高了 109%，而再生混凝土试件的徐变度仅提高 44%。

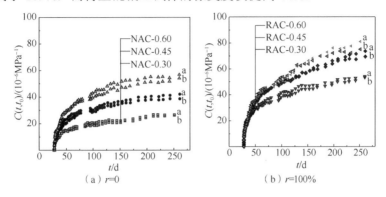

图 3-22　各组混凝土试件在轴向荷载作用下的徐变度 $C(t,t_0)$ 随时间的变化曲线

为研究再生粗骨料取代率 r 和水灰比 w/c 对再生混凝土徐变变形随时间发展规律的影响，将试件加载过程中的徐变变形进行归一化处理，即对任意时刻的徐变变形 $\varepsilon_c(t)$ 除以试验结束时刻对应的徐变变形 $\varepsilon_c(260)$，如图 3-23 所示。图中纵坐标为试件任一时刻徐变变形与持荷结束时的徐变终值之比。可以看出，在不同水灰比的情况下，再生混凝土徐变变形随时间的发展规律与普通混凝土相似。此外，图 3-23 中同时给出了欧洲规范 EC2[163] 中普通混凝土徐变模型（简称为 EC2 模型）的预测曲线，后面将对其进行详细介绍和分析。

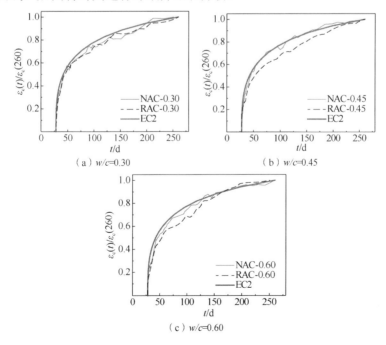

图 3-23　试件徐变随时间发展规律的影响

3.4.2 现有普通混凝土与再生混凝土徐变模型的预测精度

3.4.1.3 节的试验结果表明，再生混凝土与普通混凝土徐变变形随龄期的变化规律相同。因此，国内外研究学者均基于普通混凝土徐变模型，通过引入再生粗骨料徐变影响系数 K_{RCA}，得到再生混凝土徐变模型，如式（3-24）所示。其中，$\varphi_{RAC}(t,t_0)$ 表示加载龄期为 t_0 且龄期为 t 的再生混凝土的徐变系数；$\varphi_{NAC}(t,t_0)$ 表示加载龄期为 t_0 且龄期为 t 的普通混凝土的徐变系数，可根据普通混凝土徐变模型计算得到；K_{RCA} 可采用再生混凝土徐变模型计算得到。本节将首先介绍普通混凝土与再生混凝土的徐变模型，随后将基于试验数据对现有模型的预测精度进行研究。

$$\varphi_{RAC}(t,t_0) = K_{RCA}\varphi_{NAC}(t,t_0) \tag{3-24}$$

3.4.2.1 普通混凝土徐变模型及其预测精度

目前，各国学者和组织已根据大量试验结果给出了多种适用于普通混凝土的徐变模型。例如，CEB-FIP[192]提出的 MC90 模型、欧洲规范中给出的 EC2 模型[163]、Bažant 等[194]提出的 B3 模型和 ACI 209 委员会[206]推荐的 ACI 209 模型。本节对 EC2 模型进行介绍，对 MC90 模型、B3 模型和 ACI 209 模型的介绍详见附录 I。

EC2 模型考虑了混凝土抗压强度、环境相对湿度、截面有效尺寸、加载龄期、持荷时间和水泥品种等因素对混凝土徐变系数的影响。EC2 模型在计算中不区分基本徐变和干燥徐变，根据式（3-25）直接计算普通混凝土的徐变系数。需要说明的是，式（3-25）适用于外荷载产生的混凝土应力 $\sigma_c < 0.45 f_{cm}(t_0)$ 的情况。其中，$f_{cm}(t_0)$ 表示加载龄期 t_0 时混凝土的圆柱体抗压强度平均值；普通混凝土任意龄期 t 时的圆柱体抗压强度平均值 $f_{cm}(t)$ 可根据混凝土 28d 圆柱体抗压强度平均值 f_{cm} 按照式（3-26）和式（3-27）计算。

$$\varphi_{NAC}(t,t_0) = \varphi_0 \beta_c(t,t_0) \tag{3-25}$$

$$f_{cm}(t) = \begin{cases} \beta_{cc}(t)f_{cm}, & t < 28d \\ [\beta_{cc}(t)]^{2/3} f_{cm}, & t \geqslant 28d \end{cases} \tag{3-26}$$

$$\beta_{cc}(t) = \exp\left\{ s\left[1 - \left(\frac{28}{t/t_1}\right)^{1/2} \right] \right\} \tag{3-27}$$

式中　　φ_0 ——普通混凝土名义徐变系数；

　　　　$\beta_c(t,t_0)$ ——普通混凝土徐变的时间函数；

　　　　$\beta_{cc}(t)$ ——普通混凝土抗压强度发展系数；

　　　　t_1 ——常数，等于 1d；

　　　　s ——水泥品种影响系数。对慢硬水泥（SL），$s=0.38$；对普通水泥（N）和快硬水泥（R），$s=0.25$；对快硬高强度水泥（RS），$s=0.20$。

普通混凝土名义徐变系数受混凝土抗压强度、有效尺寸和相对湿度等因素影响，可根据式（3-28）～式（3-33）计算。

$$\varphi_0 = \varphi_{RH}\beta(f_{cm})\beta(t_0) \tag{3-28}$$

$$\varphi_{RH} = \begin{cases} 1 + \dfrac{1 - RH/100}{0.1\sqrt[3]{h}}, & f_{cm} \leqslant 35\text{MPa} \\[3mm] \left(1 + \dfrac{1 - RH/100}{0.1\sqrt[3]{h}}\alpha_1\right)\alpha_2, & f_{cm} > 35\text{MPa} \end{cases} \tag{3-29}$$

$$\alpha_1 = (35/f_{cm})^{0.7} \tag{3-30}$$

$$\alpha_2 = (35/f_{cm})^{0.2} \tag{3-31}$$

$$\beta(f_{cm}) = \frac{5.3}{(f_{cm}/f_{cm0})^{0.5}} \tag{3-32}$$

$$\beta(t_0) = \frac{1}{0.1 + (t_0/t_1)^{0.2}} \tag{3-33}$$

式中　φ_{RH}——环境相对湿度和有效尺寸影响系数；

　　　h——截面有效尺寸，可根据式（3-7）计算，mm；

　　　RH——环境相对湿度，%；

　　　α_1、α_2——考虑混凝土抗压强度影响的系数；

　　　$\beta(f_{cm})$——混凝土强度影响系数；

　　　f_{cm0}——常数，等于 10MPa；

　　　$\beta(t_0)$——加载龄期影响系数。

考虑混凝土抗压强度、环境相对湿度和截面有效尺寸的影响，式（3-25）中普通混凝土徐变的时间函数可根据式（3-34）～式（3-36）计算。

$$\beta_c(t,t_0) = \left(\frac{t - t_0}{\beta_H + t - t_0}\right)^{0.3} \tag{3-34}$$

$$\beta_H = \begin{cases} 1.5[1 + (0.012RH)^{18}]h + 250 \leqslant 1500, & f_{cm} \leqslant 35\text{MPa} \\[2mm] 1.5[1 + (0.012RH)^{18}]h + 250\alpha_3 \leqslant 1500\alpha_3, & f_{cm} > 35\text{MPa} \end{cases} \tag{3-35}$$

$$\alpha_3 = (35/f_{cm})^{0.5} \tag{3-36}$$

式中　β_H——环境相对湿度和截面有效尺寸影响因子；

　　　α_3——考虑混凝土抗压强度影响的系数。

研究 EC2 模型[163]对普通混凝土和再生混凝土徐变变形随龄期的变化规律的预测精度，如图 3-23 所示。可以发现，在不同水灰比条件下，EC2 模型均能够较好地预测普通混凝土和再生混凝土的徐变变形发展规律。因此，式（3-24）在普通混凝土徐变模型的基础上乘以再生粗骨料徐变影响系数 K_{RCA} 来预测再生混凝土徐变性能的方法是合理的。

为进一步研究 EC2 模型、MC90 模型[192]、ACI 209 模型[206]和 B3 模型[194]对普通混凝土徐变性能的预测精度，将 3.4.1 节试验中的 3 组普通混凝土试件徐变试验结果与各模型预测结果进行对比，如图 3-24 所示。其中，EC2 模型已在前面进行介绍，MC90 模型[192]、B3 模型[194]和 ACI 209 模型[206]的计算方法详见附录 I。可以看出，EC2 模型的预测精度高于其他模型。具体而言，B3 模型明显高估了水灰比为 0.30 和 0.45 的普通混凝土徐变变形；ACI 209 模型对水灰比为 0.60 的普通混凝土徐变变形的预测结果偏低，却又高估水灰比为 0.30 的普通混凝土徐变变形；MC90 模型的预测结果与 EC2 模型接近，但其对水灰比为 0.30 的普通混凝土徐变变形的预测结果偏高；EC2 模型对不同水灰比的普通混凝土均能给出较为精确的徐变性能预测。因此，推荐采用 EC2 模型对普通混凝土徐变性能进行预测。

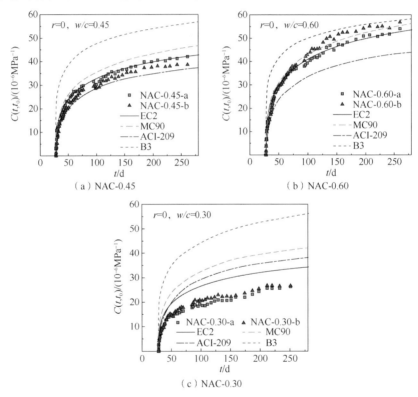

（a）NAC-0.45

（b）NAC-0.60

（c）NAC-0.30

图 3-24 普通混凝土试件徐变试验结果与 EC2 模型预测结果的对比

3.4.2.2 再生混凝土徐变模型

目前，较为经典的再生混凝土徐变预测模型包括 de Brito 等[103]提出的 de Brito(D)模型和 de Brito(W)模型、Fathifazl 等[22,207]提出的 Fathifazl（2011）模型和 Fathifazl（2013）模型，以及肖建庄等[111, 112]提出的 Xiao（2013）模型和 Xiao（2014）模型。上述再生混凝土徐变模型已在 1.5.1.5 节中进行详细介绍。其中，由于 Xiao（2014）

模型[112]需要再生混凝土新拌砂浆的徐变量进行再生混凝土的徐变预测,而大多数试验均未提供该信息,因此,本节未对该模型进行研究。

对比研究当再生粗骨料取代率不同时,上述几种徐变模型对再生混凝土徐变变形$\varepsilon_c(t)$预测结果的差别,如图 3-25 所示。计算时,假设天然粗骨料表观密度为 2800kg/m³,再生粗骨料砂浆含量 C_{RM} 为 35%,根据文献[1]推荐的方法估算得到再生粗骨料表观密度为 2520kg/m³,吸水率为 5.0%,以上取值与大部分试验研究的实测结果相似。其中,de Brito(D)模型、de Brito(W)模型[103]、Fathifazl(2011)模型[22]、Fathifazl(2013)模型[207]和 Xiao(2013)模型[111]中相同条件下的普通混凝土徐变系数根据作者的建议分别采用 EC2 模型[163]、MC90 模型[192]、ACI 209 模型[206]和 B3 模型[194]进行预测。由于 de Brito(D)模型和 de Brito(W)模型均基于相同的试验数据回归得到,两模型的分析结果十分相近,因此图 3-25 仅对比 de Brito(D)模型、Fathifazl(2011)模型、Fathifazl(2013)模型和 Xiao(2013)模型的预测结果。图中,r 为再生粗骨料取代率;RH 为环境相对湿度;h 为混凝土的有效尺寸,可按式(3-7)计算;t_0 为加载龄期;$t-t_0$ 为持荷时间;f_{cm} 为混凝土标准圆柱体(150mm×300mm)28d 抗压强度;n_c 为混凝土的应力水平,按式(3-23)计算;持荷时间($t-t_0$)为 50a。

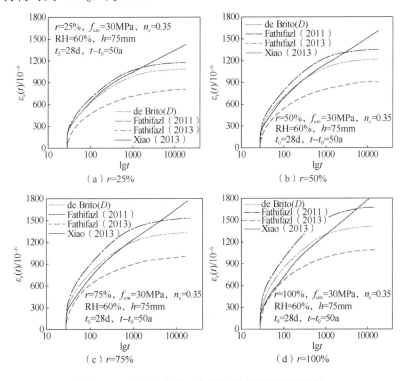

图 3-25　不同取代率下各模型徐变预测结果比较

　　对比图 3-25 各模型的预测结果可以看出，Xiao（2013）模型[111]对再生混凝土徐变变形值和发展趋势的预测结果均与其他模型存在明显差别。基于 ACI 209 模型[206]的 Fathifazl（2013）模型[207]对再生混凝土徐变变形的预测结果比其他模型的预测结果低 23%～42%，这主要是由于 ACI 209 模型对强度较低的普通混凝土徐变变形的预测结果偏低。从图 3-25 中还可以看出，随着再生粗骨料取代率的提高，de Brito(D)模型和 Fathifazl（2011）模型对再生混凝土徐变变形的预测结果差距不断增大。例如，当取代率为 25%、50%、75%和 100%时，Fathifazl（2011）模型对持荷时间为 50a 时再生混凝土徐变变形的预测结果分别比 de Brito(D)模型高 8.0%、11.0%、14.3%和 17.4%。综上可见，各模型对再生混凝土徐变性能的预测结果有较大差异，因此需要通过与现有试验结果进行对比，确定较为可靠的再生混凝土徐变模型。

3.4.2.3　再生混凝土徐变模型的预测精度

　　作者收集了 10 篇文献中共 47 组再生混凝土试件的徐变试验结果[22,41,92,106-112]，用以研究现有再生混凝土徐变模型的预测精度，试件参数见表 3-9。

表 3-9　已有再生混凝土徐变试验数据的材料性质和试验条件

作者	r/%	f_{cm}/MPa	w/c	n_c	RH/%	$(t-t_0)$/d
Ravindrarajah 等（1985）[41]	0, 100	19～32	0.51, 0.60, 0.73	0.25	82	56
Limbachiya 等（2000）[106]	0, 30, 50, 100	39, 44	0.32～0.45	0.40	55	62
Ajdukiewicz 等（2002）[92]	0, 100	44～89	0.23, 0.25, 0.36	0.30	75	360
Gómez-Soberón（2002）[107]	0, 15, 30, 60, 100	35～39	0.52	0.35	50, 密闭	270
Kou 等（2007）[108]	0, 50, 100	29～37	0.50	0.35	75	120
Domingo-Cabo 等（2009）[109]	0, 20, 50, 100	46～54	0.50	0.35	65	180
Fathifazl 等（2011）[22]	0, 64, 74, 100	34～46	0.45	0.40	50	365
Manzi 等（2013）[110]	0, 49, 100	41～51	0.48	0.30	60	495
肖建庄等（2013）[111]	0, 50, 100	22～36	0.40	0.30～0.50	50	90
Fan 等（2014）[112]	0, 33, 66, 100	28～36	0.50	0.30	65	200

　　从表 3-9 可以看出，试验试件的参数范围较广。具体而言，再生粗骨料取代率 r 为 0～100%；再生混凝土 28d 圆柱体抗压强度 f_{cm} 为 19～89MPa；再生混凝土水灰比 w/c 为 0.23～0.73；长期持荷应力水平 n_c 为 0.25～0.50；试件外露在环境相对湿度 RH 为 50%～82%的大气中或处于密闭状态；持荷时间 $t-t_0$=56～495d；所有试件的加载龄期 t_0 均为 28d。本节在采用式（3-24）计算再生混凝土徐变系数时，将 de Brito(D)模型、de Brito(W)模型和 Fathifazl（2011）模型均引入 EC2 模型进行计算，并根据作者建议将 Fathifazl（2013）模型和 Xiao（2013）模型分别引入 ACI 209 模型和 B3 模型进行计算。

　　将 3.4.1 节试验结果与各模型预测结果进行对比，如图 3-26 所示。总体来讲，除 Xiao（2013）模型[111]对强度较高的再生混凝土的预测结果明显偏高[图 3-26（a）]外，现有各再生混凝土徐变模型均能较好地预测 3.4.1 节中所介绍的再生混凝土试件的徐变性能。

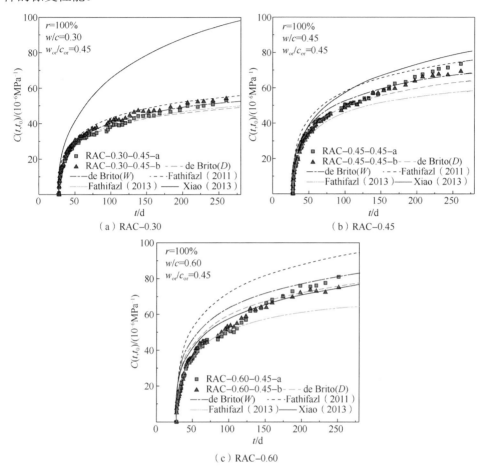

图 3-26 再生混凝土试件徐变试验结果与各预测模型计算结果对比

将文献中试验结果[107-109,112]与现有各再生混凝土徐变模型的预测结果进行对比，如图 3-27 所示。其中，图 3-27（a）试件处于密闭状态，即所测徐变变形为基本徐变；图 3-27（b）～（f）试件的再生粗骨料取代率分别为 60%、50%、50%、100% 和 100%。图中 D_A、W 和 C_{RM} 分别为再生粗骨料的表观密度、吸水率和残余砂浆含量，其中部分文献未提供再生粗骨料残余砂浆含量信息，可根据再生粗骨料的表观密度或吸水率[1]、骨料的最大粒径[13]等性质对其进行估算。相应信息未知时，用 N/A 表示，如图 3-27（c）试件基体混凝土水灰比 w_{or}/c_{or} 数值未知，则 w_{or}/c_{or}=N/A。对比试验结果与各模型的预测结果可知，当再生粗骨料源自普通强度基体混凝土时（w_{or}/c_{or}=0.52），de Brito(D) 模型[103]、de Brito(W)[103] 模型和 Fathifazl（2011）模型[22]均可较好地预测再生混凝土试件的徐变变形 [图 3-27（a）和（b）]。当试件处于非密闭状态且再生混凝土强度较低时 [图 3-27（b）、（d）、（e）和（f）]，基于 ACI 209 模型[206]的 Fathifazl（2013）模型[207]预测结果低于试验结果，这是由于 ACI Committee 209 模型对强度较低的普通混凝土徐变变形的预测结果偏低；当试件处于密闭状态 [图 3-27（a）] 或再生混凝土强度较高时 [图 3-27（c）]，Xiao（2013）[111]模型的预测结果相比试验结果明显偏大。

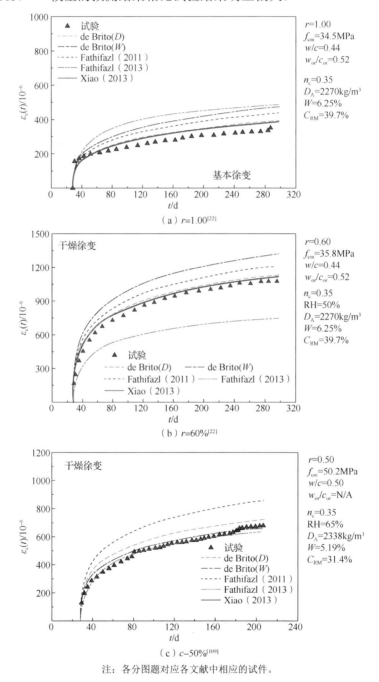

（a）r=1.00[22]

（b）r=60%[22]

（c）c-50%[109]

注：各分图题对应各文献中相应的试件。

图 3-27 各预测模型计算结果与典型再生混凝土徐变试验结果对比

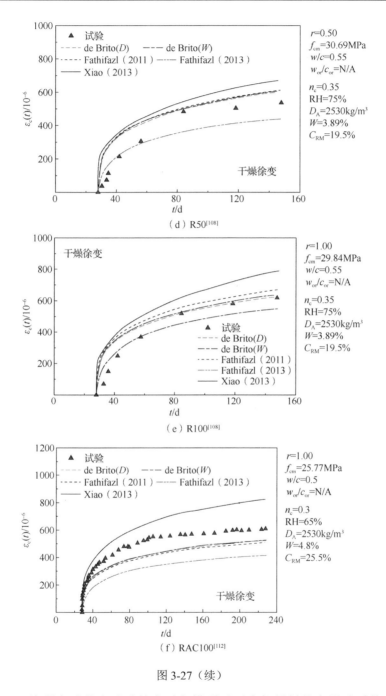

（d）R50[108]

（e）R100[108]

（f）RAC100[112]

图 3-27（续）

图 3-28 将所有试件在试验结束时各模型对再生粗骨料徐变影响系数 K_{RCA} 的预测结果与试验结果进行对比，图中横坐标为 K_{RCA} 的试验值，纵坐标为相应的预测值，虚线表示±30%的误差。

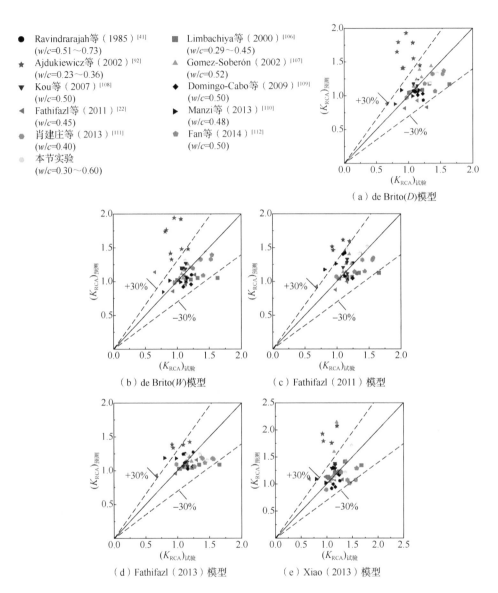

图 3-28　各模型预测结果与所有再生混凝土徐变试验再生粗骨料徐变影响系数对比

　　在图 3-28 中，由于各再生混凝土徐变模型适用范围不同，对 Fathifazl（2011）模型、Fathifazl（2013）模型和 Xiao（2013）模型只验证了其在预测再生粗骨料混凝土长期变形时的可靠性，而 de Brito(D)模型和 de Brito(W)模型同时对比了再生粗细骨料混凝土长期变形的预测结果。为进一步量化各模型分析结果的预测精度，对各模型预测结果与试验结果的比值进行统计分析，结果见表 3-10。

表 3-10　各预测模型计算所得再生粗骨料徐变影响系数 K_{RCA} 与试验结果对比统计分析

统计指标	预测值/试验值				
	de Brito(D)	de Brito(W)	Fathifazl（2011）	Fathifazl（2013）	Xiao（2013）
平均值	1.093	1.087	1.070	1.020	1.143
标准差	0.330	0.345	0.229	0.203	0.339
变异系数	0.302	0.318	0.214	0.199	0.297

综合图 3-28 和表 3-10 的结果可以看出，与试验结果相比，各模型对大多数试件的再生粗骨料徐变影响系数 K_{RCA} 的预测结果误差均在 30%以内。其中，Fathifazl（2011）模型和 Fathifazl（2013）模型的预测结果优于其他模型。具体而言，Fathifazl（2011）模型和 Fathifazl（2013）模型的预测结果与试验结果比值的平均值分别为 1.070 和 1.020，变异系数分别为 0.214 和 0.199，两指标皆优于其他模型。值得说明的是，Fathifazl（2013）模型针对源自拆迁工程的再生粗骨料内的残余砂浆在骨料破碎前因已经承受建筑物正常使用阶段长期荷载作用而发生了不可复徐变的情况，考虑了残余砂浆不可复徐变对再生混凝土徐变性能的影响。因此，建议对采用源自拆迁工程的再生粗骨料配制的再生混凝土使用 Fathifazl（2013）模型来预测其徐变性能；而对于采用源自工程建造废弃混凝土的再生粗骨料配制的再生混凝土，由于基体混凝土未经历持续荷载，建议使用 Fathifazl（2011）模型来预测其徐变性能。

3.5　本 章 小 结

本章进行了再生混凝土在密闭条件下的自生收缩性能试验及在非密闭条件下的收缩性能试验和徐变性能试验，重点探究了基体混凝土龄期对再生混凝土在密闭条件下的自生收缩性能和在非密闭条件下的收缩性能的影响，并通过理论推导首次提出了再生混凝土自生收缩模型；研究了水灰比对非密闭条件下再生混凝土徐变性能的影响，并基于试验数据分析了现有再生混凝土徐变模型的预测精度。主要得到以下结论。

1）基体混凝土龄期对密闭条件下再生混凝土的自生收缩性能有显著影响，而对非密闭条件下再生混凝土的收缩性能影响很小，可以忽略不计。具体而言，相比采用基体混凝土龄期较小（1a）的再生粗骨料，使用基体混凝土龄期较大（20a 和 42a）的再生粗骨料能够显著降低再生混凝土的自生收缩变形。因此，建议将基体混凝土龄期较小的废弃混凝土（如工程建造废弃混凝土）和基体混凝土龄期较大的废弃混凝土（如工程拆迁废弃混凝土）进行分类存放和使用。

2）配制方法对非密闭条件下再生混凝土的收缩性能有一定影响，而粗骨料级配对其影响较小。结合第 2 章的结论可知，采用 TSMA 法配制的再生混凝土的抗压强度、抗拉强度、弹性模量和收缩性能接近采用 PS 法配制的再生混凝土；且采用 TSMA 法时不需对再生粗骨料进行预浸泡处理，配制流程简便，便于施工。因此推荐采用 TSMA 法进行商品化再生混凝土的配制。

3）对于再生混凝土在非密闭条件下的收缩性能，de Brito(D)模型、de Brito(W)模型和 Fathifazl 模型的预测结果虽然约有 30%的离散性，但基本能反映再生混凝土的收缩性能。其中，de Brito(W)模型和 Fathifazl 模型的预测结果优于 de Brito(D)模型。de Brito(W)模型相应的线性回归系数和线性回归判定系数 R^2 分别为 0.978和 0.076；Fathifazl 模型相应的线性回归系数和线性回归判定系数 R^2 分别为 0.996和 0.357。

4）选用基体混凝土龄期较小的再生粗骨料来研究基体混凝土抗压强度对密闭条件下再生混凝土自生收缩性能的影响。试验结果表明，随着基体混凝土抗压强度降低，再生混凝土自生收缩变形呈现增大的趋势。在实际工程中，当再生混凝土自生收缩变形对结构力学性能有较大影响时，建议考虑基体混凝土强度对再生混凝土自生收缩的影响。未来仍需针对采用老龄期基体混凝土（工程拆迁废弃混凝土）制作的再生粗骨料配制的再生混凝土，研究基体混凝土抗压强度对其自生收缩性能的影响。

5）基于理论推导，通过残余砂浆含量考虑再生粗骨料与天然粗骨料的刚度差异，并通过粗骨料吸水率考虑再生混凝土内部"自养护"效应的影响，首次提出再生混凝土在密闭条件下的自生收缩模型。采用该模型可较好地预测再生混凝土的自生收缩性能，预测值与试验值的差距小于 15%，相应的线性回归系数和线性回归判定系数 R^2 分别为 0.960 和 0.910。

6）对不同水灰比的再生粗骨料全取代的再生混凝土在非密闭条件下的徐变性能进行试验研究，并与同配比天然骨料混凝土徐变性能进行对比，发现再生混凝土的徐变度显著高于普通混凝土，水灰比对再生混凝土徐变度的影响小于普通混凝土。基于试验数据，对比研究现有各普通混凝土和再生混凝土徐变模型的预测精度。对于普通混凝土，建议采用 EC2 模型预测其徐变性能。对于再生混凝土，当再生粗骨料源自未经历持续荷载的工程建造废弃混凝土时，建议采用 Fathifazl（2011）模型预测其徐变性能；当再生粗骨料源自经历过一段时间持续荷载的拆迁工程废弃混凝土时，建议采用 Fathifazl（2013）模型预测其徐变性能。Fathifazl（2011）模型和 Fathifazl（2013）模型预测结果与试验结果比值的平均值分别为 1.070和 1.020，变异系数分别为 0.214 和 0.199。

第4章 钢管再生混凝土短柱轴压力学性能

4.1 引 言

目前，国内外学者已对钢管再生混凝土短柱的轴压力学性能进行了较为广泛的试验研究，但尚无试验研究在不同混凝土强度、含钢率与再生粗骨料来源条件下，再生粗骨料取代率对钢管再生混凝土力学性能的影响。钢管再生混凝土内的核心混凝土在轴向荷载作用下因受钢管约束作用而处于三向受压状态，其应力-应变关系与单轴受压的再生混凝土有所不同，尚无学者考虑掺入再生粗骨料对钢管与核心混凝土应力-应变关系的影响。因此对于钢管再生混凝土轴压短柱的力学性能仍需进一步研究。

本章介绍了39个钢管再生混凝土短柱在轴压荷载作用下的试验研究内容，试验测定试件的轴向荷载-位移关系曲线、钢管表面的横向与纵向变形，观察试件的破坏模式，分析再生粗骨料取代率对不同参数的钢管再生混凝土短柱在轴压荷载作用下钢管及核心混凝土静力性能的影响。此外，进行了12个钢筋再生混凝土短柱轴压试验，以比较钢管再生混凝土短柱与钢筋混凝土短柱在轴压荷载作用下的力学性能。基于钢管再生混凝土短柱轴压试验结果，采用剥离分析方法，揭示在轴向荷载作用下钢管对核心再生混凝土的约束作用机制，考虑约束效应对核心再生混凝土力学性能的改善及其对钢管纵向承载力的不利影响，提出轴向荷载作用下钢管再生混凝土的钢管与核心混凝土应力-应变关系表达式；探讨了现有规范对钢管再生混凝土构件静力性能计算的适用性，以期为钢管再生混土的进一步研究应用和工程推广提供参考。

4.2 钢管再生混凝土与钢筋再生混凝土短柱轴压试验设计

4.2.1 试件设计与制作

设计并进行了13组共39个钢管再生混凝土短柱轴压力学性能的试验研究，研究参数为再生粗骨料取代率（0、50%与100%）、含钢率（8%、12%与15%）、核心混凝土强度等级（C35与C50）及再生粗骨料来源；为比较在不同取代率与核心混凝土强度下钢管再生混凝土短柱相对于相同用钢量的钢筋再生混凝土短柱在轴压力学性能上的优势，同时设计并进行了4组共12个钢筋再生混凝土短柱的轴压力学性能试验研究，研究参数为再生粗骨料取代率（0、50%与100%）与混凝土强度等级（C30与C50）。钢筋再生混凝土短柱试件与含钢率为8%的钢管再生混凝土短柱试件采用相同的用钢量，即每个钢筋再生混凝土试件中的钢筋质量

（纵筋与箍筋的质量总和）与钢管再生混凝土试件的钢管质量相同。根据《混凝土结构设计规范（2015 年版）》（GB 50010—2010）[96]的规定，试件纵向配置 6 根Φ12 纵筋，环向配置直径为 8mm 的螺旋箍筋（Φ8@50）。根据文献[64]的规定，试验中所有试件的长径比为 3（即 L/D=3）。试验中钢管再生混凝土试件采用了两种再生粗骨料，一种来源于哈尔滨工业大学结构与抗震实验室的试验后废弃混凝土试件，试件的强度等级为 C40；另一种来源于从拆迁工地运回的废弃混凝土块，此混凝土浇筑于 1997 年，来自哈尔滨市建筑艺术广场某建筑物楼梯改造工程，设计强度等级为 C30。钢筋再生混凝土试件所采用的再生粗骨料同样来源于实验室的废弃混凝土试件，试件批次与钢管再生混凝土试件所采用的废弃混凝土试件相同。试件的具体参数见表 4-1 与表 4-2，表中 D、t_s 和 L 分别表示试件直径、钢管壁厚和试件的长度；α 为截面含钢率（α=A_s/A_c，A_s 为钢管截面面积，A_c 为混凝土截面面积）；EA、N_u 和 ε_{cc} 分别为试件轴压刚度、承载力与峰值应变；K 表示试件承载力提高幅度（K=$N_u/$（$f_{cm,test}A_c+f_yA_s$)，其中 N_u 为试件的极限荷载，$f_{cm,test}$ 为由混凝土立方体抗压强度换算得到的圆柱体抗压强度平均值，f_y 为钢管屈服强度平均值）。

表 4-1　钢管再生混凝土短柱轴压试件基本参数

组号	编号	$D \times t_s \times L$	α/%	强度等级	r/%	EA/（10^5kN）	N_u/kN	$\varepsilon_{cc}/10^{-6}$	K
1	cfst8-L35-1-a	140×2.80×420	8.5	C35	100	5.18	1102	11209	1.23
	cfst8-L35-1-b	140×2.73×420	8.3			5.54	1098	14422	1.23
	cfst8-L35-1-c	140×2.64×420	8.0			5.40	1118	16013	1.27
2	cfst8-L35-0.5-a	140×2.71×420	8.2	C35	50	5.81	1131	10685	1.25
	cfst8-L35-0.5-b	140×2.79×420	8.5			5.30	1139	8795	1.25
	cfst8-L35-0.5-c	140×2.83×420	8.6			5.02	1070	11773	1.17
3	cfst8-L35-0-a	140×2.74×420	8.3	C35	0	5.78	1143	9210	1.21
	cfst8-L35-0-b	140×2.65×420	8.0			5.64	1065	8848	1.14
	cfst8-L35-0-c	140×2.73×420	8.3			5.74	1137	11164	1.20
4	cfst8-P35-1-a	140×2.71×420	8.2	C35	100	5.74	1100	9279	1.24
	cfst8-P35-1-b	140×2.71×420	8.2			5.88	1092	11191	1.23
	cfst8-P35-1-c	140×2.73×420	8.3			4.39	1095	11470	1.23
5	cfst8-L50-1-a	140×2.72×420	8.3	C50	100	6.23	1447	7028	1.30
	cfst8-L50-1-b	140×2.69×420	8.2			6.48	1398	6866	1.26
	cfst8-L50-1-c	140×2.81×420	8.5			6.36	1421	6916	1.26
6	cfst12-L35-1-a	140×3.96×420	12.4	C35	100	6.95	1414	16701	1.32
	cfst12-L35-1-b	140×3.85×420	12.0			6.60	1437	19551	1.36
	cfst12-L35-1-c	140×3.84×420	12.0			7.28	1433	17957	1.35
7	cfst12-L35-0.5-a	140×3.85×420	12.0	C35	50	6.80	1365	12897	1.27
	cfst12-L35-0.5-b	140×3.86×420	12.0			7.23	1453	18160	1.35
	cfst12-L35-0.5-c	140×3.81×420	11.8			5.75	1351	11939	1.26

续表

组号	编号	$D \times t_s \times L$	α/%	强度等级	r/%	EA/(10^5kN)	N_u/kN	ε_{cc}/10^{-6}	K
8	cfst12-L35-0-a	140×3.84×420	12.0			7.14	1506	14325	1.35
	cfst12-L35-0-b	140×3.90×420	12.2	C35	0	7.27	1511	16928	1.35
	cfst12-L35-0-c	140×3.88×420	12.1			7.38	1543	17682	1.38
9	cfst12-L50-1-a	140×3.78×420	11.7			7.08	1550	7091	1.22
	cfst12-L50-1-b	140×3.92×420	12.2	C50	100	8.66	1725	9026	1.34
	cfst12-L50-1-c	140×3.88×420	12.1			7.70	1749	9506	1.36
10	cfst15-L35-1-a	133×4.56×400	15.3			6.88	1386	41467	1.38
	cfst15-L35-1-b	133×4.61×400	15.5	C35	100	6.36	1387	43134	1.38
	cfst15-L35-1-c	133×4.62×400	15.5			7.00	1357	33555	1.35
11	cfst15-L35-0.5-a	133×4.57×400	15.3			7.79	1385	35825	1.36
	cfst15-L35-0.5-b	133×4.61×400	15.4	C35	50	6.78	1377	35727	1.35
	cfst15-L35-0.5-c	133×4.66×400	15.6			6.95	1387	40170	1.35
12	cfst15-L35-0-a	133×4.54×400	15.2			6.71	1350	31736	1.29
	cfst15-L35-0-b	133×4.63×400	15.5	C35	0	7.40	1301	16739	1.23
	cfst15-L35-0-c	133×4.55×400	15.2			6.96	1321	N/A	1.26
13	cfst15-L50-1-a	133×4.53×400	15.1			6.54	1431	10063	1.20
	cfst15-L50-1-b	133×4.53×400	15.2	C50	100	6.68	1354	5637	1.14
	cfst15-L50-1-c	133×4.45×400	14.8			7.64	1459	11550	1.23

注：1）以 cfst12-L35-1-a 为例说明试件的命名规则，cfst 表示钢管混凝土（concrete-filled steel tubes）；12 表示钢管的名义含钢率 α 为 12%；L 表示再生粗骨料源自实验室（lab）前期完成的破损性试验所产生的废弃混凝土［P 表示再生粗骨料源自实际建筑工程（project）的废弃混凝土］；35 表示核心混凝土强度等级为 C35；1 表示再生粗骨料取代率 r 为 100%；a 表示同一组试件的编号，每组 3 个试件。

2）试件 cfst12-L50-1-a 核心混凝土浇筑质量较差、试件 cfst15-L35-0-b 加载过程出现偏压现象，使试件的试验结果与同组其他试件相比差异较大。

3）$D \times t_s \times L$ 列中数字单位均为 mm。

表 4-2　钢筋再生混凝土试件基本参数

组号	编号	$D \times L$	强度等级	r/%	EA/(10^5kN)	N_u/kN	ε_{cc}/10^{-6}
1	rc-L35-1-a				3.45	946.2	8020
	rc-L35-1-b	150mm×450mm	C35	100	3.89	959.1	6474
	rc-L35-1-c				4.06	983.8	6387
2	rc-L35-0.5-a				4.94	1011.2	7485
	rc-L35-0.5-b	150mm×450mm	C35	50	4.98	942.8	7395
	rc-L35-0.5-c				4.43	962.7	7897
3	rc-L35-0-a				5.62	996.6	3851
	rc-L35-0-b	150mm×450mm	C35	0	5.49	1021.3	5817
	rc-L35-0-c				5.80	1036.8	5876
4	rc-L50-1-a				5.90	1382.5	3653
	rc-L50-1-b	150mm×450mm	C50	100	5.90	1357.1	3213
	rc-L50-1-c				5.76	1296.4	4790

注：以 rc-L30-1-a 为例说明试件的命名规则，rc 表示钢筋再生混凝土柱；L 表示再生粗骨料源自实验室（lab）前期完成的破损性试验所产生的废弃混凝土；30 表示混凝土强度等级为 C30；1 表示再生粗骨料取代率 r 为 100%；a 表示同一组试件的编号，每组 3 个试件。

钢管试件加工图如图 4-1 所示。整根钢管采用无齿锯下料，首先将整根钢管端部 5cm 切除。这是因为运输过程中易对端部磕碰以致变形，影响钢管的使用效果。每个试件下料时两端各留 5mm 的加工余量，实际下料长度 $L_0=L+10mm$。下料完成后将钢管在车床上刨平加工，使切割面与试件长度方向垂直，消除无齿锯下料时的误差，控制所有试件的平整度与长度一致性。同时用气割下料边长为160mm 长的正方形钢板，钢板为 10mm 厚，作为试件的底端端板。试件与底端端板使用角焊缝围焊，计算焊缝高度 K 满足强度和构造要求。

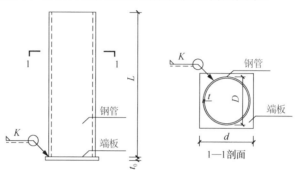

D—钢管外径；t—钢管壁厚；L—钢管长度；d—端板直径；t_0—端板厚度；K—焊脚高度。

图 4-1　钢管试件加工图

钢筋再生混凝土试件制作时模板侧面选用 PVC（polyvinyl chloride，聚氯乙烯）管，因受市场 PVC 管规格限制，选取直径为 150mm 的管材进行加工。加工时采用车床精确截取长度 450mm 的 PVC 管，并保持切面与试件轴线垂直。底面模板选用 PMMA（polymethyl methacrylate，聚甲基丙烯酸甲酯）聚合材料板（亚克力板），模板制作时中央预留出略大于 PVC 管直径的凹槽，使用玻璃胶将 PVC 模板与底板胶合连接紧密，以保证浇筑时不出现漏浆。

在模板制作完毕后放入钢筋笼［图 4-2（a）］，钢筋笼四周用细钢筋定位，细钢筋端头距箍筋外缘保持 10mm，使钢筋骨架在模板中央且浇筑时不致晃动，如图 4-2（b）所示。

（a）钢筋笼　　　　（b）钢筋笼固定在模板中

图 4-2　钢筋再生混凝土轴压短柱试件的设计与制作

将废弃混凝土用颚式破碎机破碎并根据《普通混凝土用砂、石质量及检验方法标准》（JGJ 52—2006）[125]的要求进行筛分，获得尺寸为 4.75～25mm 的再生粗骨料。表 4-3 为再生粗骨料的基本性能，试验中天然粗骨料和细骨料分别为花岗岩和砂，其中砂的细度模数为 2.36。

表4-3　再生粗骨料的物理性能

骨料类别	颗粒级配/mm	累计筛余量/%				密度/（kg/m³）	吸水率/%	压碎指标/%
		26.5mm	16.0mm	4.75mm	2.36mm			
NCA	4.75～25	100	55.0	1.6	0	2880	0.57	3.1
RCA-L	4.75～25	100	45.3	1.2	0	2500	6.75	10.2
RCA-P	4.75～25	100	65.0	2.0	0	2675	6.50	8.7

注：NCA 表示天然粗骨料；RCA-L 表示来源于实验室的再生粗骨料；RCA-P 表示来源于实际建筑工程的再生粗骨料。

钢管再生混凝土与钢筋再生混凝土试件中再生混凝土的配制主要参考国家行业标准《再生骨料应用技术规程》（JGJ/T 240—2011）[39]，试验中配制了 C35 和 C50 两种强度等级的再生混凝土。具体而言，C35 强度等级的混凝土采用 3 种不同的再生粗骨料取代率（0、50%与 100%），C50 强度等级的再生混凝土骨料仅采用 100%的再生粗骨料取代率。

再生混凝土配合比见表4-4。表中，粗骨料为干重；水灰比为有效水灰比，即用水量不包含再生粗骨料的附加用水量；水泥采用哈尔滨水泥厂生产的普通硅酸盐水泥（P.O 42.5）。

表4-4　再生混凝土配合比

强度等级	水灰比	取代率/%	天然粗骨料/（kg/m³）	再生粗骨料/（kg/m³）	砂/（kg/m³）	水泥/（kg/m³）	水/（kg/m³）	减水剂/（kg/m³）
C35	0.45	100	0	1163	681	433	194	—
C35	0.45	50	582	582	681	433	194	—
C35	0.45	0	1163	0	681	433	194	—
C50	0.31	100	0	996	584	550	171	5.5

按照设计配合比浇筑各组再生混凝土试件。参考《再生骨料应用技术规程》（JGJ/T 240—2011）[39]和相关文献[49,50,51,165]的建议，在浇筑再生混凝土之前将再生粗骨料浸泡于水中 24h，随后将骨料从水中取出并放置于筛网上晾干 2h 左右，使骨料处于饱和面干状态。采用饱和面干的再生粗骨料配制再生混凝土，可使不同粗骨料取代率的再生混凝土的有效水灰比保持一致，消除再生粗骨料高吸水率对混凝土力学性能的影响。

对于钢管再生混凝土，在灌注混凝土前将加工好的空钢管一端用 160mm×160mm×10mm 的端板焊接封固。分层浇筑核心混凝土并采用振捣棒在钢管外壁振捣，以确保混凝土浇筑密实。振捣密实后，将钢管上端的混凝土抹平并使混凝土表面略高出钢管截面约 5mm，以避免养护过程中混凝土收缩引起混凝土上表面与钢管顶部产生缝隙。浇筑结束后，首先采用铝箔将混凝土上表面密封，然后用塑料布进行保护，模拟实际钢管混凝土结构施工过程中核心混凝土所处的密闭状态。混凝土浇筑结束 2d 后，将试件顶部的塑料布和铝箔移除，并将试件表面的混凝土磨至与钢管上表面平齐，然后将上端板焊于试件顶部，从而保证加载过程中钢管与核心混凝土同时受力。为进一步保证试件的上下表面与试件轴线垂直，将已焊上下端板的试件的上下表面在加工厂车床上再次磨平，以方便试件加载过程中保持轴心受压。

对于钢筋再生混凝土试件，将再生混凝土人工灌注进加工好的模板中，在振动台上振动 30s 后，刮除顶端多余的混凝土，并用抹刀抹平；随后，用塑料膜包裹覆盖试件顶端，以防水分蒸发。将试件置于室温条件下养护，至临近试验时用打磨机将突出模板平面的部分打磨平整，并用高强无收缩灌浆料将上表面填充抹平，用塑料薄膜将试件上表面覆盖，养护 3d 以保证灌浆料达到一定强度，试验前将模板拆除。

4.2.2　材料力学性能

4.2.2.1　钢管与钢筋力学性能

钢管采用 ϕ140mm×2.75mm、ϕ140mm×3.85mm 及 ϕ133mm×4.60mm 3 种钢管。按照《金属材料 拉伸试验 第 1 部分：室温试验方法》（GB/T 228.1—2010）[208]的规定，每根钢管制作 3 个标准拉伸试件测定钢材的力学性能指标，试验结果见表 4-5。

表 4-5　钢材力学性能指标

钢管型号	屈服强度 f_y/MPa	抗压强度 f_u/MPa	弹性模量 E_s/（10^5MPa）	泊松比 μ_s
ϕ140mm×2.75mm	309.0	373.3	1.81	0.271
ϕ140mm×3.85mm	335.3	394.4	2.05	0.268
ϕ133mm×4.60mm	302.0	405.5	1.92	0.256

同样，根据《金属材料 拉伸试验 第一部分：室温试验方法》（GB/T 228.1—2010）对钢筋再生混凝土中的纵筋与箍筋进行测试，试验结果见表 4-6。

表 4-6　钢筋材性试验

钢筋类型	屈服强度/MPa	极限强度/MPa
纵筋	380	585
箍筋	315	515

4.2.2.2　混凝土力学性能

采用质量取代方法进行不同再生粗骨料取代率的再生混凝土配制。在浇筑试件的同时，共预留 90 个边长为 100mm 的立方体试块及尺寸为 150mm×150mm×300mm 的棱柱体试块，以测量养护 28d 和试件加载当天混凝土的抗压强度和弹性模量。表 4-7 给出了钢管再生混凝土试件与钢筋再生混凝土试件中混凝土的基本力学性能，其中，r 为再生粗骨料取代率，$f_{cu,28}$ 和 $f_{cm,28}$ 分别为换算得到的边长为 150mm 的 28d 混凝土立方体试块抗压强度和 28d 混凝土标准圆柱体（150mm×300mm）抗压强度，$f_{cu,test}$ 和 $f_{cm,test}$ 分别为换算得到的边长为 150mm 的加载当天混凝土立方体试块抗压强度和加载当天混凝土标准圆柱体（150mm×300mm）抗压强度，E_c 为混凝土的弹性模量。

表 4-7　再生混凝土力学性能指标

混凝土类别	r/%	$f_{cu,28}$/MPa	$f_{cm,28}$/MPa	$f_{cu,test}$/MPa	$f_{cm,test}$/MPa	E_c/（10^4MPa）
L35	100	40.9（10.8%）	33.6	45.3	36.9	2.12（5.4%）
L35	50	44.4（5.9%）	36.2	46.9	38.2	2.39（3.3%）
L35	0	43.0（4.1%）	35.0	50.6	40.8	2.70（2.5%）
P35	100	42.5（1.5%）	34.8	49.4	40.0	2.45（6.0%）
L50	100	65.9（7.2%）	52.0	67.1	52.9	2.65（7.2%）

注：括号中的值为每组测试结果的变异系数。

4.2.3　试验装置、测量系统及加载制度

本节钢管再生混凝土与钢筋再生混凝土轴心受压试验的加载装置为 5000kN 液压试验机，在试件的下端设置 5000kN 力传感器，以监测试件所承担的轴向荷载。在试件与力传感器之间放置一个 40mm 厚的钢板，以确保载荷均匀地施加在试件的整个截面。在试件中截面间隔90°对称布置 4 组纵向应变片和横向应变片，以测定钢管中截面的纵向应变和横向应变；同时在试件的 4 个角对称布置 4 个量程为 20mm 的位移传感器，测量试件在加载过程中的轴向位移。轴压试验加载装置与测量系统如图 4-3 所示。

试验采取分级加载制，在加载过程的弹性范围内，每级荷载为预估承载力的 1/15，每级荷载的加载速度为 2kN/s，持荷时间约为 1min；当荷载达到预估承载力的 75%之后，每级荷载降至预估承载力的 1/20；当荷载接近预估承载力时，慢速连续加载，以确定试件的极限承载力；超过极限荷载之后，加载方式转为位移加载，位移加载速度为 0.5mm/min；当试件的轴向荷载下降至 $0.75N_u$ 时试验结束。

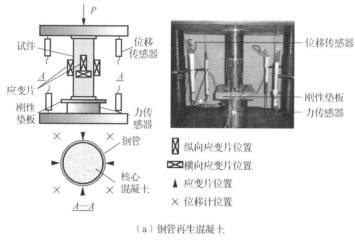

（a）钢管再生混凝土

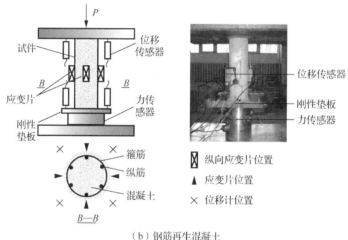

（b）钢筋再生混凝土

图 4-3　轴压力学性能试验加载装置与测量系统

4.3　试验结果及分析

4.3.1　破坏过程及破坏模式

4.3.1.1　钢管再生混凝土

（1）破坏过程

通过试验研究发现，钢管再生混凝土的破坏过程大致可分为 3 个阶段，即弹性、弹塑性与峰值后下降段 3 个阶段。以典型试件 cfst8-L35-0.5-a 为例说明试件的破坏过程，典型试件的 N-Δ 曲线如图 4-4 所示。试件在达到极限荷载的 70%之前（即 $N \leqslant 0.7N_{\mathrm{u}}$），荷载-位移曲线处于弹性阶段，试件外观无明显变化；当试件承受的荷载约达到极限承载力的 70% 时，试件进入弹塑性阶段，轴向变形随荷载的变化规律开始呈现非线性特征，钢管端部开始出现斜向的剪切滑移线；随着荷载的增加，滑移线数量逐渐增多，并由试件两端向试件中截面逐渐发展；试件在达到极限荷载时钢管表面无明显的鼓曲现象，当荷载降低至 $0.9N_{\mathrm{u}}$ 时，试件内部发出轻微的"噼啪"声音，随后在试件的端部和中部同时发生向外的局部鼓曲；当荷载下降至 $0.75N_{\mathrm{u}}$ 时，试验结束。

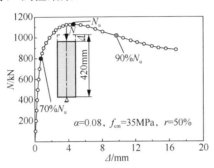

图 4-4　典型试件的 $N\text{-}\Delta$ 曲线（试件 cfst8-L35-0.5-a）

（2）破坏模式

试验中所有钢管再生混凝土试件的破坏模式呈斜截面剪切破坏（附录Ⅱ）。为观察核心再生混凝土的破坏模式，将部分典型试件剖开，如图 4-5 所示。由图 4-5 可以看出，核心混凝土在破坏后产生较明显的剪切斜裂缝，核心再生混凝土的破碎区域主要位于试件的端部和中部位置。

比较图 4-5（a）～（c）可知，随着再生粗骨料取代率的提高，钢管再生混凝土轴压短柱的破坏模式无明显变化。将含钢率不同的钢管再生混凝土试件的核心混凝土破坏情况进行对比［图 4-5（b）、（d）和（e）］，可以看出，相对于含钢率为 15% 的试件，含钢率为 8% 与 12% 的试件在试件破坏时产生了较多裂纹，而含钢率为 15% 的试件仅在试件底部产生少量可视斜裂缝。这是由于当试件的含钢率较高时，钢管对核心再生混凝土的约束作用明显，使其塑性得到大大提高。对比不同核心混凝土强度等级下核心混凝土的破坏模态［图 4-5（f）和（g）］可发现，核心混凝土强度等级较高的试件破坏情况比核心混凝土强度等级较低的试件更严重。这主要是由于随着核心混凝土强度等级的提高，混凝土延性下降；试件套箍系数降低，钢管对其约束效应减弱。根据图 4-6 中两个试件的 $N\text{-}\Delta$ 曲线也可发现，当核心混凝土强度等级由 C35 升高至 C50 时，曲线下降段较陡，延性下降，这与文献[209]研究中钢管普通混凝土的试验结果一致。

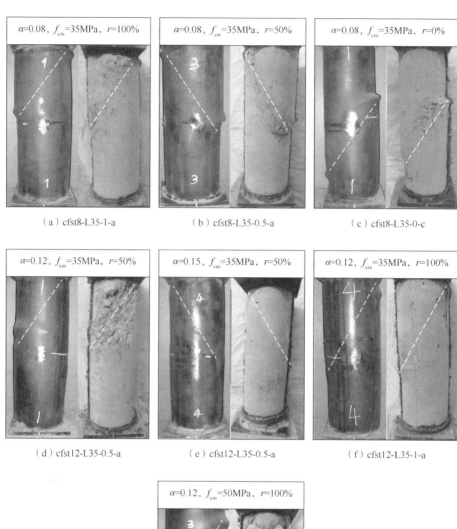

（a）cfst8-L35-1-a　　　（b）cfst8-L35-0.5-a　　　（c）cfst8-L35-0-c

（d）cfst12-L35-0.5-a　　　（e）cfst12-L35-0.5-a　　　（f）cfst12-L35-1-a

（g）cfst12-L50-1-b

图 4-5　试件的破坏模式

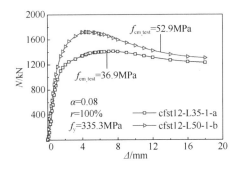

图 4-6　不同核心再生混凝土强度的钢管再生混凝土 N-Δ 曲线

4.3.1.2　钢筋再生混凝土

（1）破坏过程

钢筋再生混凝土的破坏过程同样也可分为弹性、弹塑性与峰值后下降段 3 个阶段。以试件 rc-L30-1-a 为例，试件的 N-$\varepsilon_{\mathrm{v}}^{\mathrm{all}}$ 关系全曲线如图 4-7 所示。当轴向荷载为极限荷载的 50%左右时，虽然试件处于弹性阶段，但其两端开始出现细微的竖向裂纹并向中部发展；当荷载达到极限荷载的 70%时，试件进入弹塑性阶段，此时试件表面的再生混凝土表皮浮起鼓出，裂缝增宽，部分保护层与钢筋脱开；当轴向荷载达到极限荷载后，试件破坏加剧，约 50%的保护层与钢筋脱开，轴向荷载迅速下降；当试件轴向荷载下降至极限承载力的 60%左右时，纵筋屈服外鼓且箍筋被拉断，试验结束。

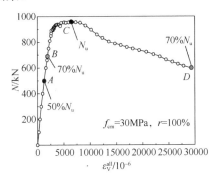

图 4-7　钢筋再生混凝土典型 N-$\varepsilon_{\mathrm{v}}^{\mathrm{all}}$ 关系全曲线（试件 rc-L30-1-a）

（2）破坏模态

图 4-8 为钢筋再生混凝土各组典型试件的破坏形态。钢筋再生混凝土试件破坏时其表面保护层大部分脱落，混凝土呈现较为显著的剪切压溃破坏现象。比较图 4-8（a）～（c）可以看出，再生粗骨料取代率对钢筋再生混凝土的破坏模式无明显影响。虽然从试件的 N-$\varepsilon_{\mathrm{v}}^{\mathrm{all}}$ 关系全曲线（图 4-9）可以看出，核心混凝土强度等级较高的钢筋再生混凝土试件延性较差，但从试件的破坏现象上看［图 4-8（a）

与（d）]，两者并无明显差别，需进行更多的钢筋再生混凝土轴压试验，以确定核心混凝土强度对试件破坏模态的影响。

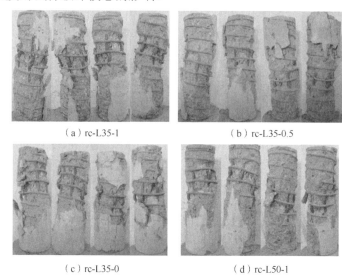

（a）rc-L35-1　　　　　　　　　　　（b）rc-L35-0.5

（c）rc-L35-0　　　　　　　　　　　（d）rc-L50-1

图 4-8　钢筋再生混凝土各组典型试件的破坏形态

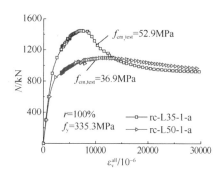

图 4-9　不同核心再生混凝土强度的钢筋再生混凝土 N-$\varepsilon_{\mathrm{v}}^{\mathrm{all}}$ 关系全曲线

4.3.2　荷载变形曲线

4.3.2.1　钢管再生混凝土

通过布置于试件钢管中截面的 4 组纵向和横向应变片，可测得逐级轴向荷载作用下钢管的纵向及横向应变，从而得到各试件轴向荷载 N 与各测点纵向应变 ε_{v}、横向应变 ε_{h} 的关系曲线，详见附录Ⅲ。以试件 cfst12-L35-0.5-c 为例说明钢管再生混凝土试件在轴压荷载作用下横纵向变形随荷载的变化规律，如图 4-10（a）与（b）所示。可以看出，当荷载小于极限承载力的 70%时，试件处于弹性阶段，此时试件中截面 4 个测点处的横纵向应变随荷载的发展规律基本一致，在轴向荷载为极限承载力的 70%时，各测点横纵向应变与平均值差异不超过 10%。这说明在试验中试件基本处于轴心受压状态。当荷载超过极限承载力的 70%时，各应变变化随荷载呈非线性变化规律，这与 4.3.1.1 中当试件承受的荷载约达到极限承载力的 70%时试件进入弹塑性阶段、轴向变形随荷载的变化规律呈现非线性特征、钢管两端开始出现斜向的剪切滑移线的破坏过程吻合。

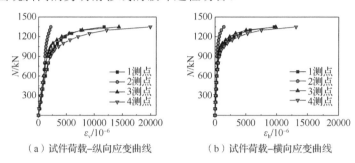

（a）试件荷载–纵向应变曲线　　　（b）试件荷载–横向应变曲线

图 4-10　典型试件 cfst12-L35-0.5-c 的 4 个测点 N-ε_{v}（ε_{h}）关系曲线

　　此外，虽然大部分曲线各测点应变变化均匀，曲线形状"理想"，但仍存在部分试件各测点应变变化不均匀，在弹塑性阶段出现曲线"分叉"的现象。下面以试件 cfst12-L35-0.5-c 为例（图 4-10）说明"分叉"现象产生的原因，并将各测点的应变数据与试验中所观察到的宏观变形相对应，进一步阐述宏观变形与微观应变之间的内在关系。由图 4-10 可以看出，在弹性阶段（N<900kN），试件 4 个测点纵向应变随荷载的增长规律基本相同；当试件进入弹塑性阶段后，2 测点应变增长缓慢，而 4 测点应变增长较快。这与试验中试件 2 测点所属侧面（该面记为 2 面，1 测点、3 测点与 4 测点所属侧面分别记为 1 面、3 面与 4 面）上部先出现剪切滑移线，随后向 4 面中截面逐渐发展相对应。具体而言，当试件进入弹塑性阶段时（轴向荷载约为 900kN），4 个测点应变差异较小，横纵向应变与平均值差异不超过 10%。随着荷载的增加，试件 2 面上部先出现剪切滑移线（轴向荷载约为 1000kN），钢材屈服，此时 2 面的应变变化主要集中在上部，从而使得试件中部 2 测点应变变化较慢。该试验现象可由图 4-10 中各测点的应变变化体现：当荷载增至 1000kN 时，2 测点的纵向应变比其余 3 个测点纵向应变平均值低 54.1%，而其余 3 个测点横纵向应变与其平均值差异不超过 25%。随后剪切滑移线向 4 面中部逐渐发展，剪切滑移线开始出现于 4 面中部（轴向荷载约为 1200kN），4 面中部钢材屈服，应变迅速增大，此时处于 4 面中部的 4 测点纵向应变增长较快。该试验现象仍可反映于图 4-10 中，即当荷载增至 1200kN 时，4 测点纵向应变迅速增大，此时 4 测点纵向应变显著高于其余测点，相对于 1 测点、2 测点、3 测点纵向应变提高幅度分别为 332%、70.8%与 48.2%。随着荷载的不断增加，2 面上部及 4 面中部产生剪切滑移线的部位出现鼓曲，最终发生剪切破坏。

　　同组 3 个试件的轴向荷载 N 随柱中截面纵向应变均值 $\varepsilon_{\mathrm{v}}^{\mathrm{all}}$ 的变化全曲线如

图 4-11 所示，其中，除图 4-11（b）试件的再生骨料源自实际工程外，其余试件再生骨料均源自实验室混凝土。图 4-11 中，轴向荷载-应变曲线可分为弹性段、弹塑性段和下降段 3 个阶段。其中，试件 cfst12-L50-1-a 核心混凝土浇筑质量较差，试件 cfst15-L35-0-b 加载过程出现偏压现象，故在试验结果分析中不考虑以上两个试件的影响，在图中以空心的点表示。可以看出，同组各试件的轴压刚度及极限荷载差异较小，最大差异分别为 6.5% 与 4.5%。但延性存在较大的差异，这可能与混凝土的材料离散性有关。尽管如此，同组试件的轴向荷载 N 随纵向应变 $\varepsilon_{\mathrm{v}}^{\mathrm{all}}$ 在曲线下降段的变化趋势基本一致，因此后续可采用同组 3 个试件 N-$\varepsilon_{\mathrm{v}}^{\mathrm{all}}$ 关系全曲线的平均值进行分析。

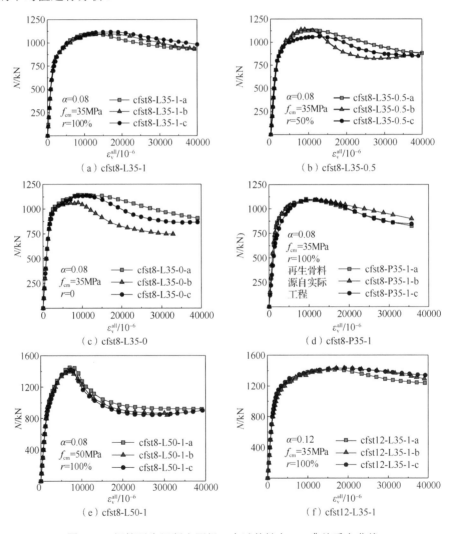

图 4-11　钢管再生混凝土同组 3 个试件轴向 N-$\varepsilon_{\mathrm{v}}^{\mathrm{all}}$ 关系全曲线

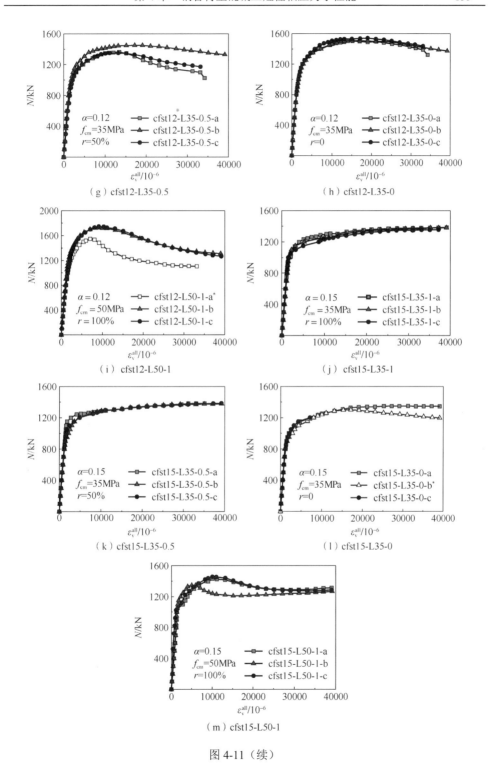

图 4-11（续）

4.3.2.2　钢筋再生混凝土

通过布置于钢筋再生混凝土试件中截面的 4 组纵向应变片,可测得逐级轴向荷载作用下试件的纵向应变,详见附录Ⅳ。以试件 rc-L35-1-b 为例说明试件 4 个测点纵向应变随荷载的变化规律,如图 4-12 所示。可以看出,在试件处于弹性阶段(轴向荷载小于极限承载力的 50%)时,4 个测点的纵向应变偏差较大,这主要是因为混凝土应变片受到试件表面混凝土开裂、骨料位置等因素的影响,从而应变增长不均衡。随着荷载的增加,试件表面裂缝发展加剧,4 个测点纵向应变差距逐渐增大。在试件到达极限承载力时,外部混凝土出现较多裂缝且部分混凝土与钢筋脱开,此时应变片失效。

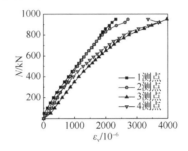

图 4-12　典型试件 rc-L35-1-b 的 4 个测点 $N\text{-}\varepsilon_v$ 关系曲线

钢筋再生混凝土同组 3 个试件的轴向荷载 N 与柱中截面纵向应变平均值 ε_v^{all} 的关系全曲线也可分为弹性段、弹塑性段和下降段 3 个阶段,如图 4-13 所示。可以看出,同组各试件的轴压刚度与峰值荷载差异较小,最大差异分别为 6.8% 和 4.3%。同组试件的延性存在较大差异,这可能与混凝土的材料离散性有关。尽管如此,同组各试件的下降段轴向荷载随纵向应变的变化趋势基本一致,因此,下面将采用同组 3 个试件的 $N\text{-}\varepsilon_v^{all}$ 关系全曲线的平均值进行分析。

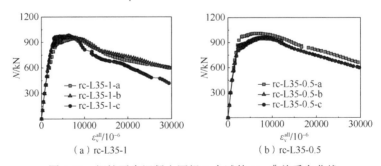

（a）rc-L35-1　　　　　　　　　（b）rc-L35-0.5

图 4-13　钢筋再生混凝土同组 3 个试件 $N\text{-}\varepsilon_v^{all}$ 关系全曲线

4.3.3　钢管再生混凝土与钢筋再生混凝土力学性能对比

4.3.3.1　破坏过程及破坏模态对比

通过比较钢管再生混凝土与钢筋再生混凝土轴压试件的破坏过程可以发现,

钢筋再生混凝土在试件达到极限承载力之前，表面的部分再生混凝土鼓起并脱落，且出现大量可视裂缝；而钢管再生混凝土在试件达到极限承载力之前，钢管表面仅出现剪切滑移线，未发生明显的鼓曲现象。在轴向荷载达到极限承载力后，钢筋再生混凝土试件轴向荷载迅速下降，表面裂缝迅速增宽，约 50%的保护层与钢筋脱开，破坏过程迅速；而钢管再生混凝土试件随着轴向位移的增加，端部和中部逐渐发生局部鼓曲，破坏过程缓慢。此外，在钢筋再生混凝土轴向荷载下降为极限承载力的 60%时，试件内部纵筋外鼓且箍筋被拉断，此时试件的轴向应变约为 $20000×10^{-6}$。在相同轴向应变下，钢管再生混凝土试件除钢管表面出现的鼓曲现象外并无其他明显破坏现象。通过以上两种试件的破坏过程对比可以看出，钢筋再生混凝土试件破坏过程偏于脆性破坏，这体现在当试件达到极限承载力后，试件表面裂缝迅速开展且荷载迅速下降；钢管再生混凝土的破坏过程虽然呈剪切破坏模态，但其延性较好。具体而言，随着加载过程的进行，试件端部与中部的钢管渐渐鼓出且轴向荷载在试件达到极限承载力后下降缓慢。由典型试件 cfst8-L50-1-a 与 rc-L50-1-a 的 N-ε_v^{all} 关系全曲线对比（图 4-14）也可发现，在相同用钢的条件下，钢管再生混凝土试件的承载力更高，曲线下降段较缓，延性较好。

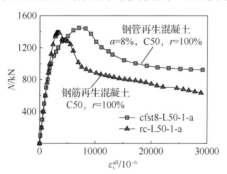

图 4-14　典型试件 N-ε_v^{all} 关系全曲线对比

将钢管再生混凝土与钢筋再生混凝土典型试件的破坏模态进行对比（图 4-15），可以发现，两种试件都呈剪切破坏模态。钢筋再生混凝土试件在破坏时大部分区域的再生混凝土呈压溃现象，而钢管再生混凝土内的核心再生混凝土仅在剪切破坏面周围出现明显裂纹，大部分区域并无明显破坏现象。这说明相对于钢筋再生混凝土，钢管再生混凝土中核心再生混凝土所受的约束作用较强。此外，在钢筋再生混凝土试件破坏时，试件中部部分箍筋拉断，纵筋向外弯曲，钢筋不能继续对内部混凝土提供约束，试件在破坏后不能继续承担荷载；而钢管再生混凝土试件在破坏时，仅钢管端部及中部出现微微鼓曲，核心混凝土较为完整，试件在破坏后仍具有一定的承担竖向荷载的能力。由图 4-14 也可发现，在试验结束时（$30000×10^{-6}$ 左右），钢管再生混凝土的轴向荷载比钢筋再生混凝土高约 50%。可见，在相同用钢量的前提下，钢管再生混凝土轴压短柱在极限荷载作用下的破坏程度远低于钢筋再生混凝土，其延性远高于钢筋再生混凝土轴压短柱。

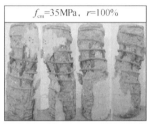

（a）钢管再生混凝土　　　　　（b）钢筋再生混凝土

图 4-15　钢管再生混凝土与钢筋再生混凝土破坏模态对比

4.3.3.2　荷载-位移曲线对比

将钢管再生混凝土轴压短柱与钢筋再生混凝土轴压短柱的荷载-位移曲线进行对比，如图 4-16 所示。其中，N_a 与 $\varepsilon_{v\_a}^{all}$ 分别表示在试验中所测得的同组 3 个试件轴向荷载 N 与纵向应变 ε_v^{all} 平均值。可以发现，在相同用钢量下，钢管再生混凝土的轴压刚度、极限承载力及延性均高于钢筋再生混凝土。具体而言，对于核心混凝土强度等级为 C35 且再生粗骨料取代率为 100%的试件，钢管再生混凝土试件的轴压刚度相比钢筋再生混凝土提高 37.4%，极限承载力提高 14.8%，延性提高 63.9%；当再生粗骨料取代率为 50%时，相对于钢筋再生混凝土试件，钢管再生混凝土试件轴压刚度提高 9.2%，极限承载力提高 14.6%，延性提高 6.3%；当再生粗骨料取代率为 0 时，钢管普通混凝土的轴压刚度、极限承载力与延性比钢筋普通混凝土分别提高 2.8%、9.4%与 6.7%。

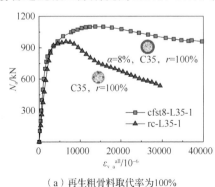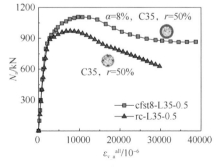

（a）再生粗骨料取代率为100%　　　　（b）再生粗骨料取代率为50%

图 4-16　钢管再生混凝土与钢筋再生混凝土荷载-位移曲线对比

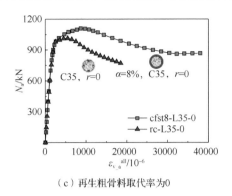

（c）再生粗骨料取代率为0

图 4-16（续）

从图 4-16 还可以看出，随着再生粗骨料取代率的增加，钢管再生混凝土的轴压刚度与极限承载力变化较小，最大差异为 8.7%，延性变化略大，差异为 25%；而再生粗骨料的掺入对钢筋再生混凝土的力学性能影响较大，随着取代率的增加，钢筋再生混凝土试件的轴压刚度降低 33%，极限承载力降低 34%，延性降低 29%。这是由于对于钢管再生混凝土，随着取代率的提高，混凝土弹性模量降低，泊松比提高，相同荷载作用下钢管对核心再生混凝土的约束作用增强，使核心再生混凝土力学性能提高，从而钢管再生混凝土试件的力学性能所受影响较小；而对于钢筋再生混凝土，钢筋对核心再生混凝土的约束效应远小于钢管，因此再生粗骨料的掺入对其性能影响较大。可见，利用钢管混凝土的约束作用可以有效弥补再生粗骨料的掺入对混凝土所造成的力学缺陷，钢管再生混凝土是拓宽再生混凝土在结构工程中应用的一种有效构件形式。

4.3.4　不同参数对钢管再生混凝土轴压力学性能的影响

4.3.4.1　轴压承载力

图 4-17（a）反映了钢管再生混凝土试件的极限承载力 N_u 随再生粗骨料取代率 r 的变化规律。可以看出，随着取代率的增加，钢管再生混凝土试件的极限承载力逐渐降低。具体而言，当再生粗骨料取代率为 100% 时，钢管再生混凝土短柱轴压极限承载力比钢管普通混凝土低 6.1%；而对于再生粗骨料取代率为 100% 的再生混凝土，其抗压强度比取代率为 0 的普通混凝土低 11%（表 4-7）。这说明再生粗骨料的掺入对钢管混凝土构件轴压承载力的影响小于其对材料抗压强度的影响。此外，在图 4-17（a）中含钢率 α 为 15% 的试件极限承载力低于含钢率 α 为 12% 的试件。这是由于受市场钢管尺寸限制，所选取的含钢率 α 为 15% 的试件直径小于含钢率 α 为 12% 的试件。

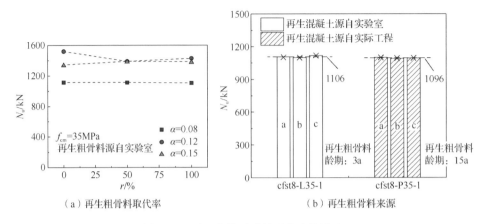

（a）再生粗骨料取代率　　　　　（b）再生粗骨料来源

图 4-17　不同参数对试件承载力的影响

　　图 4-17（b）说明了再生粗骨料来源不同的钢管再生混凝土短柱试件轴压承载力的差异。可以看出，采用两种不同来源的再生粗骨料制作钢管再生混凝土试件，其轴压承载力几乎相同，差异仅为 0.9%；而采用这两种再生粗骨料制作再生混凝土试件，其抗压强度差异可达 9.0%。这说明因再生粗骨料的来源不同所导致的钢管再生混凝土轴压力学性能的差异远小于再生混凝土试件。为进一步确定再生粗骨料的来源对钢管再生混凝土轴压力学性能的影响，建议扩大参数范围，采用更多来源的再生粗骨料制作钢管再生混凝土试件并测量其力学性能的差异。

　　图 4-18 分析了钢管再生混凝土试件轴压承载力 N_u 随其核心混凝土强度 $f_{cm,test}$ 的变化规律。可以发现，核心再生混凝土的抗压强度越高，钢管再生混凝土试件的轴压极限承载力越大。具体而言，核心混凝土强度等级为 C50 的钢管再生混凝土轴压试件极限承载力比核心混凝土强度等级为 C35 的试件高 29%，这与文献[210]的研究成果相似。在文献[210]中，核心混凝土强度等级为 C50 的钢管普通混凝土的轴压承载力比核心混凝土强度等级为 C30 的钢管普通混凝土高 23%。

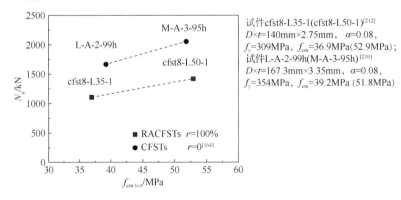

试件 cfst8-L35-1(cfst8-L50-1)[212]
$D×t$=140mm×2.75mm，α=0.08，
f_y=309MPa，f_{cm}=36.9MPa(52.9MPa)；
试件 L-A-2-99h(M-A-3-95h)[210]
$D×t$=167.3mm×3.35mm，α=0.08，
f_y=354MPa，f_{cm}=39.2MPa (51.8MPa)

图 4-18　混凝土强度对钢管再生混凝土与钢管混凝土[210]试件承载力的影响

　　将钢管再生混凝土的极限承载力 N_u 与钢管、核心混凝土的轴压承载力之和 $(f_y A_s + f_{cm,test} A_c)$ 相比,以反映约束作用对钢管再生混凝土轴压力学性能的影响,如图 4-19 所示。采用承载力增幅 $[N_u/(f_y A_s + f_{cm,test} A_c)]$ 的形式可以比较不同截面尺寸的钢管再生混凝土试件的约束效应差异。

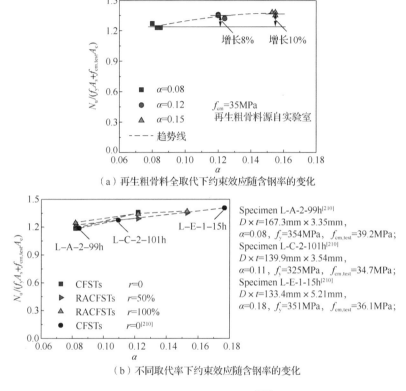

（a）再生粗骨料全取代下约束效应随含钢率的变化

（b）不同取代率下约束效应随含钢率的变化

图 4-19　含钢率对钢管再生混凝土与钢管混凝土[210]试件承载力提高幅度的影响

　　图 4-19（a）分析了钢管再生混凝土承载力增幅 $[N_u/(f_y A_s + f_{cm,test} A_c)]$ 随含钢率 α 的变化规律。结果表明,随着含钢率的增加,钢管再生混凝土试件的约束效应逐渐增强。具体而言,对于核心混凝土强度等级为 C35 的试件,当含钢率为 12% 时,其承载力增幅为 35%,比含钢率为 8% 的试件高 8%;当含钢率为 15% 时,其承载力增幅增至 37%,比含钢率为 8% 的试件高 10%。

　　图 4-19（b）对比了在构件截面特性相似的情况下,钢管再生混凝土试件[210]与钢管普通混凝土试件承载力增幅 $[N_u/(f_y A_s + f_{cm,test} A_c)]$ 的差异。可以看出,钢管再生混凝土试件的承载力增幅与钢管普通混凝土相近,最大差异仅为 3.9%。

4.3.4.2　轴压刚度

　　图 4-20 分析了不同试验参数对钢管再生混凝土轴压刚度（EA）的影响。由图 4-20（a）可知,随着再生粗骨料取代率的增加,钢管再生混凝土的轴压刚度略

有降低。以取代率为 100%的试件为例，试件的轴压刚度比钢管普通混凝土低
9.2%。可以发现，再生粗骨料对轴压刚度的影响略高于其对轴压承载力的影响。
当再生粗骨料取代率为100%时，钢管再生混凝土短柱轴压极限承载力比钢管普通
混凝土低 6.1%。此外，从表 4-7 中可以发现，取代率为 100%的再生混凝土弹性
模量比普通混凝土低 22%。这说明再生粗骨料的掺入对钢管混凝土构件轴压刚度
的影响小于其对材料弹性模量的影响。

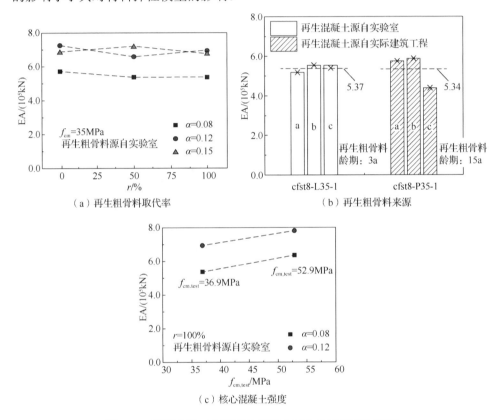

图 4-20　不同参数对钢管再生混凝土试件轴压刚度的影响

　　与轴压极限承载力相近，再生粗骨料的来源对钢管再生混凝土轴压刚度的影
响较小 [图 4-20（b）]。具体而言，对于再生粗骨料源自实验室的钢管再生混凝土
试件，其轴压刚度与再生粗骨料源自实际建筑工程的试件差异仅为 0.6%，此影响
幅度远小于再生粗骨料的掺入对再生混凝土弹性模量的影响，其影响幅度可达
15.6%。

　　由图 4-20（c）可知，与钢管普通混凝土相近[210]，随着含钢率与核心再生混
凝土抗压强度的提高，试件的轴压刚度增大。例如，对于含钢率为 8%的钢管再生
混凝土，核心混凝土强度为 52.9MPa 时试件的轴压刚度为 6.36×10⁵kN，比核心混
凝土强度为 36.9MPa 时试件的轴压刚度高 18.4%。而当试件的含钢率从 8%提高至

12%时，对于核心混凝土强度为 32.9MPa 与 52.9MPa 的试件，轴压刚度分别提高
了 29.2%与 22.8%。

4.3.4.3 峰值应变

图 4-21 分析了再生粗骨料取代率 r 及核心混凝土强度 $f_{cm,test}$ 对钢管再生混凝
土峰值应变 ε_{cc} 的影响。由图 4-21（a）可知，钢管再生混凝土的峰值应变随再生
粗骨料取代率的提高而显著提高，提高幅度可达 42.5%。该影响幅度高于再生粗
骨料的掺入对试件轴压承载力与轴压刚度的影响（影响幅度分别为 6.1%与 9.2%）。

图 4-21（b）反映了核心混凝土强度对含钢率为 8%的钢管再生混凝土试件峰
值应变的影响。可以看出，核心混凝土强度越低，试件的峰值应变越高。具体而
言，核心混凝土强度从 36.9MPa 提高至 52.9MPa 时，试件的峰值应变降低了 50%。

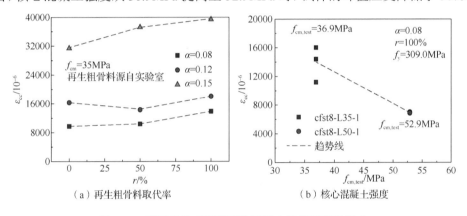

（a）再生粗骨料取代率   （b）核心混凝土强度

图 4-21 不同参数对钢管再生混凝土峰值应变的影响

4.3.5 钢管再生混凝土的约束作用机理

在轴压荷载作用下，由于钢管与核心混凝土的相互作用，钢管及核心混凝土
处于复杂应力状态。为研究在该复杂应力状态下钢管与核心混凝土的工作机理，
本节采用剥离分析方法获得加载过程中钢管及核心混凝土各自的应力状态，并在
此基础上，对核心混凝土所受约束作用进行分析，研究约束效应对试件力学性能
的影响。

4.3.5.1 钢管混凝土剥离分析方法

基于试验测得的钢管中截面横向和纵向应变结果，文献[210]编制了数值分析
程序，计算得到钢管的应力状态（包括纵向应力 $\sigma_{s,v}$、环向应力 $\sigma_{s,c}$ 和折算应力 σ_s），
并根据力的平衡条件和平截面假定，确定核心混凝土的应力状态。

钢管所承受的轴向荷载 N_s 可由下式得到：

$$N_s = \sigma_{s,v} A_s \qquad (4-1)$$

式中　A_s——钢管面积，mm^2。

根据力的平衡条件，核心混凝土所承受的轴向荷载 N_c 为

$$N_c = N - N_s \tag{4-2}$$

式中　N——试件轴向荷载，N。

根据平截面假定，核心混凝土所承受的纵向平均应力 σ_c 为

$$\sigma_c = N_c / A_c \tag{4-3}$$

式中　A_c——核心混凝土面积，mm^2。

剥离分析过程中钢管单轴受力情况下的应力-应变曲线可简化为 3 个阶段（图 4-22）：线弹性阶段（OA）、弹塑性阶段（AB）和塑性阶段（应变强化阶段）（BC）。图中，f_p、f_y 和 f_u 分别表示钢材的比例极限强度、屈服强度和极限抗拉强度；ε_p、ε_y 和 ε_u 分别为 f_p、f_y 和 f_u 对应的应变；E_s 表示钢材的弹性模量；H 表示塑性强化模量，由式（4-4）计算。

$$H = \frac{\mathrm{d}\sigma_p}{\mathrm{d}\varepsilon_p} \tag{4-4}$$

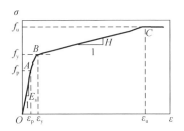

图 4-22　钢材单向应力-应变关系曲线模型

由于钢管的壁厚较薄，与钢管的纵向与环向应力相比，钢管的径向应力较小，分析过程中忽略径向应力对钢管的影响，即假设钢管处于平面应力状态。此时，钢材各阶段的应力-应变关系采用以下表达式。

（1）线弹性阶段

当钢管的等效应力达到比例极限强度前，钢管处于线弹性阶段，应力-应变关系满足 Hooke 定律，即

$$\begin{bmatrix} \sigma_{s,c} \\ \sigma_{s,v} \end{bmatrix} = \frac{E_s}{1-\mu_s^2} \begin{bmatrix} 1 & \mu_s \\ \mu_s & 1 \end{bmatrix} \begin{bmatrix} \varepsilon_c \\ \varepsilon_v \end{bmatrix} \tag{4-5}$$

式中　ε_v——钢管纵向应变；

　　　ε_c——钢管环向应变；

　　　μ_s——钢管弹性阶段的泊松比，由钢管标准拉伸试验数据确定。

（2）弹塑性阶段

钢管的等效应力超过比例极限强度后，钢管进入非线性的弹塑性阶段。在该

阶段，钢管的切线模量 E_s^t 随着弹性模量 E_s 的降低而减小，并可由式（4-6）计算。

$$E_s^t = \frac{(f_y - \sigma_s)\sigma_s}{(f_y - f_p)f_p} E_s \tag{4-6}$$

$$\sigma_s = \sqrt{\sigma_{s,c}^2 + \sigma_{s,v}^2 - \sigma_{s,c}\sigma_{s,v}} \tag{4-7}$$

在弹塑性阶段，钢管的泊松比随着应力的增加而逐渐增大。文献[64]通过试验研究了钢材在平面应力作用下泊松比的增长趋势。研究表明，当钢材达到屈服点时，泊松比为 0.45，此时钢材处于一向受压、另一向受拉的状态。在这种应力状态下，钢材在弹塑性阶段的泊松比可以通过对比例极限及屈服点处的泊松比进行线性插值得到，如式（4-8）所示。

$$\mu_{sp} = (0.45 - \mu_s)\frac{\sigma_s - f_p}{f_y - f_p} + \mu_s \tag{4-8}$$

本节采用弹塑性增量理论对此阶段钢管的力学性能进行分析，即

$$\begin{bmatrix} d\sigma_{s,c} \\ d\sigma_{s,v} \end{bmatrix} = \frac{E_s^t}{1 - \mu_{sp}^2} \begin{bmatrix} 1 & \mu_{sp} \\ \mu_{sp} & 1 \end{bmatrix} \begin{bmatrix} d\varepsilon_c \\ d\varepsilon_v \end{bmatrix} \tag{4-9}$$

式中　　$d\sigma_{s,v}$——钢管纵向应力增量，MPa；

　　　　$d\sigma_{s,c}$——钢管环向应力增量，MPa；

　　　　$d\varepsilon_v$——钢管纵向应变增量；

　　　　$d\varepsilon_c$——钢管环向应变增量。

（3）塑性强化阶段

该阶段钢管满足 Von-Mises 屈服准则，并基于 Prandtl-Reuss 理论[211]，钢管应力-应变增量关系如式（4-10）所示。

$$\begin{bmatrix} d\sigma_{s,c} \\ d\sigma_{s,v} \end{bmatrix} = \frac{2G}{\beta} \begin{bmatrix} (1+\mu_s)\dfrac{s_v^2}{\sigma_s} + 2\zeta & -(1+\mu_s)\dfrac{s_c s_v}{\sigma_s^2} + 2\mu_s\zeta \\ -(1+\mu_s)\dfrac{s_c s_v}{\sigma_s^2} + 2\mu_s\zeta & (1+\mu_s)\dfrac{s_c^2}{\sigma_s} + 2\zeta \end{bmatrix} \begin{bmatrix} d\varepsilon_c \\ d\varepsilon_v \end{bmatrix} \tag{4-10}$$

$$G = \frac{E_s}{2(1+\mu_s)} \tag{4-11}$$

$$\zeta = \frac{H}{9G} \tag{4-12}$$

$$\beta = \frac{2}{3}(1-\mu_s)\left(1 + \frac{H}{3G}\right) - (1-2\mu_s)\frac{s_s^2}{\sigma_s^2} \tag{4-13}$$

$$s_c = \frac{2\sigma_{s,c} - \sigma_{s,v}}{3} \tag{4-14}$$

$$s_v = \frac{2\sigma_{s,v} - \sigma_{s,c}}{3} \tag{4-15}$$

$$s_{\text{s}} = -\frac{1}{3}(\sigma_{\text{s,c}} + \sigma_{\text{s,v}}) \tag{4-16}$$

式中　G——钢管的剪切模量，MPa；

　　　　s_{v}——钢管的纵向应力偏量，MPa；

　　　　s_{c}——钢管的环向应力偏量，MPa；

　　　　s_{s}——钢管的等效应力偏量，MPa。

4.3.5.2　约束效应分析

图 4-23 分析了不同再生粗骨料取代率（$r=100\%$、50%、0）的试件在轴向荷载作用下钢管环向应变 $\varepsilon_{\text{s,c}}$ 与纵向应变 $\varepsilon_{\text{s,v}}$ 之比（$\varepsilon_{\text{s,c}}/\varepsilon_{\text{s,v}}$）随纵向应变 ε_{v} 的变化规律。图中，μ_{steel} 表示钢管在单向荷载作用下横纵向应变之比随纵向应变的变化，可通过钢材的单向拉伸试验得到。

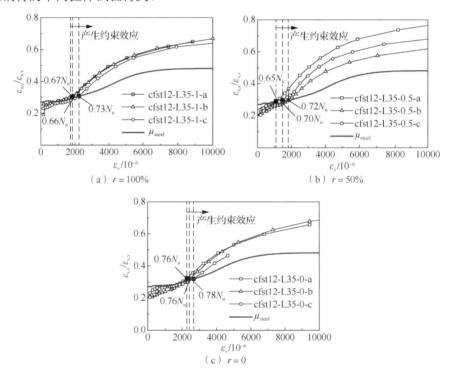

图 4-23　钢管环向应变 $\varepsilon_{\text{s,c}}$ 与纵向应变 $\varepsilon_{\text{s,v}}$ 之比随试件纵向应变 ε_{v} 的变化规律

可以看出，随着荷载的增加，$\varepsilon_{\text{s,c}}/\varepsilon_{\text{s,v}}$ 不断增加：在加载初期，$\varepsilon_{\text{s,c}}/\varepsilon_{\text{s,v}}$ 为 $0.2\sim$ 0.3，与钢管在单向荷载作用下的 μ_{steel} 数值相近（0.271、0.268 与 0.265），这说明此时钢管对核心混凝土尚无约束作用，钢管处于单向受压状态；当 $\varepsilon_{\text{s,c}}/\varepsilon_{\text{s,v}}$ 的数值高于 μ_{steel} 时，钢管开始对核心再生混凝土产生约束。将每组试件中核心混凝土受到约束时的荷载比（$N_{\text{ce}}/N_{\text{u}}$）进行平均，对比不同再生粗骨料取代率下荷载比

平均值（N_{ce}/N_u^a）的变化。可以发现，N_{ce}/N_u^a 的数值随着取代率的提高而降低。例如，对于含钢率为 12%且混凝土强度等级为 C35 的试件，当取代率为 0 时，产生约束效应的荷载比平均值为 $0.77N_u$；而当取代率为 50%与 100%时，荷载比平均值分别减少至 $0.71N_u$ 与 $0.69N_u$。这是由于附着在再生粗骨料表面的残余砂浆会导致再生混凝土界面薄弱区中的微裂纹迅速开展，从而使钢管对核心混凝土的约束作用提前发生。将不同含钢率下，N_{ce}/N_u^a 随着再生粗骨料取代率的变化规律进行对比，如图 4-24 所示。可以看出，N_{ce}/N_u^a 随着含钢率的增加而降低。以取代率为 100%的试件为例，含钢率为 15%时试件的 N_{ce}/N_u^a 比含钢率为 12%与 8%的试件分别低 3.3%与 4.7%。此外，在不同含钢率下，N_{ce}/N_u^a 随着取代率的变化趋势相近，即不同含钢率下 N_{ce}/N_u^a 均随着取代率的增加而降低。具体而言，对于含钢率为 8%与 15%的试件，当取代率从 0 增至 100%时，N_{ce}/N_u^a 分别降低了12.5%与 11.5%。

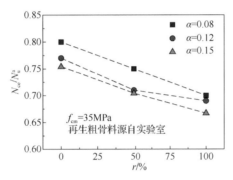

图 4-24　再生粗骨料取代率对约束作用的影响

　　将钢管再生混凝土典型试件进行剥离分析，分析钢管再生混凝土在轴向荷载作用下钢管与核心混凝土的应力状态随纵向应变的变化，如图 4-25 所示。图中，$\sigma_{s,v}$、$\sigma_{s,c}$ 和 σ_s 分别表示钢管的纵向应力、环向应力和折算应力；$\sigma_{c,v}$ 表示核心再生混凝土的纵向应力；压应力为正，拉应力为负。折算应力 σ_s 通过 Von-Mises 屈服准则确定。可以看出，钢管的纵向应力 $\sigma_{s,v}$ 随纵向应变的变化关系可以分为 3 个阶段：弹性阶段（0A）、弹塑性阶段（AB）及塑性流动阶段（BC）。具体而言，在弹性阶段，钢管的环向压应力一开始随纵向应变的增加呈现增加的趋势，但随后应力降低为 0 左右。这是因为在加载初期，核心混凝土的泊松比小于钢管的泊松比，导致混凝土的横向变形小于钢管的横向变形，此时钢管与核心再生混凝土之间存在脱开的趋势，钢管环向受压。而随着钢管纵向应变的增加，核心混凝土泊松比逐渐增大，其横向变形渐渐趋近于钢管且有超过钢管横向变形的趋势，因此钢管的环向压应力逐渐减小。在弹塑性阶段，钢管的环向拉应力开始增长，说明钢管开始对混凝土产生约束作用。当钢管的纵向应力达到峰值（B 点）时，钢管的纵向应力小于钢管屈服强度，差异为 2%，这是由于此时钢管虽已屈服，但其呈双向受力状态，即环向拉应力的存在降低了钢管的纵向压应力。由于此时钢管对混凝土有约束作用，核心再生混凝土轴向压应力略高于其抗压强度，提高幅度为3%。在塑性流动阶段，核心混凝土产生裂缝，横向变形增长速率加快，钢管环向拉应力迅速提高，纵向压应力迅速降低，钢管对核心再生混凝土的约束效应显著提高。随着荷载的增加，显著提高的约束效应将导致核心再生混凝土抗压强度及延性得到显著增长。

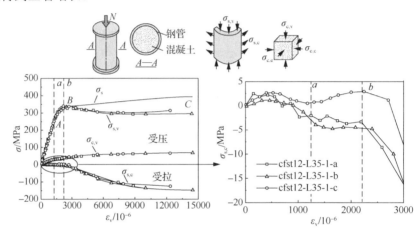

图 4-25　钢管再生混凝土轴心受压过程钢管应力状态

　　为说明约束效应对核心再生混凝土轴压力学性能的影响，将受约束作用影响的核心再生混凝土纵向应力-应变关系与素再生混凝土单轴受压应力-应变关系进行对比，如图 4-26 所示。其中核心再生混凝土试件纵向应力-应变关系通过典型试件 cfst12-L35-1-b 的测量结果剥离分析得到，素再生混凝土的单轴应力-应变关系采用 2.6 节的公式计算得到。通过图 4-26 可以发现，在加载初期，核心再生混凝土的纵向应力随纵向应变的变化规律与素再生混凝土相近，说明此时核心再生混凝土未受约束作用。然而，当纵向应变超过素再生混凝土的峰值应变后，随着纵向应变的增长，核心再生混凝土应力不断增加，而素再生混凝土的纵向应力持续减小。这是由于在加载后期核心再生混凝土受钢管的约束作用，使其抗压强度大幅度提高。最终该典型试件的核心再生混凝土的抗压强度达 65.3MPa，比素再生混凝土的单轴抗压强度提高了 110%。

　　图 4-27 所示为试验测得的试件 cfst12-L35-1-a 轴向承载力 N、钢管内力 N_s 及核心再生混凝土内力 N_c 与纵向平均应变 ε_v 的关系曲线。由图 4-27 可知，当试件进入弹塑性阶段（约 900kN，相应纵向应变为 1800×10^{-7}）时，由于钢管对核心再生混凝土的约束效应，钢管横向应力开始不断增大，同时核心再生混凝土抗压强度逐渐提高，而钢管的纵向应力开始减小，使钢管与核心再生混凝土所承担的内力产生了重分布现象，内力由钢管转向核心再生混凝土，核心再生混凝土承载力

的提高弥补了钢管承载力的减小，且前者的提高幅度大于后者的减小幅度，从而使构件的承载力增加。具体而言，当试件轴向应变为 $1800×10^{-7}$ 时，试件开始进入弹塑性阶段，此时核心混凝土所承担纵向荷载为 390kN，钢管所承担纵向荷载为 510kN，钢管所承担纵向荷载高于核心混凝土；随着荷载不断增加，试件轴向应变随之增长，当纵向应变达到 $12000×10^{-7}$ 时，钢管承担纵向荷载为 490kN，比纵向应变为 $1800×10^{-7}$ 时降低了 3.9%，核心混凝土所承担纵向荷载为 880kN，比试件纵向应变为 $1800×10^{-7}$ 时升高了 125.6%，此时核心混凝土所承担的轴向荷载比钢管高 79.2%。

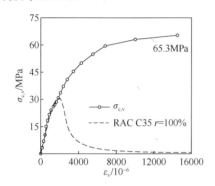

图 4-26　钢管再生混凝土轴心受压过程核心
混凝土应力状态

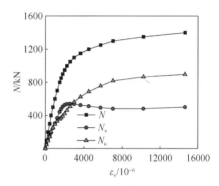

图 4-27　试件 cfst12-L35-1-a 钢管和核心再生
混凝土轴力分配

图 4-28 反映了再生粗骨料的掺入对典型试件的钢管峰值应力 σ_{su} 和峰值应变 ε_{su} 的影响。其中，试件的含钢率均为 12%，核心混凝土强度等级均为 C35。由图 4-28（a）可以看出，随着再生粗骨料取代率的提高，钢管的峰值应力提高。具体而言，再生粗骨料取代率为 100% 的试件钢管峰值应力比取代率为 50% 时高 4.5%，比取代率为 0 时高 9.6%。这是因为随着核心再生混凝土取代率的提高，其所能承担的荷载降低且弹性模量降低，从而导致核心混凝土的横向变形减小。在这种情况下，钢管对核心再生混凝土的约束作用随着取代率的提高而下降，使钢管的纵向峰值应力升高。此外，钢管的峰值应变随着取代率的提高而下降[图 4-28（b）]，在再生粗骨料取代率为 100% 时，试件的峰值应变 $2560×10^{-6}$，比取代率为 50% 与 0 的试件分别高 6.4% 与 11.6%。

图 4-29 反映了再生粗骨料的掺入对典型试件的核心混凝土强度提高幅度 $f'_{cc}/f_{cm,test}$ 的影响。所选取的试件含钢率为 12%，核心混凝土强度等级为 C35。可以看出，钢管对再生混凝土的约束效应将显著提高再生混凝土的抗压强度，提高幅度约为 60%。而再生粗骨料的掺入并不会对钢管再生混凝土的约束效应造成明显的影响，不同取代率下核心混凝土的强度提高幅度差异仅为 6.2%。

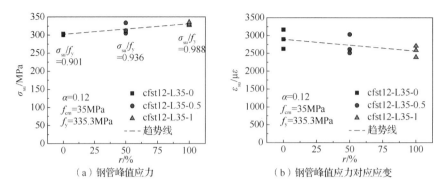

图 4-28　再生粗骨料取代率对试件 cfst12-L35 钢管峰值应力及其对应应变的影响

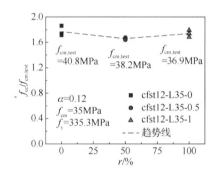

图 4-29　再生粗骨料取代率对核心混凝土强度提高幅度影响

4.4　钢管及核心再生混凝土纵向应力-应变关系

4.4.1　钢管普通混凝土纵向应力-应变关系

根据课题组的前期研究成果[210]可知，对于钢管普通混凝土短柱轴压试件，钢管因约束效应引起的环向拉应力会降低钢管的纵向承载能力。为更好地反映钢管普通混凝土短柱在轴压荷载作用下外部钢管的实际应力状态，更好地描述钢管普通混凝土短柱轴压试件的力学性能，课题组[210]在建立钢管普通混凝土纵向应力-应变关系时首次考虑了钢管纵向承载能力的降低，建立了钢管普通混凝土应力-应变关系模型。

目前，许多研究者用套箍系数 ξ 作为分析钢管混凝土构件中钢管与混凝土相互作用的基本参数，其中 $\xi=\alpha f_y/f_{ck}$，α 表示含钢率，f_y 表示钢材屈服强度，f_{ck} 表示混凝土轴心抗压强度标准值。然而，根据课题组[210]的研究可知，只有当试件含钢率 α、钢材屈服强度 f_y 和核心混凝土强度 f_{ck} 中仅有一个参数发生变化时，用套箍系数 ξ 这一综合参数来描述该参数变化对钢管混凝土力学性能的影响才是准确、可行的；而当 α、f_y 和 f_{ck} 这 3 个参数中有 2 个或 3 个参数发生变化时，用 ξ 这个综合参数来描述参数变化对钢管混凝土力学性能的影响是不全面，甚至是不准确的，应该用 α、f_y 和 f_{ck} 这 3 个参数来共同衡量和反映钢管混凝土的力学性能。

4.4.1.1　钢管纵向应力-应变关系

通过试验[210]发现，试件含钢率 α、钢材屈服强度 f_y 和核心混凝土强度 f_{ck} 对钢管纵向应力-纵向应变关系都有一定程度的影响，即试件含钢率越高，钢管纵向峰值应力降低幅度越小，峰值点后纵向应力下降得越缓；钢材屈服强度越高，钢管纵向峰值应力降低幅度越大；核心混凝土强度越高，钢管纵向峰值应力降低幅度越小，峰值点后纵向应力下降得越缓慢。在该试验研究基础上，通过大量有限元算例分析[210]，在工程常用的范围内（$\alpha=5\%\sim20\%$，$f_y=235\sim420\text{MPa}$，$f_{cu}=40\sim80\text{MPa}$），提供了钢材纵向平均应力（$\sigma_v$）-纵向平均应变（$\varepsilon_v$）全曲线的数学表达式，如式（4-17）～式（4-27）所示。

$$\sigma_{s,v} = \begin{cases} E_s \varepsilon_v, & \varepsilon_v \leqslant \varepsilon_{sp} \\ a\varepsilon_v^2 + 3E_s\varepsilon_v - \sigma_{sp}, & \varepsilon_{sp} < \varepsilon_v \leqslant \varepsilon_{su} \\ \sigma_{su} + bf_y \ln(\varepsilon_v / \varepsilon_{su}), & \varepsilon_v > \varepsilon_{su} \end{cases} \tag{4-17}$$

$$a = -E_s / \varepsilon_{sp} \tag{4-18}$$

$$b = -0.18(\alpha f_{cu} f_y^{0.1})^{-0.3} \tag{4-19}$$

式中　E_s——钢管的弹性模量，MPa；

$\quad\quad\sigma_{sp}$——钢管比例极限强度，MPa；

$\quad\quad\varepsilon_{sp}$——钢管比例极限强度对应的应变；

$\quad\quad\sigma_{su}$——钢管纵向峰值应力，MPa；

$\quad\quad\varepsilon_{su}$——钢管纵向峰值应力对应的应变；

$\quad\quad\alpha$——含钢率；

$\quad\quad f_{cu}$——核心混凝土立方体抗压强度，MPa；

$\quad\quad f_y$——钢管屈服强度，MPa。

钢管比例极限强度 σ_{sp} 及其应变 ε_{sp} 可由式（4-20）和式（4-21）计算。

$$\sigma_{sp} = 0.8\sigma_{su} \tag{4-20}$$

$$\varepsilon_{sp} = \sigma_{sp} / E_s \tag{4-21}$$

由于钢管对核心混凝土的约束作用，钢管的峰值纵向应力 σ_{su} 低于钢材的屈服强度 f_y。通过试验及有限元结果回归得到钢管峰值纵向应力 σ_{su} 的计算表达式，如式（4-22）～式（4-26）所示。

$$\sigma_{su} = kf_y \tag{4-22}$$

$$k = k_\alpha k_{f_y} k_{f_{cu}} \tag{4-23}$$

$$k_{\alpha} = 0.045\ln\alpha + 1.041 \tag{4-24}$$

$$k_{f_y} = -0.108 f_y / 345 + 1.108 \tag{4-25}$$

$$k_{f_{cu}} = 0.189 f_{cu} / 60 + 0.811 \tag{4-26}$$

此外，钢管的峰值纵向应力对应的应变ε_{su}由式（4-27）计算：

$$\varepsilon_{su} = 1.2\sigma_{su} / E_s \tag{4-27}$$

4.4.1.2　核心混凝土纵向应力-应变关系

通过试验[210]发现，试件含钢率α、钢材屈服强度f_y和核心混凝土强度f_{ck}对核心混凝土极限抗压强度提高幅度（f_{cc}' / f_{ck}）均会造成一定程度的影响，即试件含钢率越高，核心混凝土极限抗压强度提高幅度就越大；钢材屈服强度越高，核心混凝土极限抗压强度提高幅度就越大；核心混凝土强度越高，核心混凝土极限抗压强度提高幅度就越小。在该试验研究基础上，通过大量算例，在工程常用的范围内（α=5%～20%，f_y=235～420MPa，f_{cu}=40～80MPa），提供了核心混凝土纵向应力（σ_c）-纵向应变（ε_v）全曲线的数学表达式，如式（4-28）～式（4-35）所示。

$$\sigma_{c,v} = \frac{f_{cc}' \left(\dfrac{\varepsilon_v}{\varepsilon_{cc}}\right)\beta}{\beta - 1 + \left(\dfrac{\varepsilon_v}{\varepsilon_{cc}}\right)^{\beta}} \tag{4-28}$$

$$\beta = \frac{E_c}{E_c - E_{sec}} \tag{4-29}$$

式中　　f_{cc}'——核心混凝土峰值应力，MPa；

　　　　ε_{cc}——核心混凝土峰值应力对应的应变；

　　　　E_c——混凝土弹性模量，MPa；

　　　　E_{sec}——混凝土峰值应力对应的割线模量，即 $E_{sec} = f_{cc}' / \varepsilon_{cc}$，MPa。

由于钢管对核心混凝土的约束作用，核心混凝土峰值应力得到了显著的提高。通过试验及有限元结果回归得到核心混凝土峰值应力f_{cc}'的计算表达式，如式（4-30）～式（4-33）所示。

$$f_{cc}' = f_{ck}(1 + c_{\alpha} c_{f_y} c_{f_{cu}}) \tag{4-30}$$

$$c_{\alpha} = 6.625\alpha^2 + 5.960\alpha \tag{4-31}$$

$$c_{f_y} = 1.034 f_y / 345 - 0.016 \tag{4-32}$$

$$c_{f_{cu}} = -0.393 f_{cu} / 60 + 1.420 \tag{4-33}$$

式中　　f_{ck}——核心混凝土棱柱体强度，MPa。

核心混凝土峰值应力对应的应变由式（4-34）和式（4-35）计算。

$$\varepsilon_{cc} = \varepsilon_c + 10\alpha(26.9 f_y - 1885)(0.0063 f_{cu} + 0.622) \tag{4-34}$$

$$\varepsilon_c = 700 + 172\sqrt{f_{ck}} \tag{4-35}$$

4.4.1.3　模型验证

将文献[210]通过剥离分析得到的钢管纵向应力-应变关系、核心混凝土纵向应力-应变关系试验结果与模型预测结果进行对比，如图 4-30 与图 4-31 所示。可以看出，弹性阶段的试验结果与预测结果吻合较好。具体而言，钢管轴压刚度与纵向峰值应力的试验值与预测值的最大差异分别为 9.9% 与 10.7%，核心混凝土轴压刚度与纵向应力的试验值与预测值最大差异分别为 13.9% 与 10.8%。而当试件进入弹塑性阶段（纵向应变为 2000×10⁻⁶ 左右）后，虽然剥离分析结果与预测结果差异较大，但两者纵向应力随纵向应变的变化趋势基本一致。总体上试验结果与预测结果吻合较好。

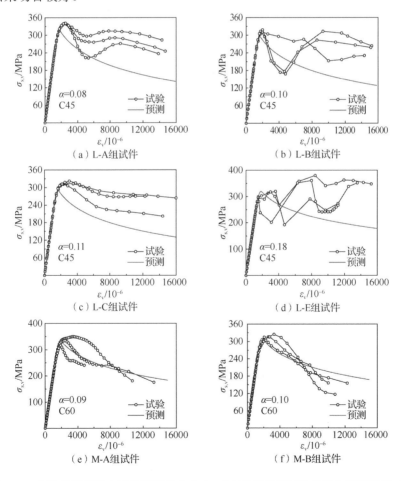

图 4-30　钢管普通混凝土试件钢管纵向应力-应变关系曲线试验结果与预测结果对比

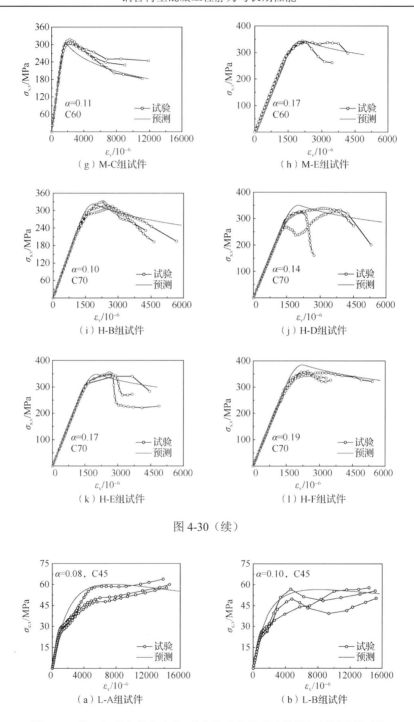

图 4-30（续）

图 4-31　核心混凝土纵向应力-应变关系曲线试验结果与预测结果对比

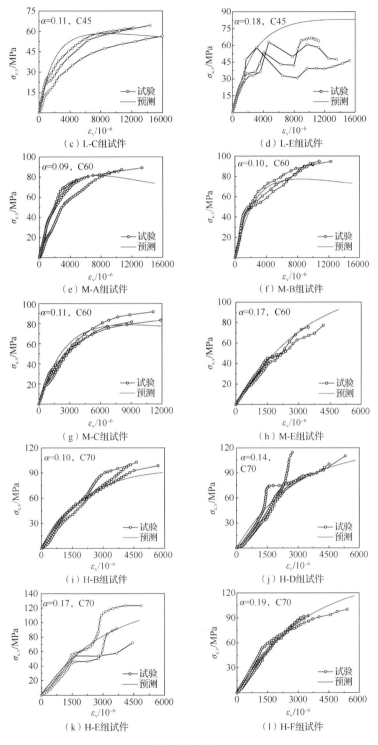

图 4-31（续）

　　基于变形协调和力的平衡条件，采用钢管普通混凝土在轴向荷载作用下的钢管和核心再生混凝土应力-应变关系计算表达式，预测文献[210]进行的共 36 个钢管普通混凝土短柱轴压试件的荷载-应变关系（N-ε_v）曲线，预测结果与试验结果的对比如图 4-32 所示。可以看出，预测结果与试验结果吻合良好，轴压刚度与极限荷载的最大差异分别为 14.3%与 11.9%，且在下降段试验曲线与预测曲线的变化趋势基本一致。因此，认为采用本节修正得到的钢管普通混凝土的钢管和核心混凝土纵向应力-应变关系能够合理预测钢管普通混凝土的轴压静力性能。

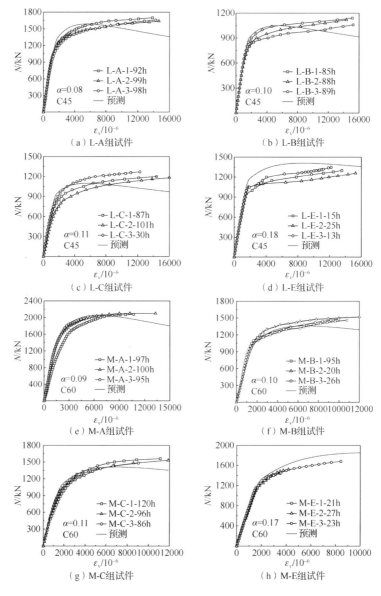

图 4-32　钢管普通混凝土试件轴向荷载-应变曲线试验结果与预测模型计算结果对比

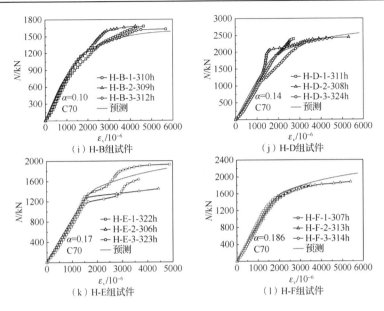

图 4-32（续）

　　2015 年,课题组将相关文献[130,212-217]及课题组前期进行的共 90 组钢管普通混凝土短柱轴压试验的峰值应变试验结果 $\varepsilon_{cc,test}$[210]与上述模型的预测结果 ε_{cc} 进行对比,结果如图 4-33 所示[212]。可以看出,峰值应变的试验值与预测值的比值 $\varepsilon_{cc,test}/\varepsilon_{cc}$ 随核心混凝土强度 f_{cu} 的增加而减小。

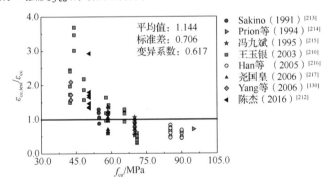

图 4-33　试件峰值应变与模型预测结果对比

　　根据图 4-33 的分析结果,对钢管普通混凝土峰值应变 ε_{cc} 的预测公式[式(4-34)]进行修正,修正后公式如式（4-36）所示。将试验结果与修正后的计算公式的预测结果进行对比,如图 4-34 所示。

　　可以看出,与原预测公式相比,式（4-36）的预测结果与试验值之间的离散程度明显减小。因此,将原钢管普通混凝土应力-应变关系模型［式（4-17）～式（4-35）］中,峰值应变预测公式［式（4-34）］替换为式（4-36）能更好地预测钢管普通混凝土轴压力学性能。

$$\varepsilon_{cc} = \varepsilon_c + 8.5\alpha(26.9f_y - 1885)(0.001f_{cu}^2 - 0.165f_{cu} + 7.37) \tag{4-36}$$

式中　　ε_c ——单轴受压普通混凝土的峰值应变。

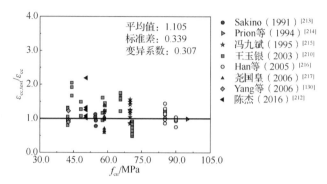

图 4-34　试件峰值应变与修正后模型预测结果对比

4.4.2　钢管再生混凝土纵向应力-应变关系

在钢管普通混凝土应力-应变关系基础上，考虑再生粗骨料的掺入对钢管及核心混凝土静力性能的影响，对钢管及核心混凝土纵向应力-应变关系表达式进行修正。

根据本节试验结果可知，再生粗骨料的掺入会提高钢管的纵向峰值应力 σ_{su}，降低钢管的纵向峰值应变 ε_{su}。因此，对钢管纵向峰值应力 σ_{su} 及峰值应变 ε_{su} 进行修正，如式（4-37）和式（4-38）所示。

$$k_r = (1 + 0.09r)k \tag{4-37}$$

$$\varepsilon_{su,r} = (1 - 0.10r)\varepsilon_{su} \tag{4-38}$$

式中　　k_r ——钢管再生混凝土的钢管纵向峰值应力与屈服强度的比值；

　　　　k ——系数，见式（4-23）；

　　　　r ——再生粗骨料取代率；

　　　　$\varepsilon_{su,r}$ ——钢管再生混凝土的钢管纵向峰值应力对应的应变。

对于核心混凝土纵向应力-应变关系，与钢管普通混凝土相比钢管再生混凝土试件的轴压刚度较低且峰值应变较大；而再生粗骨料取代率 r 对试件约束效应的影响较小；且不同取代率时，含钢率 α 和混凝土强度 f_{cm} 对钢管再生混凝土试件轴压力学性能的影响基本一致。因此，仅需对 4.4.1 节钢管普通混凝土的核心混凝土应力-应变关系的峰值应变和弹性模量计算公式进行修正，修正后的钢管再生混凝土核心混凝土峰值应变计算表达式如式（4-39）所示，再生混凝土弹性模量计算表达式则如式（4-40）所示。

$$\varepsilon_{cc,r} = \varepsilon_{cc}(0.15r^2 + 0.11r + 1) \tag{4-39}$$

$$E_{cc,r} = E_c(0.11r^2 - 0.33r + 1) \tag{4-40}$$

式中　　$\varepsilon_{cc,r}$ ——钢管再生混凝土的核心混凝土峰值应变；

　　　　ε_{cc} ——钢管普通混凝土的核心混凝土峰值应变；

$E_{cc,r}$——钢管再生混凝土的核心混凝土弹性模量，MPa；

E_c——钢管普通混凝土的核心混凝土弹性模量，MPa。

4.4.2.1　钢管纵向应力-应变关系

基于上述修正，轴向荷载作用下钢管再生混凝土的钢管纵向应力-应变关系（$\sigma_{s,v}$-ε_v）计算表达式[210]，如式（4-41）～式（4-43）所示。

$$\sigma_{s,v} = \begin{cases} E_s \varepsilon_v, & \varepsilon_v \leqslant \varepsilon_{sp} \\ a\varepsilon_v^2 + 3E_s\varepsilon_v - \sigma_{sp}, & \varepsilon_{sp} < \varepsilon_v \leqslant \varepsilon_{su,r} \\ \sigma_{su,r} + bf_y \ln(\varepsilon_v / \varepsilon_{su,r}), & \varepsilon_v > \varepsilon_{su,r} \end{cases} \tag{4-41}$$

$$a = -E_s / \varepsilon_{sp} \tag{4-42}$$

$$b = -0.18(\alpha f_{cu} f_y^{0.1})^{-0.3} \tag{4-43}$$

式中　E_s——钢管的弹性模量，MPa；

σ_{sp}——钢管比例极限强度，MPa；

ε_{sp}——钢管比例极限强度对应的应变；

$\sigma_{su,r}$——钢管纵向峰值应力，MPa；

$\varepsilon_{su,r}$——钢管纵向峰值应力对应的应变；

α——含钢率（$\alpha = A_s / A_c$，A_s 为钢管截面面积，A_c 为混凝土截面面积）；

f_{cu}——核心混凝土立方体抗压强度，MPa；

f_y——钢管屈服强度，MPa。

钢管比例极限强度 σ_{sp} 及其应变 ε_{sp} 可由式（4-44）和式（4-45）计算。

$$\sigma_{sp} = 0.8\sigma_{su,r} \tag{4-44}$$

$$\varepsilon_{sp} = \sigma_{sp} / E_s \tag{4-45}$$

本节基于试验结果修正得到钢管峰值纵向应力 $\sigma_{su,r}$ 的计算表达式，如式（4-46）～式（4-51）所示。

$$\sigma_{su,r} = k_r f_y \tag{4-46}$$

$$k_r = (1 + 0.09r)k \tag{4-47}$$

$$k = k_\alpha k_{f_y} k_{f_{cu,r}} \tag{4-48}$$

$$k_\alpha = 0.045 \ln \alpha + 1.041 \tag{4-49}$$

$$k_{f_y} = -0.108 f_y / 345 + 1.108 \tag{4-50}$$

$$k_{f_{cu,r}} = 0.189 f_{cu,r} / 60 + 0.811 \tag{4-51}$$

采用式（4-52）可以预测再生混凝土的抗压强度，以考虑再生粗骨料的掺入对混凝土强度降低的影响。

$$f_{cu,r} = f_{cu}(-0.127r^2 + 0.012r + 1) \tag{4-52}$$

此外，钢管的峰值纵向应力对应的应变 $\varepsilon_{su,r}$ 由式（4-53）和式（4-54）计算。

$$\varepsilon_{su,r} = (1 - 0.1r)\varepsilon_{su} \tag{4-53}$$

$$\varepsilon_{su} = 1.2\sigma_{su} / E_s \tag{4-54}$$

4.4.2.2 核心再生混凝土纵向应力-应变关系

本节基于试验数据修正得到轴向荷载作用下钢管再生混凝土的核心再生混凝土纵向应力-应变关系（$\sigma_{c,v}$-ε_v）计算表达式[210]，如式（4-55）~式（4-56）所示。

$$\sigma_{c,v} = \frac{f'_{cc,r}\left(\dfrac{\varepsilon_v}{\varepsilon_{cc,r}}\right)\beta}{\beta - 1 + \left(\dfrac{\varepsilon_v}{\varepsilon_{cc,r}}\right)^{\beta}} \tag{4-55}$$

$$\beta = \frac{E_{c,r}}{E_{c,r} - E_{sec,r}} \tag{4-56}$$

式中　$f'_{cc,r}$——核心再生混凝土峰值应力，MPa；

　　　$\varepsilon_{cc,r}$——核心混凝土峰值应力对应的应变；

　　　$E_{c,r}$——再生混凝土弹性模量，MPa；

　　　$E_{sec,r}$——核心再生混凝土峰值应力对应的割线模量，即 $E_{sec,r} = f'_{cc,r} / \varepsilon_{cc,r}$，MPa。

核心混凝土峰值应力 $f'_{cc,r}$ 的计算表达式，如式（4-57）~式（4-60）所示。

$$f'_{cc,r} = f_{ck,r}(1 + c_\alpha c_{f_y} c_{f_{cu,r}}) \tag{4-57}$$

$$c_\alpha = 6.625\alpha^2 + 5.960\alpha \tag{4-58}$$

$$c_{f_y} = 1.034 f_y / 345 - 0.016 \tag{4-59}$$

$$c_{f_{cu,r}} = -0.393 f_{cu,r} / 60 + 1.420 \tag{4-60}$$

式中　$f_{ck,r}$——核心再生混凝土棱柱体强度，MPa。

核心混凝土峰值应力对应的应变由式（4-61）~式（4-63）计算。

$$\varepsilon_{cc,r} = \varepsilon_{cc}(0.15r^2 + 0.11r + 1) \tag{4-61}$$

$$\varepsilon_{cc} = \left[\varepsilon_c + 8.5\alpha(26.9 f_y - 1885)(0.001 f_{cu}^2 - 0.165 f_{cu} + 7.37)\right] \times 10^{-6} \tag{4-62}$$

$$\varepsilon_c = 700 + 172\sqrt{f_{ck,r}} \tag{4-63}$$

4.4.2.3 模型验证

将试件剥离分析得到的钢管纵向应力-应变关系、核心混凝土纵向应力-应变关系试验结果与修正模型的预测结果进行对比，如图 4-35 和图 4-36 所示，可以看出，试件试验结果与预测结果吻合良好。具体而言，钢管轴压刚度与纵向峰值应力的试验值与预测值的最大差异分别为 11.6% 与 9.93%，核心混凝土纵向应力的试验值与预测值最大差异为 10.05%。虽然当试件处于弹塑性阶段后（纵向应变约 2000×10⁻⁶ 之后）剥离分析结果与预测结果的差异较大，但两者纵向应力随纵向应变的变化规律基本一致。这说明使用修正的钢管再生混凝土纵向应力-应变关系模型能够从总体上合理预测试验结果。

基于变形协调和力的平衡条件，采用修正后的钢管再生混凝土在轴向荷载作用下的钢管和核心再生混凝土应力-应变关系计算表达式，预测本节及文献[130]进行的共 50 个钢管再生混凝土短柱轴压试件的荷载-应变关系（N-εᵥ）曲线，预测结果与试验结果的对比分别如图 4-37 和图 4-38 所示。

从图 4-37 和图 4-38 中可以看出，预测结果与试验结果吻合良好，轴压刚度与极限荷载的最大差异分别为 6.6% 与 11.9%，下降段试验曲线与预测曲线的变化趋势基本一致。因此认为采用本节修正得到的钢管再生混凝土的钢管和核心混凝土纵向应力-应变关系能够合理预测钢管再生混凝土的轴压静力性能。

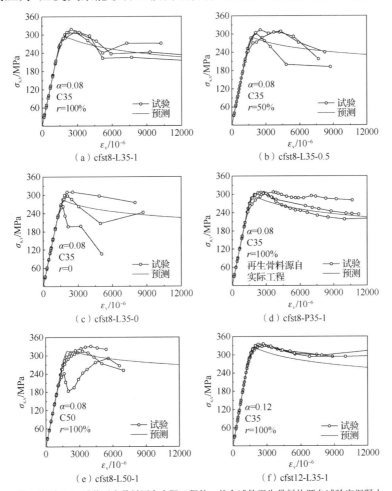

（a）cfst8-L35-1　　　　　　　　　　（b）cfst8-L35-0.5

（c）cfst8-L35-0　　　　　　　　　　（d）cfst8-P35-1

（e）cfst8-L50-1　　　　　　　　　　（f）cfst12-L35-1

注：除图（d）试件再生骨料源自实际工程外，其余试件再生骨料均源自试验室混凝土。

图 4-35　钢管再生混凝土试件钢管纵向应力-应变关系曲线试验结果与预测结果对比

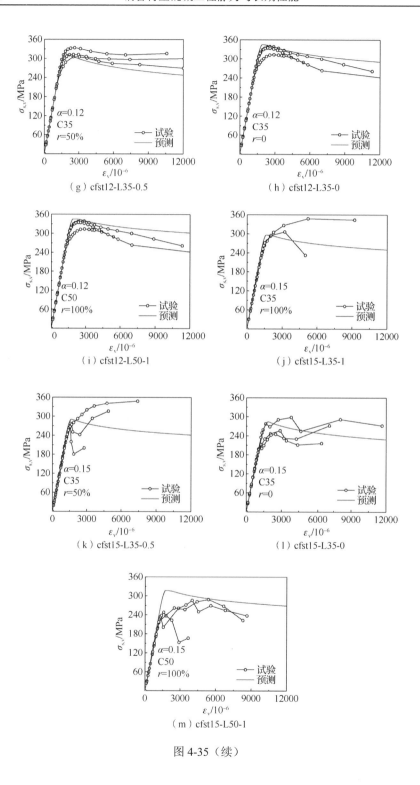

图 4-35（续）

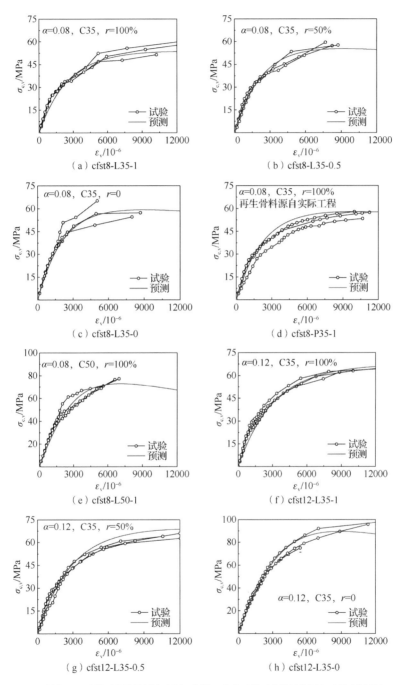

注：除图（d）试件再生骨料源自实际工程外，其余试件再生骨料均源自试验室混凝土。

图 4-36 核心再生混凝土纵向应力-应变变化关系曲线试验结果与预测结果对比

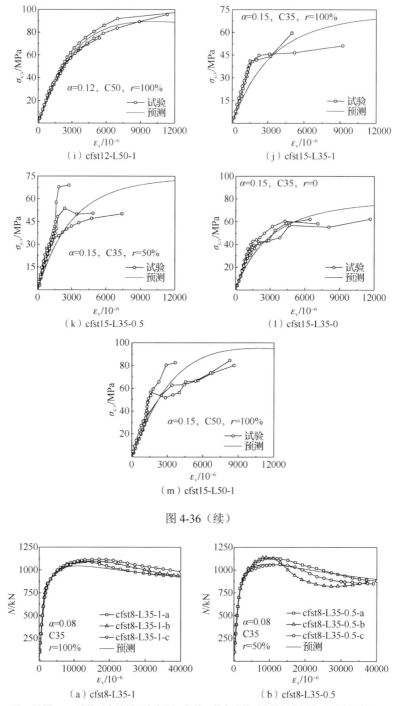

图 4-36（续）

注：除图（d）试件再生骨料源自实际工程外，其余试件再生骨料均源自试验室混凝土。

图 4-37　钢管再生混凝土试件轴向荷载–应变曲线试验结果与预测模型计算结果对比

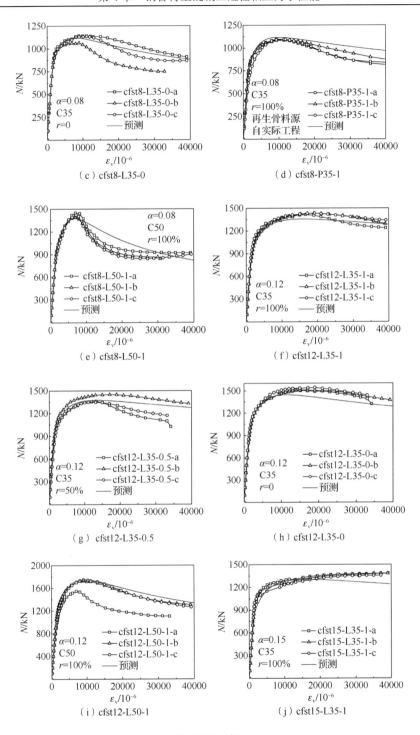

图 4-37（续）

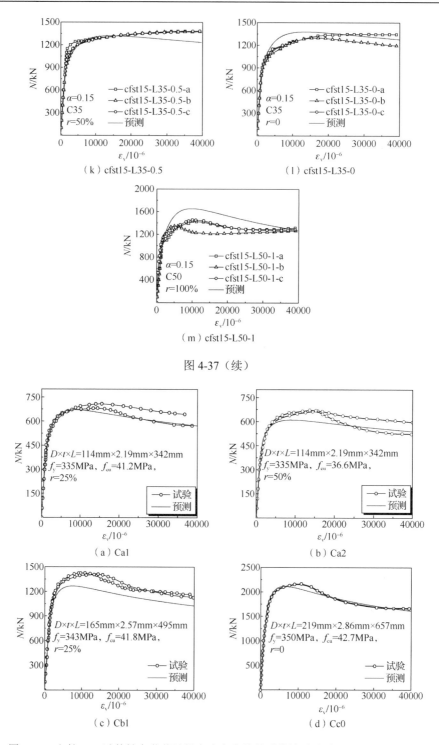

（k）cfst15-L35-0.5　　　　　　（l）cfst15-L35-0

（m）cfst15-L50-1

图 4-37（续）

（a）Ca1　　　　　　（b）Ca2

（c）Cb1　　　　　　（d）Cc0

图 4-38　文献[130]试件轴向荷载随纵向应变变化关系曲线试验结果与预测结果对比

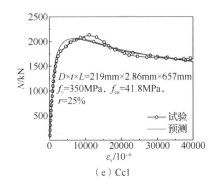
（e）Cc1

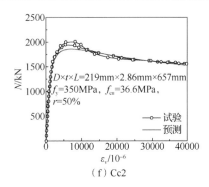
（f）Cc2

图 4-38（续）

4.5　钢管再生混凝土轴压短柱承载力设计方法

将现有能收集的国内外学者对钢管再生混凝土短柱在轴压荷载作用下的极限承载力试验研究成果（共计 3 篇文献[130,135,218]，66 个试件）与国内外典型规范的预测结果进行对比分析，见表 4-8。

表 4-8　钢管再生混凝土轴压短柱极限承载力试验值与计算值比较

数据来源	序号	试件编号	$D×t×L$[①]	$f_{cm,test}$/ MPa	f_y/ MPa	N_u/ kN	N_{uc}^a / N_u[②]			
							EC4	AISC	GB-1	GB-2
Yang 等 (2006)[130]	1	Ca1-1	114×2.19×342	33.4	335.7	700	0.993	0.797	0.939	1.004
	2	Ca1-2	114×2.19×342	33.4	335.7	711	0.978	0.785	0.925	0.988
	3	Ca2-1	114×2.19×342	29.3	335.7	674	0.977	0.773	0.913	0.980
	4	Ca2-2	114×2.19×342	29.3	335.7	669	0.985	0.778	0.920	0.988
	5	Cb1-1	165×2.57×495	33.4	343.1	1417	0.938	0.768	0.898	0.929
	6	Cb1-2	165×2.57×495	33.4	343.1	1427	0.931	0.762	0.891	0.922
	7	Cb2-1	165×2.57×495	29.3	343.1	1401	0.893	0.720	0.845	0.894
	8	Cb2-2	165×2.57×495	29.3	350.4	1402	0.892	0.719	0.844	0.894
	9	Cc1-1	219×2.86×657	33.4	350.4	2055	1.065	0.883	1.027	1.034
	10	Cc1-2	219×2.86×657	33.4	350.4	2147	1.020	0.846	0.983	0.990
	11	Cc2-1	219×2.86×657	29.3	350.4	1950	1.051	0.859	1.001	1.032
	12	Cc2-2	219×2.86×657	29.3	350.4	2014	1.018	0.831	0.970	1.000
Chen 等 (2010)[135]	1	CA-1	88.2×2.60×285	23.3	342.7	517	0.920	0.695	0.873	0.920
	2	CA-2	88.2×2.67×285	22.6	342.7	509	0.943	0.710	0.891	0.937
	3	CA-3	88.2×2.55×285	25.9	342.7	522	0.924	0.706	0.887	0.941
	4	CA-4	88.0×2.44×285	27.1	342.7	521	0.908	0.699	0.879	0.935
	5	CA-5	88.2×2.54×285	25.2	342.7	520	0.919	0.700	0.879	0.932
	6	CA-6	88.2×2.43×285	24.3	342.7	515	0.893	0.680	0.855	0.906
	7	CA-7	88.3×2.54×285	28.7	342.7	531	0.934	0.721	0.906	0.965
	8	CA-8	88.1×2.51×285	29.6	342.7	533	0.928	0.720	0.905	0.965

续表

数据来源	序号	试件编号	$D×t×L^{①}$	$f_{cm,test}$/MPa	f_y/MPa	N_u/kN	$N_{uc}^{a}/N_u^{②}$			
							EC4	AISC	GB-1	GB-2
Chen 等（2010）[135]	9	CA-9	88.1×2.40×285	27.4	342.7	538	0.876	0.676	0.850	0.905
	10	CA-10	88.3×2.51×285	30.7	342.7	541	0.929	0.723	0.909	0.970
	11	CB-1	112.4×2.07×360	23.3	357.2	640	0.926	0.719	0.906	0.968
	12	CB-2	111.8×1.88×360	22.6	357.2	670	0.820	0.639	0.805	0.862
	13	CB-3	111.7×1.65×360	25.9	357.2	677	0.795	0.636	0.801	0.844
	14	CB-4	112.1×2.05×360	27.1	357.2	676	0.914	0.723	0.911	0.976
	15	CB-5	112.0×1.90×360	25.2	357.2	673	0.857	0.676	0.851	0.912
	16	CB-6	112.7×2.00×360	24.3	357.2	626	0.944	0.739	0.932	0.997
	17	CB-7	112.2×2.01×360	28.7	357.2	659	0.950	0.757	0.956	1.022
	18	CB-8	112.2×1.98×360	29.6	357.2	664	0.947	0.758	0.956	1.014
	19	CB-9	112.1×1.92×360	27.4	357.2	659	0.910	0.724	0.913	0.977
	20	CB-10	113.1×2.27×360	30.7	357.2	678	1.026	0.815	1.029	1.100
Hou 等（2013）[218]	1	CR25	114×1.8×400	34.7	300.0	655	0.921	0.773	0.896	0.906
	2	CR50	114×1.8×400	35.1	300.0	688	0.937	0.780	0.910	0.942
	3	CR75	114×1.8×400	36.5	300.0	635	0.964	0.815	0.942	0.941
	4	CR100	114×1.7×400	28.7	300.0	557	0.962	0.796	0.923	0.959
本节试验	1	cfst8-L35-1-a	140×2.80×420	36.9	309.0	1102	0.969	0.790	0.984	1.008
	2	cfst8-L35-1-b	140×2.73×420	36.9	309.0	1099	0.961	0.784	0.977	0.996
	3	cfst8-L35-1-c	140×2.64×420	36.9	309.0	1119	0.930	0.761	0.947	0.961
	4	cfst8-L35-0.5-a	140×2.71×420	38.2	309.0	1139	0.939	0.770	0.975	0.982
	5	cfst8-L35-0.5-b	140×2.79×420	38.2	309.0	1131	0.958	0.784	0.993	1.005
	6	cfst8-L35-0.5-c	140×2.83×420	38.2	309.0	1070	1.019	0.833	1.055	1.070
	7	cfst8-P35-1-a	140×2.71×420	40.0	309.0	1100	0.994	0.820	1.026	1.028
	8	cfst8-P35-1-b	140×2.71×420	40.0	309.0	1092	1.002	0.826	1.033	1.036
	9	cfst8-P35-1-c	140×2.73×420	40.0	309.0	1095	1.002	0.826	1.033	1.037
	10	cfst8-L50-1-a	140×2.72×420	52.9	309.0	1447	0.878	0.745	0.928	0.840
	11	cfst8-L50-1-b	140×2.69×420	52.9	309.0	1398	0.905	0.769	0.958	0.865
	12	cfst8-L50-1-c	140×2.81×420	52.9	309.0	1421	0.904	0.766	0.955	0.868
	13	cfst12-L35-1-a	140×3.96×420	36.9	335.3	1414	0.944	0.741	0.926	0.990
	14	cfst12-L35-1-b	140×3.85×420	36.9	335.3	1437	0.915	0.720	0.900	0.962
	15	cfst12-L35-1-c	140×3.84×420	36.9	335.3	1433	0.916	0.721	0.901	0.964
	16	cfst12-L35-0.5-a	140×3.85×420	38.2	335.3	1365	0.975	0.770	0.976	1.043
	17	cfst12-L35-0.5-b	140×3.86×420	38.2	335.3	1453	0.917	0.724	0.918	0.981
	18	cfst12-L35-0.5-c	140×3.81×420	38.2	335.3	1351	0.980	0.774	0.982	1.049
	19	cfst12-L50-1-a	140×3.78×420	52.9	335.3	1550	0.973	0.797	1.000	0.960
	20	cfst12-L50-1-b	140×3.92×420	52.9	335.3	1725	0.888	0.726	0.911	0.879
	21	cfst12-L50-1-c	140×3.88×420	52.9	335.3	1749	0.872	0.713	0.895	0.862
	22	cfst15-L35-1-a	133×4.56×400	36.9	302.0	1386	0.904	0.706	0.881	0.942
	23	cfst15-L35-1-b	133×4.61×400	36.9	302.0	1387	0.909	0.709	0.885	0.946
	24	cfst15-L35-1-c	133×4.62×400	36.9	302.0	1357	0.930	0.725	0.905	0.968

续表

数据来源	序号	试件编号	$D \times t \times L$①	$f_{cm,test}$/MPa	f_y/MPa	N_u/kN	N_{uc}^a / N_u②			
							EC4	AISC	GB-1	GB-2
本节试验	25	cfst15-L35-0.5-a	133×4.57×400	38.2	302.0	1385	0.916	0.718	0.908	0.970
	26	cfst15-L35-0.5-b	133×4.61×400	38.2	302.0	1377	0.926	0.725	0.917	0.980
	27	cfst15-L35-0.5-c	133×4.66×400	38.2	302.0	1387	0.925	0.723	0.915	0.978
	28	cfst15-L50-1-a	133×4.53×400	52.9	302.0	1431	0.998	0.810	1.018	0.998
	29	cfst15-L50-1-b	133×4.53×400	52.9	302.0	1354	1.055	0.856	1.076	1.054
	30	cfst15-L50-1-c	133×4.45×400	52.9	302.0	1459	0.971	0.789	0.992	0.969
平均值							0.942	0.755	0.932	0.964
标准差							0.052	0.053	0.059	0.056

① 此列数字单位均为 mm。

② N_{uc}^a 为设计规范所得的计算值。

　　由表 4-8 可知，试验试件的参数范围较广。具体而言，核心混凝土强度 $f_{cm,test}$=22.6～52.9MPa，再生粗骨料取代率 r=0～100%，含钢率 α=6%～15%，钢材屈服强度 f_y=300.0～357.2MPa。在进行钢管再生混凝土构件承载力计算时选用如下规范，即欧洲 EC4［EN 1994-1-1（2004）[144]］、美国 AISC［AISC 360-10（2010）[151]］和我国《钢管混凝土结构技术规范》（GB 50936—2014）[150]（其中我国规范中给出了两种方法，第 5 章介绍的计算方法简称为 GB-1，第 6 章介绍的计算方法简称为 GB-2），将计算结果与试验结果进行对比分析。

　　为了更加直观地反映各规范对钢管再生混凝土构件承载力的预测精度，将钢管再生混凝土轴压短柱极限承载力试验值分别与上述几种规范的计算值比较，如图 4-39 所示。

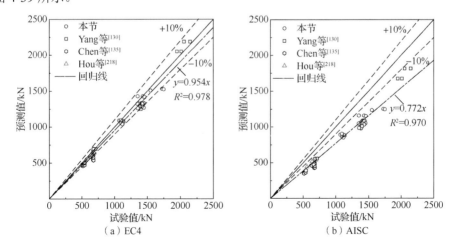

图 4-39　钢管再生混凝土极限承载力计算方法比较

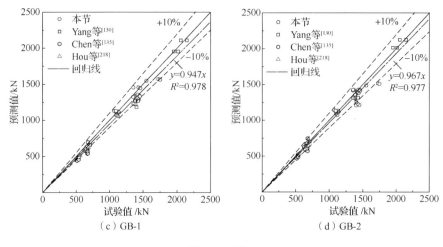

（c）GB-1　　　　　　　　　　　（d）GB-2

图 4-39（续）

图 4-39 中横坐标为极限承载力的试验值，纵坐标为相应的预测值；点划线表示回归线，当试验值与预测值完全吻合时，回归线应与斜率为 1 并过原点的直线（图中以黑色实线表示）重合；虚线表示±10%的误差。由图 4-39 可得，现有规范 EC4、GB-1 和 GB-2 线性回归系数分别为 0.954、0.947 和 0.967，对圆钢管再生混凝土轴压短柱极限承载力的预测结果与试验结果吻合较好，且偏于安全。由于规范 AISC 没有考虑钢管对核心混凝土的约束作用，计算结果偏于保守，线性回归系数仅为 0.772。现有规范 EC4、AISC、GB-1 和 GB-2 的线性回归判定系数 R^2 分别为 0.978、0.970、0.978 和 0.977。文献[12]基于线性回归判定系数 R^2 提出了关于公式预测结果离散性的判定标准，认为当 $R^2>0.95$、$0.80 \leqslant R^2 <0.95$、$0.65 \leqslant R^2<0.80$ 和 $R^2<0.65$ 时，其预测结果的相关性分别为"优""良""中""差"。基于该判定标准可以看出，国内外现行规范推荐的计算方法对圆钢管再生混凝土轴压短柱极限承载力的预测相关性均为"优"。

4.6　本章小结

本章进行了钢管再生混凝土与钢筋再生混凝土轴压力学性能试验研究，对比了在不同取代率与核心混凝土强度下钢管再生混凝土短柱相对于相同用钢量的钢筋再生混凝土短柱在轴压力学性能上的优势，并根据试验结果，分析了含钢率、核心混凝土强度及取代率等参数对钢管再生混凝土轴压力学性能的影响；为研究钢管再生混凝土的约束作用机理，基于试验结果，采用剥离分析方法分析了再生粗骨料的掺入对钢管再生混凝土约束效应及钢管、核心再生混凝土纵向应力-应变关系的影响；根据分析结果对钢管普通混凝土纵向应力-应变关系模型进行修正，提出了钢管再生混凝土的应力-应变关系模型。此外，将国内外典型规范的预测结果与试验结果进行了对比分析，探讨将钢管混凝土规范公式直接应用于钢管再生混凝土的可行性，从而为钢管再生混凝土柱的进一步研究应用和工程推广提供参考。基于以上研究，主要得到以下结论。

1）钢管再生混凝土的各项轴压力学性能均优于钢筋再生混凝土，其中，钢管再生混凝土试件的轴压刚度比钢筋再生混凝土提高 37.4%，极限承载力提高 14.8%，延性提高 63.9%。两种试件的轴压力学性能均随着再生粗骨料取代率的提高而降低，钢管再生混凝土的极限承载力降低幅度仅为 8.7%，而钢筋再生混凝土可达 34%。

2）本章试验采用Ⅲ类再生粗骨料，但钢管再生混凝土中钢管对核心混凝土的约束作用可以有效弥补再生粗骨料的掺入对混凝土所造成的力学缺陷，如离散性的提高、极限承载力的下降及轴压刚度的下降等。具体而言，当取代率为 100%时，素混凝土的抗压强度变异系数可达 7.2%，而钢管再生混凝土轴压极限承载力变异系数仅为 3.0%左右；随着取代率的提高，素再生混凝土抗压强度及弹性模量的降低幅度分别为 11%与 22%，而钢管再生混凝土轴压极限承载力及轴压刚度的降低幅度分别为 6.1%与 9.2%。可见，可以适当放宽Ⅲ类再生粗骨料在圆钢管再生混凝土柱中的应用限制。

3）相对于钢管普通混凝土，取代率为 100%的钢管再生混凝土峰值应变提高了 10.8%～42.5%。再生粗骨料的来源对钢管再生混凝土力学性能影响较小，采用两种不同来源的再生粗骨料制作的钢管再生混凝土试件，其极限承载力与轴压刚度差异在 1%以内。含钢率与核心混凝土强度对钢管再生混凝土试件的轴压力学性能的影响与钢管普通混凝土基本一致，两者影响幅度差异不超过 6%。

4）采用剥离分析方法可获得钢管及核心混凝土各自的应力状态，由剥离分析结果可知，钢管对核心混凝土的约束作用会使核心混凝土强度显著提高，这会使试件承载力显著提高。再生粗骨料的掺入对试件核心混凝土强度提高幅度 f'_{cc}/f_{cm} 的影响较小，影响幅度为 6.2%；但对钢管的峰值应力、峰值应变的影响较大，具体而言，掺入再生粗骨料会使钢管峰值应力提高 9.6%，钢管峰值应变降低 11.5%。

5）基于试验分析结果，对钢管普通混凝土应力-应变关系模型进行修正，修正后的钢管再生混凝土应力-应变关系模型能够合理预测钢管再生混凝土轴压试件基本性能，轴压刚度与极限荷载的最大差异分别为 6.6%与 11.9%。

6）现行 EC4、GB 50936—2014（GB-1、GB-2）及 AISC 规范均能良好预测钢管再生混凝土短柱的轴压极限承载力，线性回归判定系数分别为 0.978、0.970、0.978 和 0.977。其中，EC4、GB-1 和 GB-2 的预测结果与试验结果差异最小，线性回归系数分别为 0.954、0.947 和 0.967；而 AISC 预测结果偏于保守，线性回归系数为 0.772。

第5章 钢管再生混凝土中长柱静力性能

5.1 引　　言

目前,国内外学者已对钢管再生混凝土轴压短柱的力学性能进行了试验研究,但对钢管再生混凝土中长柱静力性能的研究尚不成系统,且现有力学性能试验仅对特定含钢率和再生粗骨料来源的钢管再生混凝土进行了不同再生粗骨料取代率下的研究[143,145,146],尚无学者研究特定含钢率和再生粗骨料来源对钢管再生混凝土中长柱静力性能的影响。

为深入探究钢管再生混凝土中长柱静力性能,本章将系统地介绍钢管再生混凝土中长柱静力性能研究试验,分析再生粗骨料取代率、含钢率、长细比、偏心率及再生粗骨料来源对其静力性能的影响。在试验研究的基础上,将采用纤维模型法建立并验证钢管再生混凝土静力性能的数值分析程序。利用数值分析程序,通过系统的参数分析,研究再生粗骨料取代率、含钢率、长细比、偏心率、核心再生混凝土强度及钢材屈服强度对钢管再生混凝土承载力的影响。基于试验和数值分析结果,将验证现有钢管普通混凝土设计规程[144,151,219]中承载力设计公式用于钢管再生混凝土柱承载力预测的可行性。

5.2 试　验　研　究

5.2.1 试件设计与制作

本次设计并进行了 17 组 51 个钢管再生混凝土中长柱静力性能试验研究,其中每组包括 3 个试件。主要参数包括再生粗骨料取代率 r（0、50%和 100%）、再生粗骨料来源（实验室废弃混凝土和建筑拆除废料）、含钢率 α（8%、11%和 14%）、长细比 λ（12、32 和 48）和偏心距 e（0、20mm 和 40mm）,参数设计如图 5-1 所示。试验还设计了 1 组 3 个 r=100%的钢管再生混凝土受弯试件,相应参数设计见表 5-1。试件钢管屈服强度为 310MPa,核心混凝土的圆柱体抗压强度为 35MPa。

在加工试验试件所需钢管时,首先采用长度为 6m 的标准直缝钢管按设计长度加工空钢管,加工时钢管采用无齿锯下料切割,且两端均在车床磨平,以保证试件的垂直度和平整性。试件上下端板采用厚度为 30mm 的钢板按直径 d=D+30mm 加工制成,其中 D 为试件外径。端板两面均要求铣平,并在端板内侧做出一个与钢管外径相同且深度为 3mm 的凹槽,从而保证钢管与端板的几何对中并有利于加载过程中的物理对中。在灌注混凝土之前,将试件底部的端板焊接于钢管上，并测量各钢管的实际尺寸，详细尺寸见表 5-1。

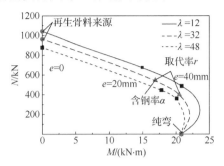

图 5-1　试件参数设计

表 5-1　试件详细信息

荷载类型	组号	试件编号	钢管外径 D/mm	管壁厚度 t/mm	试件长度 L/mm	长细比 λ	取代率 r/%	含钢率 α/%	偏心距 e/mm	偏心率 e/r_0
轴压	1	CL12-8-100-0	137.91	2.70	420	12	100	8.4	0	0
	2	CP12-8-100-0	137.67	2.72	420	12	100	8.4	0	0
	3	CL32-8-100-0	137.73	2.69	1120	32	100	8.3	0	0
	4	CP32-8-100-0	137.63	2.72	1120	32	100	8.4	0	0
	5	CL48-8-100-0	137.76	2.73	1680	48	100	8.4	0	0
偏压	6	CL12-8-100-20	137.70	2.71	420	12	100	8.4	20	0.29
	7	CL12-8-100-40	137.59	2.71	420	12	100	8.4	40	0.57
	8	CL32-8-100-20	137.52	2.73	1120	32	100	8.3	20	0.29
	9	CL32-11-100-20	140.20	3.52	1120	32	100	10.8	20	0.29
	10	CL32-14-100-20	141.64	4.30	1120	32	100	13.3	20	0.29
	11	CL32-8-50-20	137.75	2.72	1120	32	50	8.4	20	0.29
	12	CL32-8-0-20	137.66	2.72	1120	32	0	8.4	20	0.29
	13	CL32-8-100-40	137.38	2.70	1120	32	100	8.3	40	0.57
	14	CL32-8-50-40	137.75	2.70	1120	32	50	8.3	40	0.57
	15	CL32-8-0-40	137.69	2.73	1120	32	0	8.4	40	0.57
	16	CL48-8-100-20	137.82	2.71	1680	48	100	8.4	20	0.29
	17	CL48-8-100-40	137.75	2.74	1680	48	100	8.5	40	0.57
纯弯	18	CL36-8-100-∞	137.73	2.70	1260	36	100	8.3	∞	∞

注：以 CL12-8-100-0 为例，说明试件命名规则，CL 代表再生粗骨料来自实验室废弃混凝土的试件（CP 代表再生粗骨料来自建筑拆除废料的试件）；12 代表长细比（$\lambda=4L/D$）；8 代表含钢率为 8%；100 代表再生粗骨料取代率为 100%；0 代表偏心距为 0mm（∞代表试件受纯弯，偏心距无穷大）。

试验使用的再生粗骨料和天然粗骨料均为花岗岩，其中两种再生粗骨料分别来自实验室废弃混凝土和建筑拆除废料。实验室废弃混凝土龄期为 2a，水灰比为

0.46，圆柱体抗压强度为 49MPa；建筑拆除废料的混凝土龄期为 15a，水灰比为 0.45，圆柱体抗压强度为 40MPa。

再生粗骨料的破碎及筛分过程均满足《普通混凝土用砂、石质量及检验方法标准》（JGJ 52—2006）[125]的要求。再生粗骨料和天然粗骨料取相近级配，测定筛分后的再生粗骨料基本性能，包括表观密度、吸水率、压碎指标和残余砂浆含量，结果见表 5-2。根据《混凝土用再生粗骨料》（GB/T 25177—2010）[38]对骨料的分类标准的规定，本章试验使用的再生粗骨料属于Ⅲ类骨料。

表 5-2　粗骨料的基本性能

骨料类型	粒径范围/mm	过筛累计百分率/%				表观密度/（kg/m³）	吸水率/%	压碎指标/%	残余砂浆含量/%
		26.5mm	16.0mm	4.75mm	2.36mm				
NCA	4.75～25	100	55.0	1.6	0	2880	0.57	3.1	—
RCA-L	4.75～25	100	62.0	2.5	0	2660	7.46	9.7	48
RCA-P	4.75～25	100	65.0	2.0	0	2675	6.50	8.7	49

注：NAC 表示天然粗骨料；RCA-L 表示来自实验室的再生粗骨料；RCA-P 表示来自建筑拆除废料的再生粗骨料。

参考国家行业标准《再生骨料应用技术规程》（JGJ/T 240—2011）[39]配制不同再生粗骨料取代率的再生混凝土，配合比见表 5-3。表中粗骨料为干重，水灰比为有效水灰比，即用水量不包含再生粗骨料的附加用水量。

表 5-3　再生混凝土配合比

再生混凝土来源	取代率/%	天然粗骨料/（kg/m³）	再生粗骨料/（kg/m³）	砂/（kg/m³）	水泥/（kg/m³）	水/（kg/m³）	减水剂/（kg/m³）	水灰比
实验室	100	0	1125	659	419	188	1.65	0.45
	50	572	572	670	426	191	3.30	0.45
	0	1163	0	681	433	194	2.50	0.45
拆除废料	100	0	1128	661	420	189	1.65	0.45

混凝土浇筑时采用分层浇筑并使用振捣棒在钢管外壁振捣，以确保混凝土浇筑密实。振捣密实后，将钢管上端的混凝土抹平使混凝土表面略高出钢管截面约 5mm，以避免养护过程中混凝土收缩引起混凝土上表面与钢管顶部产生缝隙。浇筑结束后，采用铝箔与塑料布将混凝土上表面密封，模拟实际钢管混凝土结构施工过程中核心混凝土所处的密闭状态。混凝土浇筑结束 2d 后，将试件顶部的塑料布和铝箔移除，并将试件表面的混凝土磨至与钢管上表面平齐，然后将上端板焊于试件顶部，保证加载过程中钢管与核心混凝土同时受力。将已焊上下端板的试件的上下表面在加工厂车床上再次车平，使试件上下表面与受力方向垂直。

5.2.2　材料力学性能

5.2.2.1　钢材力学性能

本章试验中的钢管再生混凝土试件采用冷弯直缝钢管。按照《金属材料—拉伸试验　第 1 部分：室温试验方法》（GB/T 228.1—2010）[208]的规定，每根钢管制作 3 个标准拉伸试件测定钢材的力学性能指标。试验结果见表 5-4，其中 f_y 为屈服强度，f_u 为极限强度，E_s 为弹性模量，μ_s 为泊松比。

表 5-4　钢材的力学性能指标

钢管型号 $D \times t$	屈服强度 f_y/MPa	抗拉强度 f_u/MPa	弹性模量 E_s/（10^5MPa）	泊松比 μ_s
ϕ140mm×2.75mm（α=0.08）	299.4	337.8	1.83	0.282
ϕ140mm×3.75mm（α=0.11）	355.6	426.9	1.84	0.286
ϕ40mm×4.50mm（α=0.14）	323.8	416.7	1.78	0.268

5.2.2.2　混凝土力学性能

采用质量取代方法进行不同再生粗骨料取代率的再生混凝土配制。在浇筑试件的同时，各预留边长为 100mm 的混凝土立方体试块及尺寸为 150mm×150mm×300mm 的混凝土棱柱体试块，以测量养护 28d 及试验当天混凝土的抗压强度和弹性模量。为保证再生混凝土试块的养护条件与钢管内再生混凝土的养护条件相同，在试件浇筑完成 24h 拆模后，用铝箔将再生混凝土试块紧密包裹并在铝箔表面用塑料薄膜密封处理。表 5-5 给出了每组 3 个试块的实测平均值，其中 r 为再生粗骨料取代率；$f_{cu,28}$ 和 $f_{cu,test}$、$f_{cm,28}$ 和 $f_{cm,test}$ 分别为根据《混凝土结构设计规范（2015 年版）》（GB 50010—2010）[96]换算得到的边长为 150mm 的混凝土立方体试块抗压强度和混凝土标准圆柱体（150mm×300mm）抗压强度；$E_{c,28}$ 和 $E_{c,test}$ 分别为养护 28d 和试验当天测得的混凝土弹性模量，采用两种不同来源的再生粗骨料浇筑的混凝土力学性能较为接近，其 $f_{cm,28}$ 和 $f_{cm,test}$ 分别仅相差-4.8%和 3.6%。

表 5-5　再生混凝土力学性能指标

粗骨料来源	取代率 r/%	$f_{cu,28}$/MPa	$f_{cm,28}$/MPa	$E_{c,28}$/（10^4MPa）	$f_{cu,test}$/MPa	$f_{cm,test}$/MPa	$E_{c,test}$/（10^4MPa）
实验室	100	40.4	33.2	2.40	51.7	41.5	2.60
	50	43.2	35.4	2.77	57.3	45.1	3.17
	0	46.7	38.1	3.13	59.0	46.4	3.47
拆除废料	100	42.5	34.8	2.23	49.4	40.0	2.45

5.2.3　试验装置、测量系统及加载制度

5.2.3.1　短柱轴压试验

本试验在哈尔滨工业大学结构与抗震实验室 5000kN 液压试验机上进行［图 5-2（a）］。对轴压短柱（组 1 和组 2）采用如图 5-2（b）所示的方式加载：在顶部加载板和底部加载板各对称布置 2 个位移传感器，分别测量上、下加载板的位移；在试件中部钢管表面间隔 90°对称布置 4 组横向应变片和纵向应变片，用于试件初始加载时进行物理对中并测定钢管中截面的纵向应变与横向应变，通过东华 3816 静态应变采集仪（DH3816）进行采集［图 5-2（c）］。施加的轴向荷载由力传感器监测，并与位移传感器的测量结果通过北京波谱 WS3811 应变采集仪同时进行采集，实现对试件荷载-位移关系曲线的实时监测。此外，在试件与底部力传感器之间布置一块 30mm 厚的刚性垫板，以保证荷载均匀地施加在试件上。

试验采用分级单调加载，弹性阶段每级荷载为预计承载力的 1/15，持荷时间约为 1min；当荷载超过预计承载力的 70%后，每级荷载为预计承载力的 1/30；当加载至接近预计承载力时，慢速连续加载，以获得较为精确的试件承载力；待荷载下降到承载力的 85%时，视为试件破坏，试验结束。

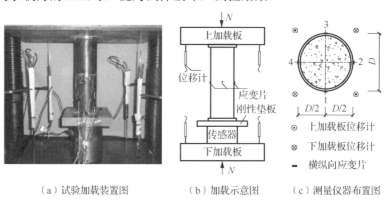

（a）试验加载装置图　　（b）加载示意图　　（c）测量仪器布置图

图 5-2　轴压短柱加载装置和测量仪器

5.2.3.2　中长柱轴压与压弯试验

本试验对轴压中长柱及压弯试件采用如图 5-3 所示的方式加载，两端采用刀铰进行加载。除在顶部加载板和底部加载板各对称布置 2 个位移传感器分别测量上、下加载板的位移外，沿柱长均匀布置 6 个位移传感器，其中 2 个在跨中（0.5L）处，4 个在四分点（0L、0.25L、0.75L、L）处，以测量试件的侧向位移。在试件中部钢管表面间隔 90°对称布置 4 组横向应变片和纵向应变片，用于测量试件中截面的纵向及环向应变；在与其各间隔 45°处布置 4 组纵向应变片，以测量试件

中截面各个位置的纵向应变，从而验证平截面假定是否成立。施加的轴向荷载由力传感器监测，并与位移传感器的测量结果通过北京波谱 WS3811 应变采集仪同时进行采集，实现对试件荷载-位移关系曲线的实时监测。

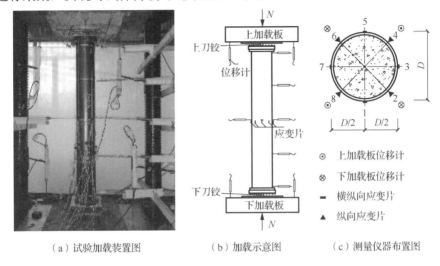

（a）试验加载装置图　　　　（b）加载示意图　　　　（c）测量仪器布置图

图 5-3　轴压及偏压中长柱加载和测量图示

试验采用分级单调加载，弹性阶段每级荷载为预计承载力的 1/15，持荷时间约为 1min；当荷载超过预计承载力的 70%后，每级荷载为预计承载力的 1/30；当加载至接近预计承载力时，慢速连续加载，以获得较为精确的试件承载力；待荷载下降到承载力的 85%时，视为试件破坏并改为位移加载；当位移达到试验要求时，试验结束。

5.2.3.3　纯弯试验

试验采用三分点加载方式，加载设备为螺旋式千斤顶，用 250kN 的力传感器来测定施加的荷载［图 5-4（a）］。在试件受拉侧三分点处和中点处布置 3 个位移传感器，以测定试件的挠度，同时在试件两端支座处布置 2 个位移传感器，以测定支座的沉降［图 5-4（b）］。在试件中部钢管表面间隔 90°对称布置 4 组横向应变片和纵向应变片，以测定钢管中截面的纵向应变与横向应变；在与其各间隔45°处布置 4 组纵向应变片，以测量试件中截面各个位置的纵向应变，从而验证平截面假定是否成立［图 5-4（c）］。

试验采用分级单调加载，弹性阶段每级荷载为预计承载力的 1/10，当钢管屈服后，每级加载荷载为预计承载力的 1/30，持荷时间约为 2min；当加载至接近预计承载力的 85%时，慢速连续加载。因为纯弯试验的试件延性非常好，所以当试件达预计极限荷载后改为由挠度控制加载，当试件挠度达试验要求时停止加载。

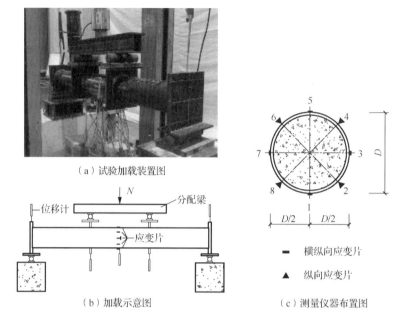

（a）试验加载装置图

（b）加载示意图 　　　　　　（c）测量仪器布置图

图 5-4　纯弯试件加载装置和测量图示

5.2.4　破坏过程及破坏模式

全部试件的荷载-轴向位移关系曲线（N-Δ）、荷载-跨中挠度关系曲线（N-u_m）及荷载-纵向应变关系曲线（N-ε）分别如图 5-5～图 5-7 所示。由于短柱轴压试件达峰值荷载后变形过大导致应变片失效，其荷载-纵向应变关系曲线［图 5-7（a）、（b）］只取峰值荷载状态的曲线。从试验曲线中可以看出，同组 3 个试件的试验结果差异较小，承载力与平均值相差不超过 2.7%；初始刚度除试件 CP12-8-100-0-c 因浇筑问题导致前期刚度较小，其余试件与平均值相差不超过 10.7%；延性系数除试件 CP12-8-100-0-c 与试件 CL12-8-100-40-a 外，其余试件与平均值相差不超过 15.8%（表 5-7）。因此后面采用同组 3 个试件的实测结果平均值进行分析。

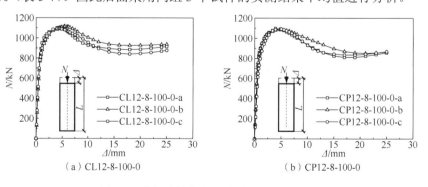

（a）CL12-8-100-0 　　　　　　（b）CP12-8-100-0

图 5-5　全部试件的荷载-轴向位移关系曲线

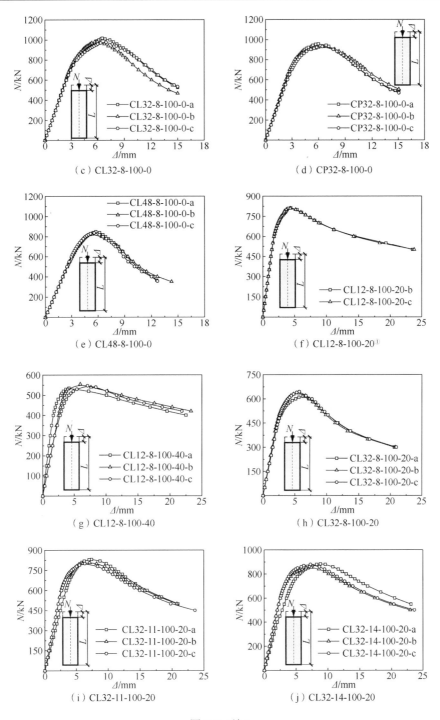

（c）CL32-8-100-0

（d）CP32-8-100-0

（e）CL48-8-100-0

（f）CL12-8-100-20[1]

（g）CL12-8-100-40

（h）CL32-8-100-20

（i）CL32-11-100-20

（j）CL32-14-100-20

图 5-5（续）

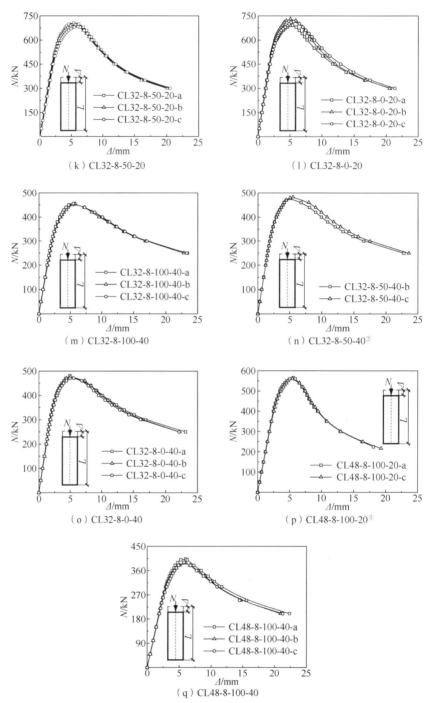

（k）CL32-8-50-20　　　　　　　　　（l）CL32-8-0-20

（m）CL32-8-100-40　　　　　　　　（n）CL32-8-50-40[2]

（o）CL32-8-0-40　　　　　　　　　（p）CL48-8-100-20[3]

（q）CL48-8-100-40

①试件 CL12-8-100-20-a 试验失败；②试件 CL32-8-50-40-a 试验失败；③试件 CL48-8-100-20-b 试验失败。

图 5-5（续）

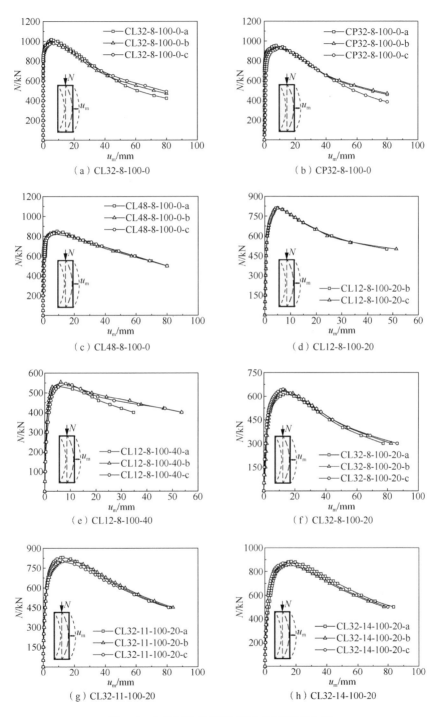

图 5-6　全部试件的荷载-跨中挠度关系曲线

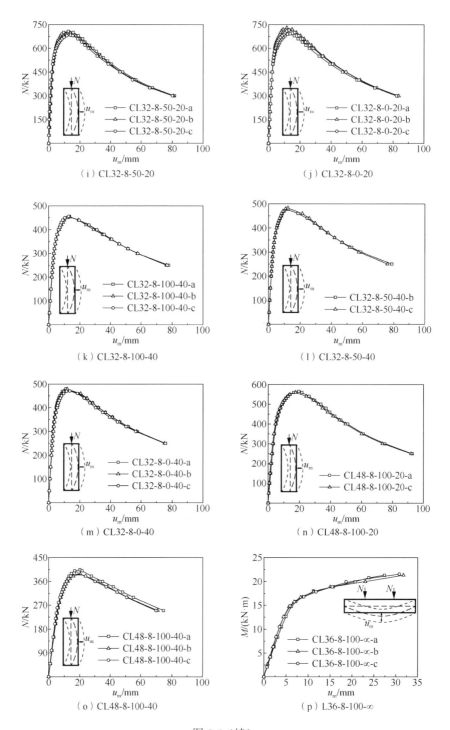

（i）CL32-8-50-20

（j）CL32-8-0-20

（k）CL32-8-100-40

（l）CL32-8-50-40

（m）CL32-8-0-40

（n）CL48-8-100-20

（o）CL48-8-100-40

（p）L36-8-100-∞

图 5-6（续）

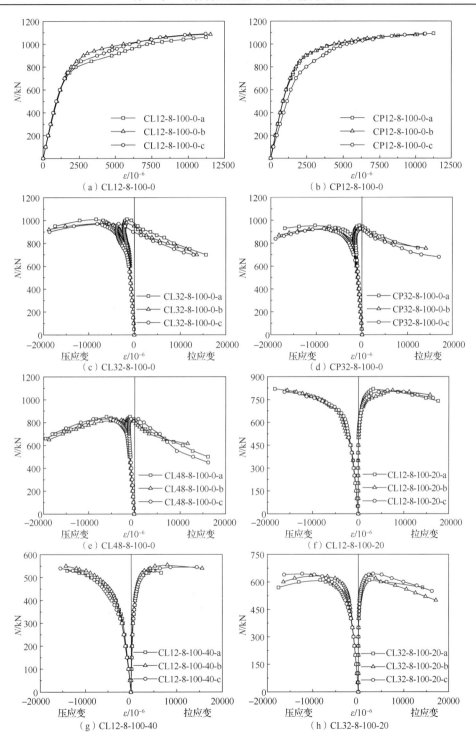

图 5-7　全部试件的荷载-纵向应变关系曲线

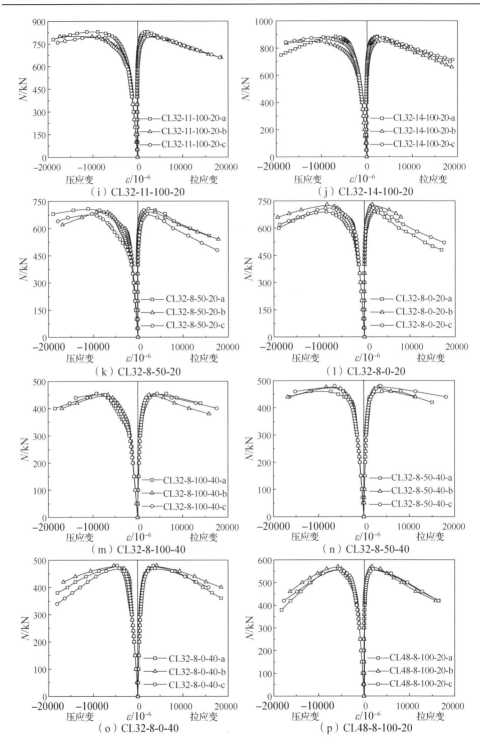

（i）CL32-11-100-20　　　　　　　（j）CL32-14-100-20

（k）CL32-8-50-20　　　　　　　　（l）CL32-8-0-20

（m）CL32-8-100-40　　　　　　　　（n）CL32-8-50-40

（o）CL32-8-0-40　　　　　　　　　（p）CL48-8-100-20

图 5-7（续）

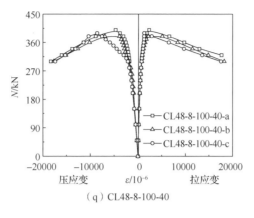

（q）CL48-8-100-40

图 5-7（续）

全部试件的破坏模式如图 5-8 和图 5-9 所示。钢管再生混凝土短柱轴心受压试件的破坏模式相似，所有试件均发生剪切破坏［图 5-8（a）、（b）］，剪切面从试件的一端延伸至试件对侧中部附近。钢管再生混凝土压弯试件和中长柱轴心受压试件的破坏模式相似，所有试件均发生弯曲屈曲破坏［图 5-8（c）～（e），图 5-9（a）～（l）］，弯曲位置均在柱中附近且破坏形态基本沿柱中位置对称。钢管再生混凝土纯弯试件的破坏模式相似，所有试件均发生整体弯曲破坏［图 5-9（m）］，破坏现象并不明显。

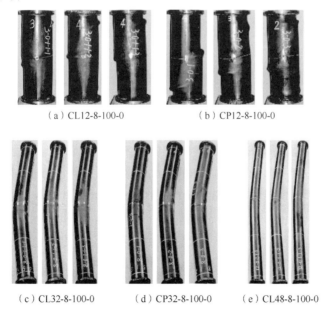

（a）CL12-8-100-0　　　　　　（b）CP12-8-100-0

（c）CL32-8-100-0　　　（d）CP32-8-100-0　　　（e）CL48-8-100-0

图 5-8　轴压试件破坏模式

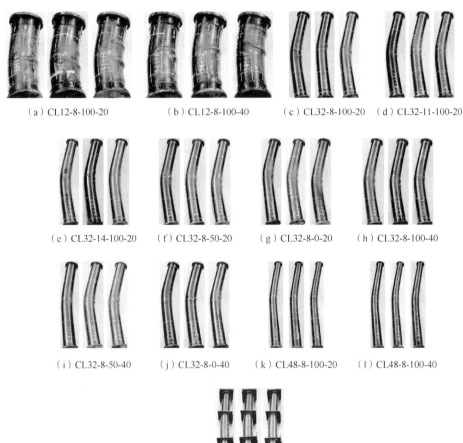

（a）CL12-8-100-20　　　（b）CL12-8-100-40　　　（c）CL32-8-100-20　　（d）CL32-11-100-20

（e）CL32-14-100-20　　（f）CL32-8-50-20　　　（g）CL32-8-0-20　　　（h）CL32-8-100-40

（i）CL32-8-50-40　　　（j）CL32-8-0-40　　　（k）CL48-8-100-20　　（l）CL48-8-100-40

（m）CL36-8-100-∞

图 5-9　偏压及纯弯试件破坏模式

　　钢管再生混凝土短柱轴压试验表明，再生粗骨料来源对轴压短柱的破坏过程影响较小。在弹性阶段，试件中截面的应变及其轴向位移随荷载的变化呈线性增长［图 5-10（a）、（b），图 5-11（a）、（b）］；当试件承受的荷载约 0.7 倍极限承载力时，试件进入弹塑性阶段，钢管表面开始出现斜向的剪切滑移线且滑移线随着轴压荷载的增加而逐渐增多，该阶段试件中截面的应变及其轴向位移的增长速度加快［图 5-10（a）、（b），图 5-11（a）、（b）］；当试件所承受的荷载接近或超过极限承载力后，钢管在其中部和端部发生鼓曲并有膨胀的趋势［图 5-11（a）、（b）］；试件最终破坏时沿钢管鼓曲处呈剪切型破坏。

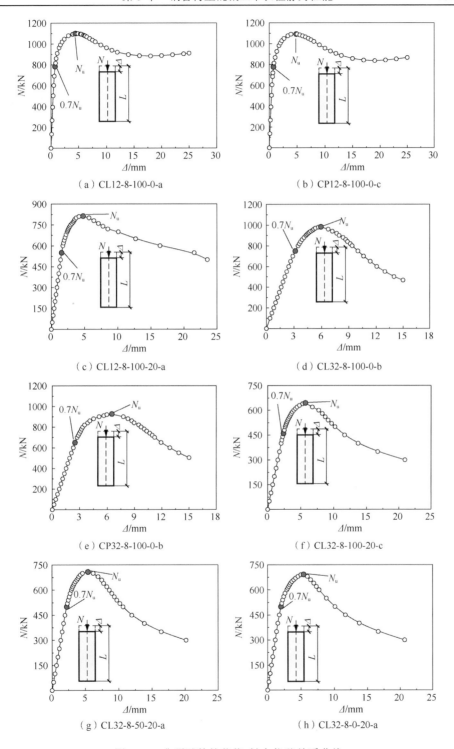

（a）CL12-8-100-0-a　　　　　　　　　（b）CP12-8-100-0-c

（c）CL12-8-100-20-a　　　　　　　　　（d）CL32-8-100-0-b

（e）CP32-8-100-0-b　　　　　　　　　（f）CL32-8-100-20-c

（g）CL32-8-50-20-a　　　　　　　　　（h）CL32-8-0-20-a

图 5-10　典型试件的荷载-轴向位移关系曲线

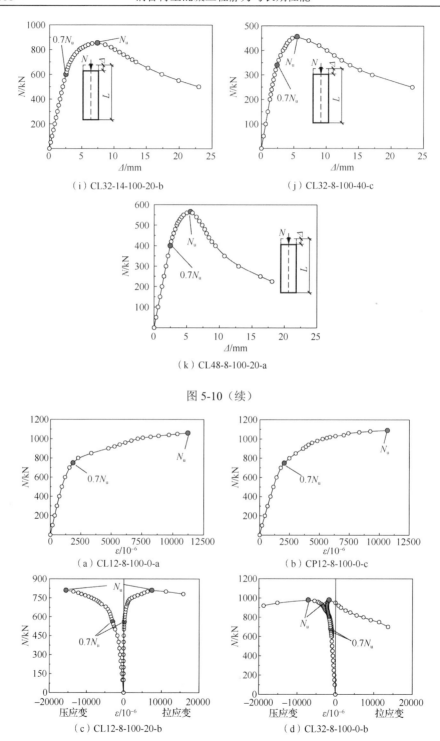

（i）CL32-14-100-20-b

（j）CL32-8-100-40-c

（k）CL48-8-100-20-a

图 5-10（续）

（a）CL12-8-100-0-a

（b）CP12-8-100-0-c

（c）CL12-8-100-20-b

（d）CL32-8-100-0-b

图 5-11　典型试件的荷载-纵向应变关系曲线

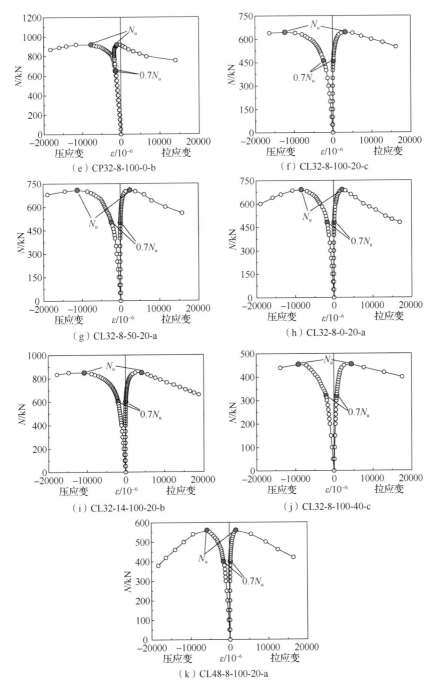

图 5-11（续）

钢管再生混凝土柱压弯试验和中长柱轴压试验表明，再生粗骨料取代率及粗骨料来源对试件的破坏过程影响较小。在弹性阶段，试件中截面的应变、轴向位移和跨中挠度随着荷载的变化线性增长［图 5-10（c）～（k），图 5-12（a）～（i），图 5-11（c）～（k）］；当试件承受的荷载约为 0.7 倍极限承载力时，试件进入弹塑性阶段，试件中截面的应变、轴向位移和跨中挠度的增长速度加快；当试件承受的荷载约达 0.9 倍极限承载力时，试件跨中挠度变化渐趋明显，在达承载力极限时发生整体失稳［图 5-12（a）～（i）］；随着荷载进入下降段，试件的跨中挠度发展加快；当试件承受的荷载下降到 0.7 倍极限承载力时，试件受压面中部产生局部屈曲并迅速发展。

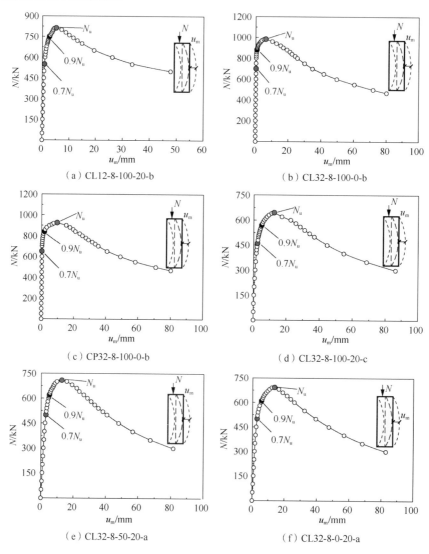

图 5-12 典型试件的荷载-跨中挠度关系曲线

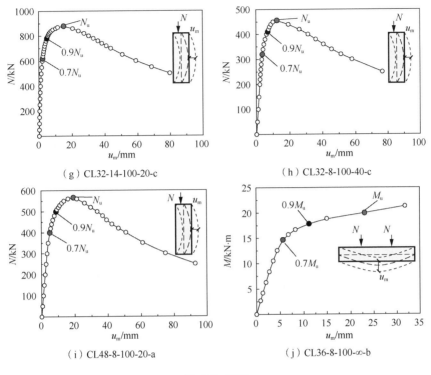

（g）CL32-14-100-20-c　　　　　　　（h）CL32-8-100-40-c

（i）CL48-8-100-20-a　　　　　　　（j）CL36-8-100-∞-b

图 5-12（续）

　　钢管再生混凝土纯弯试验表明，所有试件的破坏过程和宏观现象都较为相似。在弹性阶段，试件中截面的应变和试件的跨中挠度随着荷载的变化呈线性增长 [图 5-12（b）、（j）]；当试件承受的荷载约达 0.7 倍极限承载力时，试件进入弹塑性阶段，试件中截面的应变和试件的跨中挠度的增长速度加快 [图 5-12（j）]；当试件承受的荷载约达到 0.9 倍极限承载力时，试件跨中挠度变化渐趋明显且明显加快；之后试件达极限荷载，荷载保持平稳而挠度继续快速发展。

　　图 5-13 展示了典型试件的钢管剖开后核心混凝土的破坏情况，表 5-6 统计了剖开后各试件的跨中裂缝分布范围、最大裂缝长度及裂缝数目。

　　再生粗骨料取代率越高，裂缝数目越多，最大裂缝长度越长，跨中裂缝范围越大。例如，长细比为 32、含钢率为 8% 时，在偏心距为 20mm 的荷载作用下，与取代率为 0 的试件（CL32-8-0-20-a）相比，取代率为 100% 的试件（CL32-8-100-20-c）和取代率为 50% 的试件（CL32-8-50-20-a）的裂缝数目分别提高 44% 和 11%，最大裂缝长度分别提高 20mm 和 15mm，跨中裂缝范围也有所扩大 [图 5-13（f）～（h），表 5-6]。

（a）CL12-8-100-0-a

（b）CP12-8-100-0-c

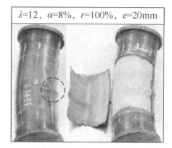

（c）CL12-8-100-20-b

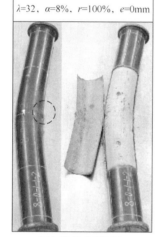

（d）CL32-8-100-0-b

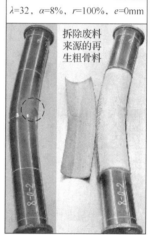

（e）CP32-8-100-0-b

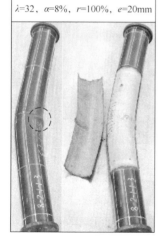

（f）CL32-8-100-20-c

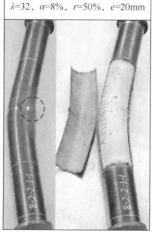

（g）CL32-8-50-20-a

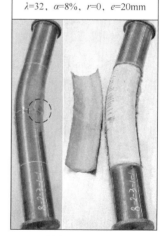

（h）CL32-8-0-20-a

图 5-13　典型试件破坏模式

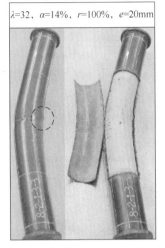
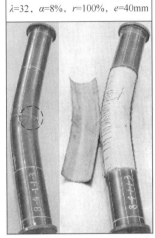
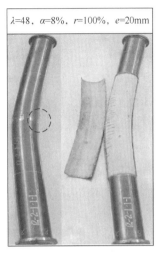

（i）CL32-14-100-20-b　　　　（j）CL32-8-100-40-c　　　　（k）CL48-8-100-20-a

图 5-13（续）

表 5-6　剖开后试件裂缝情况统计表

序号	试件编号	粗骨料来源	偏心距/mm	取代率/%	含钢率/%	长细比	裂缝范围/mm	最大裂缝长度/mm	裂缝数目
1	CL32-8-100-0-b	实验室	0	100	8	32	±110	45	16
2	CP32-8-100-0-b	拆除废料	0	100	8	32	±130	45	21
3	CL32-8-100-20-c	实验室	20	100	8	32	±195	80	26
4	CL32-8-50-20-a	实验室	20	50	8	32	±180	75	20
5	CL32-8-0-20-a	实验室	20	0	8	32	±173	60	18
6	CL32-11-100-20-b	实验室	20	100	11	32	±185	60	20
7	CL32-14-100-20-c	实验室	20	100	14	32	±200	55	15
8	CL32-8-100-40-c	实验室	40	100	8	32	±245	90	28
9	CL48-8-100-20-a	实验室	20	100	8	48	±260	75	22

再生粗骨料来源对裂缝数目和裂缝范围有一定影响，对最大裂缝长度基本没有影响。例如，长细比为 32、含钢率为 8%、取代率为 100% 时，在轴心受压的荷载作用下，粗骨料来源为实验室混凝土的试件（CL32-8-100-0-b）与粗骨料来源为拆除废料的试件（CP32-8-100-0-b）相比，裂缝数目和跨中裂缝范围分别降低 24% 和 15%，但最大裂缝长度均为 45mm［图 5-13（d）～（e），表 5-6］。

随着含钢率的提高，试件的最大裂缝长度有所降低，试件延性更好。例如，长细比为 32、取代率为 100% 时，在偏心距为 20mm 的荷载作用下，与含钢率为 8% 的试件（CL32-8-100-20-c）相比，含钢率为 11% 的试件（CL32-11-100-20-b）和含钢率为 14% 的试件（CL32-14-100-20-c）的最大裂缝长度分别降低了 25% 和 31%［图 5-13（f）、（i），表 5-6］。

　　随着偏心距的提高，试件的裂缝范围和裂缝长度变大。例如，长细比为 32、含钢率为 8%、取代率为 100% 时，与偏心距为 0mm 荷载作用下的试件（CL32-8-100-0-b）相比，偏心距为 20mm 荷载作用下的试件（CL32-8-100-20-c）和偏心距为 40mm 荷载作用下的试件（CL32-8-100-40-c）的裂缝范围分别扩大了 77% 和 122%，最大裂缝长度分别提高了 78% 和 100%〔图 5-13（d）、（f）、（j），表 5-6〕。

　　长细比的提高使试件的裂缝范围有所扩大。例如，含钢率为 8%、取代率为 100% 时，在偏心距为 20mm 的荷载作用下，与长细比为 32 的试件（CL32-8-100-20-c）相比，长细比为 48 的试件（CL48-8-100-20-a）的裂缝范围扩大了 33%。

5.2.5　试验结果分析

5.2.5.1　试验结果

　　表 5-7 给出了根据试验结果计算得到的钢管再生混凝土柱试件相关力学性能指标。其中，EA 为试件的初始刚度，N_u 为试件的峰值荷载（COV 表示变异系数），Δ_u 为试件达到峰值荷载时的竖向位移，u_m 为试件达到峰值荷载时的跨中挠度，$\Delta_{0.85}$ 为试件达到峰值荷载 N_u 后荷载值下降至 $0.85N_u$ 时的竖向位移，DI 为试件的延性系数，DI=$\Delta_{0.85}/\Delta_u$，N_{ce} 为试件钢管对核心混凝土产生约束效应时的荷载。

　　图 5-14（a）、（b）分别为钢管再生混凝土受弯试件（CL36-8-100-∞）的弯矩-曲率关系曲线和弯矩-最外边缘纤维应变关系曲线，其中拉应变为正。Han[219]提出，受弯钢管混凝土的极限弯矩可以用钢管最外边缘纤维拉应变为 0.01 时的弯矩值来表征。根据这一定义，钢管再生混凝土受弯试件的极限弯矩为 18.55kN·m。从图 5-14 中可以看出，钢管最外边缘纤维拉应变从 0.01 增大 1 倍至 0.02，试验弯矩值为 20.39kN·m，弯矩仅增大了 9.9%。这一结果表明，钢管再生混凝土受弯试件后期变形增长缓慢，而过大的变形对讨论构件性能没有意义，因此 Han 的极限弯矩取值方法是合理的，本节也将该值作为钢管再生混凝土受弯试件的极限弯矩。

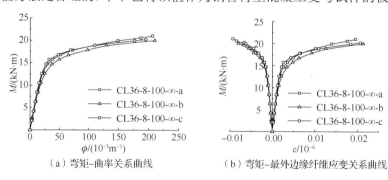

（a）弯矩-曲率关系曲线　　　　　　（b）弯矩-最外边缘纤维应变关系曲线

图 5-14　受弯试件试验结果

表 5-7　试验试件力学性能指标

组号	试件编号	EA/(10⁵kN)		N_u/kN		Δ_u/mm	u_m/mm		$\Delta_{0.85}$/mm	DI		N_{ce}/N_u	
		试验值	平均值	试验值	平均值(COV)		试验值	平均值		试验值	平均值	试验值	平均值
1	CL12-8-100-0-a	5.3		1104		4.4	—		9.5	8.6		0.68	
	CL12-8-100-0-b	5.1	5.3	1115	1105 (0.9%)	5.4	—	—	12.9	11.1	9.9	0.67	0.71
	CL12-8-100-0-c	5.4		1095		4.3	—		10.7	10.0		0.78	
2	CP12-8-100-0-a	5.7		1100		3.9	—		10.0	9.6		0.76	
	CP12-8-100-0-b	5.9	5.3	1092	1096 (0.4%)	4.7	—	—	13.5	13.4	10.2	0.73	0.71
	CP12-8-100-0-c	4.4		1095		4.8	—		10.1	7.6		0.64	
3	CL32-8-100-0-a	6.3		1017		6.5	5.3		9.8	2.1		0.77	
	CL32-8-100-0-b	6.0	6.0	983	992 (2.2%)	5.9	6.1	6.1	8.9	2.0	2.1	0.77	0.76
	CL32-8-100-0-c	5.7		977		6.9	6.9		10.3	2.2		0.74	
4	CP32-8-100-0-a	5.9		954		6.0	7.7		9.1	2.1		0.82	
	CP32-8-100-0-b	5.8	5.9	926	936 (1.7%)	6.5	9.4	9.3	9.9	2.5	2.3	0.70	0.76
	CP32-8-100-0-c	6.0		928		6.4	10.8		9.5	2.2		N/A	
5	CL48-8-100-0-a	5.8		850		5.8	9.0		8.0	1.7		0.93	
	CL48-8-100-0-b	5.7	5.9	824	837 (1.6%)	5.3	7.0	8.7	8.2	1.8	1.8	0.96	0.91
	CL48-8-100-0-c	6.3		837		5.6	10.1		7.9	1.7		0.84	
6	CL12-8-100-20-a	6.6		N/A		N/A	N/A		N/A	N/A		0.68	
	CL12-8-100-20-b	5.6	6.1	813	812 (0.3%)	4.4	5.1	5.1	9.4	3.4	3.4	0.55	0.66
	CL12-8-100-20-c	6.2		810		4.3	5.0		9.4	3.4		0.74	
7	CL12-8-100-40-a	6.0		535		4.2	5.0		15.0	6.0		0.67	
	CL12-8-100-40-b	6.8	6.5	555	546 (1.8%)	6.0	6.3	6.5	15.9	4.2	4.6	N/A	0.61
	CL12-8-100-40-c	6.7		547		7.1	8.2		15.3	3.8		0.55	

续表

组号	试件编号	EA_i/(10^5kN)		N_u/kN		Δ_u/mm	u_m/mm		$\Delta_{0.85}$/mm	DI		N_{ce}/N_u	
		试验值	平均值	试验值	平均值（COV）		试验值	平均值		试验值	平均值	试验值	平均值
8	CL32-8-100-20-a	5.8		616		6.3	15.2		9.5	2.6		0.68	
	CL32-8-100-20-b	6.0	5.8	636	632 (2.4%)	5.7	13.8	13.8	8.8	2.5	2.5	0.63	0.65
	CL32-8-100-20-c	5.7		645		5.7	12.4		9.0	2.4		0.65	
9	CL32-11-100-20-a	7.3		832		7.4	12.8		12.6	2.4		0.72	
	CL32-11-100-20-b	7.2	7.1	808	814 (2.7%)	7.1	16.4	13.9	12.6	3.2	2.7	0.75	0.73
	CL32-11-100-20-c	6.9		801		6.4	12.6		12.1	3.0		0.73	
10	CL32-14-100-20-a	8.4		884		8.9	17.0		14.5	2.6		0.83	
	CL32-14-100-20-b	7.6	8.0	855	873 (1.8%)	7.4	16.7	16.3	12.6	3.1	2.9	0.78	0.82
	CL32-14-100-20-c	8.1		880		7.3	15.2		12.4	2.9		0.84	
11	CL32-8-50-20-a	6.6		708		5.4	12.4		8.5	2.4		0.56	
	CL32-8-50-20-b	7.0	6.8	697	696 (1.8%)	5.6	13.8	13.3	8.3	2.4	2.4	0.69	0.68
	CL32-8-50-20-c	6.7		683		6.1	13.8		8.7	2.3		0.79	
12	CL32-8-0-20-a	7.9		692		5.4	13.7		8.0	2.5		0.69	
	CL32-8-0-20-b	7.5	7.5	730	712 (2.7%)	5.1	11.5	12.7	8.1	2.4	2.5	0.68	0.70
	CL32-8-0-20-c	7.2		715		5.6	12.9		8.7	2.5		0.73	
13	CL32-8-100-40-a	5.9		456		5.6	13.3		10.6	3.0		N/A	
	CL32-8-100-40-b	5.7	5.7	453	455 (0.4%)	5.8	13.5	13.2	10.6	2.9	3.0	0.68	0.63
	CL32-8-100-40-c	5.5		456		5.5	12.6		10.8	3.1		0.57	
14	CL32-8-50-40-a	6.7		N/A		N/A	N/A		N/A	N/A		0.56	
	CL32-8-50-40-b	7.1	6.9	477	480 (0.9%)	5.1	12.1	12.2	9.7	2.8	2.9	0.63	0.65
	CL32-8-50-40-c	6.8		483		5.5	12.3		10.4	3.0		0.75	

续表

组号	试件编号	EA/(10⁵kN)		N_u/kN		Δ_u/mm	u_m/mm		$\Delta_{0.85}$/mm	DI		N_{ce}/N_u	
		试验值	平均值	试验值	平均值 (COV)		试验值	平均值		试验值	平均值	试验值	平均值
15	CL32-8-0-40-a	7.6	7.4	480	477 (1.0%)	4.9	10.9	12.0	9.8	3.0	2.9	0.79	0.65
	CL32-8-0-40-b	7.4		479		5.1	11.8		9.6	2.8		0.58	
	CL32-8-0-40-c	7.0		471		5.6	13.4		9.5	2.9		0.59	
16	CL48-8-100-20-a	6.0	6.2	566	564 (0.6%)	5.6	19.4	18.4	7.7	2.0	2.0	0.64	0.67
	CL48-8-100-20-b	6.4		N/A		N/A	N/A		N/A	N/A		0.63	
	CL48-8-100-20-c	6.2		561		5.5	17.4		7.8	2.0		0.75	
17	CL48-8-100-40-a	6.7	6.2	404	394 (2.2%)	6.0	20.1	19.4	9.3	2.2	2.2	0.69	0.61
	CL48-8-100-40-b	6.3		388		6.0	20.2		9.5	2.3		0.52	
	CL48-8-100-40-c	5.5		391		5.8	18.0		9.2	2.1		0.61	

图 5-15 为典型试件在不同的荷载阶段，中截面纵向应变沿截面高度的分布曲线，N_u 为试件的峰值荷载。从图 5-15 中可以看出，钢管再生混凝土受压和受弯试件在加载的不同阶段，其截面应变沿截面高度均呈线性分布，基本符合平截面假定。

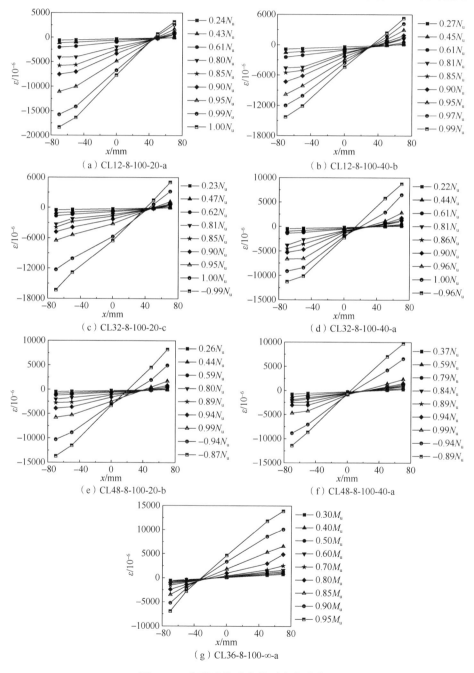

图 5-15　典型试件跨中截面应变分布

图 5-16 为典型试件在不同的荷载阶段，侧向挠度沿柱长的分布曲线，N_u 为试件的峰值荷载。从图中可以看出，钢管再生混凝土受压和受弯试件在加载的不同阶段，其挠曲线的发展基本符合正弦半波曲线，其半波中心位置距跨中距离最大不超过柱长的 3.6%。

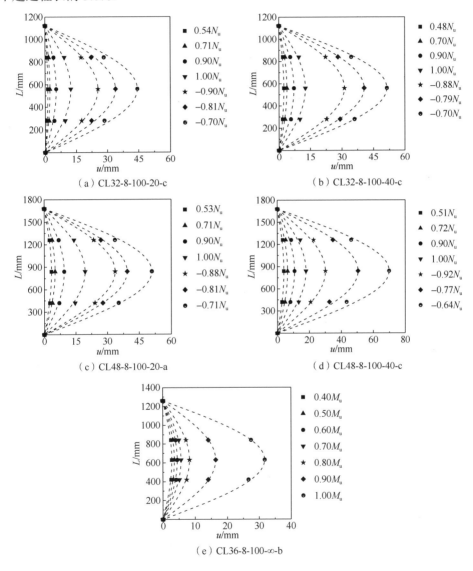

（a）CL32-8-100-20-c　　　　　　（b）CL32-8-100-40-c

（c）CL48-8-100-20-a　　　　　　（d）CL48-8-100-40-c

（e）CL36-8-100-∞-b

图 5-16　典型试件侧向位移曲线

5.2.5.2　抗压承载力

通过图 5-17（a）可以看出，随着取代率的增大，试件的抗压承载力有所降低。

例如，对于长细比为 32、含钢率为 8% 的钢管再生混凝土试件，在偏心距为 20mm 的荷载作用下，当取代率由 0 增加至 100% 时，试件的抗压承载力下降了 11.2%；在偏心距为 40mm 的轴向荷载作用下，试件的抗压承载力下降了 4.5%。同时可以看出，随着偏心率增大，取代率变化对试件抗压承载力的影响减小。这是由于核心混凝土受压区变小，混凝土对承载力的贡献变小。

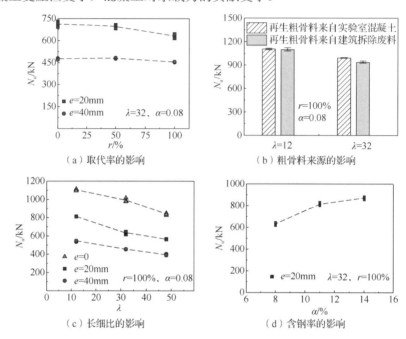

图 5-17　取代率、粗骨料来源、长细比及含钢率对抗压承载力的影响

混凝土性能的离散性是推广再生混凝土面临的问题之一，但通过图 5-17（b）可以看出，采用两种不同来源再生粗骨料的钢管再生混凝土具有相近的承载力，对于取代率 100%、含钢率 8% 的两种再生粗骨料来源的试件，在长细比为 12 和 32 时，其抗压承载力仅相差 0.8% 和 5.6%。考虑采用两种来源再生粗骨料的素混凝土相近的力学性能（表 5-5），相近的骨料级配、骨料压碎指标及相同的混凝土配合比可能是造成这一结果的主要原因。

图 5-17（c）反映了长细比和偏心距对钢管再生混凝土抗压承载力的影响，其中取代率为 100%，含钢率为 8%。可以看出，长细比越大，偏心距越大，抗压承载力越低。与长细比为 12 的短柱相比，长细比为 32 和 48 的试件分别仅能达到其承载力的 77.9%～89.8% 和 69.4%～75.7%。此外，与轴压试件相比，偏心距为 20mm 和 40mm 的试件承载力分别下降了 26.5%～36.3% 和 50.6%～54.1%。美国钢结构协会（American Institute of Steel Construction，AISC）设计规程[151]中给出了轴压

强度承载力 N_0、考虑长细比影响的相对长细比 $\bar{\lambda}$ 和轴压承载力 N_{cr} 的计算方法（附录 V）。N_u/N_0-$\bar{\lambda}$ 关系曲线及其与 AISC 相关曲线比较如图 5-18 所示。从图 5-18 中可以看出，相对长细比更大时，N_u/N_0 的试验值与 AISC 提供的理论曲线更为接近，这可能是由于短柱的约束效应更强导致的。

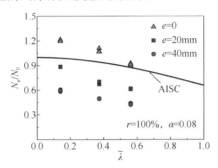

图 5-18　N_u/N_0-$\bar{\lambda}$ 关系曲线及其与 AISC 相关曲线的比较

含钢率对钢管再生混凝土柱抗压承载力的影响如图 5-17（d）所示。可以看出，随着含钢率的增大，试件抗压承载力显著提高。例如，对于长细比为 32、取代率为 100%的钢管再生混凝土试件，在偏心距为 20mm 的轴向荷载作用下，含钢率由 8%增加至 11%和 14%时，其承载力分别提高了 28.8%和 38.1%。

5.2.5.3　初始刚度

通过图 5-19（a）可以看出，随着取代率的增大，试件的初始刚度逐渐降低。例如，对于长细比为 32、含钢率为 8%的钢管再生混凝土试件，在偏心距为 20mm 的轴向荷载作用下，当取代率由 0 增加至 100%时，试件的初始刚度下降了 22.6%；在偏心距为 40mm 的轴向荷载作用下，试件的初始刚度下降了 22.5%。这一下降幅度小于抗压承载力的下降幅度（11.2%和 4.5%），表明对于再生粗骨料的掺入，相比于抗压承载力，初始刚度所受影响更为显著。

再生粗骨料的来源对初始刚度影响较小，对于取代率 100%、含钢率 8%的两种再生粗骨料来源的试件，当长细比为 12 和 32 时，其初始刚度仅相差 1.2%和 2.0%［图 5-19（b）］。含钢率对钢管再生混凝土柱初始刚度的影响如图 5-19（c）所示。可以看出，随着含钢率的增大，试件初始刚度显著提高。例如，对于长细比为 32、取代率为 100%的钢管再生混凝土试件，在偏心距为 20mm 的轴向荷载作用下，含钢率由 8%增加至 11%和 14%时，其承载力分别提高了 22.0%和 37.6%。

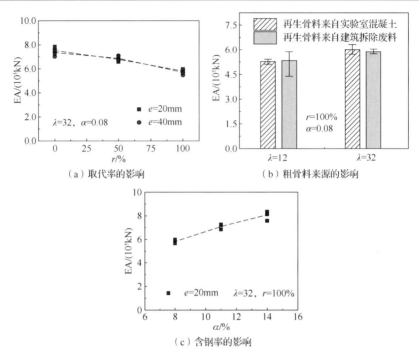

（a）取代率的影响　　　　　　　（b）粗骨料来源的影响

（c）含钢率的影响

图 5-19　取代率、粗骨料来源及含钢率对初始刚度的影响

5.2.5.4　延性系数

通过图 5-20（a）、（b）可以看出，取代率和粗骨料来源对延性系数没有显著影响。例如，对于长细比为 32、含钢率为 8% 的钢管再生混凝土试件，在偏心距为 20mm 的轴向荷载作用下，当取代率由 0 增加至 100% 时，试件的延性系数仅降低了 4.8%；在偏心距为 40mm 的轴向荷载作用下，试件的延性系数仅下降了 3.4%。而对于取代率 100%、含钢率 8% 的两种再生粗骨料来源的试件，长细比为 12 和 32 时，其延性系数分别相差 3.0% 和 7.1%。

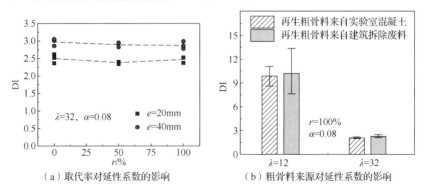

（a）取代率对延性系数的影响　　　　　（b）粗骨料来源对延性系数的影响

图 5-20　取代率、粗骨料来源、长细比及含钢率对延性系数的影响

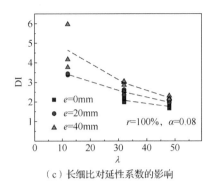
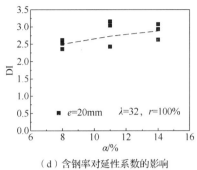

（c）长细比对延性系数的影响　　　　（d）含钢率对延性系数的影响

图 5-20（续）

图 5-20（c）反映了长细比对钢管再生混凝土延性系数的影响，其中取代率为100%，含钢率为 8%。随着长细比增大，稳定破坏对试件造成的影响超过了材料破坏的影响，试件的延性逐渐降低。含钢率对钢管再生混凝土柱延性系数的影响如图 5-20（d）所示。从图中可以看出，随着含钢率的增大，由于钢管的贡献变大，试件的延性有所提高。

5.2.5.5　约束效应

图 5-21 反映了钢管环向应变 $\varepsilon_{s,c}$ 和纵向应变 $\varepsilon_{s,v}$ 的比值 $\varepsilon_{s,c}/\varepsilon_{s,v}$ 以及钢管在单轴受压下水平变形和纵向变形的比值 μ_{steel} 随荷载增长的变化曲线。从图中可以看出，在加载初期，$\varepsilon_{s,c}/\varepsilon_{s,v}$ 值在 0.2～0.3 范围内，与钢管弹性阶段的 μ_{steel} 值较为接近，钢管处于单轴受压状态，这一阶段核心再生混凝土尚未受约束效应的作用。当荷载达到 $0.64N_u$～$0.76N_u$ 时，$\varepsilon_{s,c}/\varepsilon_{s,v}$ 值开始超过 μ_{steel} 值，且两者差异逐渐增大，说明钢管开始沿环向受拉，且随着荷载的增加，拉应力逐渐增大，即钢管对核心混凝土开始产生约束效应，且约束效应不断增大[68]。可以看出，图 5-21 提供了一种判断钢管再生混凝土约束效应产生时的荷载水平的有效方式。基于该方式得到的

不同参数的钢管再生混凝土试件约束效应产生时的荷载水平 N_{ce}/N_u 如图 5-22 所示，其中 N_{ce} 为试件钢管对核心混凝土产生约束效应时的荷载，N_u 为试件的峰值荷载。通过图 5-21 取得的 N_{ce} 存在一定误差，导致数据离散性较大，因此图 5-22 中只显示每组 3 个试件的平均值。

通过图 5-22（a）可以看出，随着取代率的增大，N_{ce}/N_u 逐渐降低，表明试件约束效应在荷载水平更低时产生。例如，对于长细比为 32、含钢率为 8%的钢管再

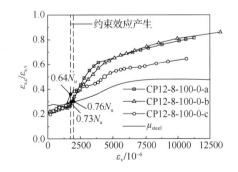

图 5-21　典型试件 CP12-8-100-0 的 $\varepsilon_{s,c}/\varepsilon_{s,v}$ 及 μ_{steel} 发展趋势

生混凝土试件，在偏心距为 20mm 的轴向荷载作用下，当取代率由 0 增加至 100% 时，N_{ce}/N_u 由 0.70 下降至 0.65；在偏心距为 40mm 的轴向荷载作用下，N_{ce}/N_u 由 0.65 下降至 0.63。由图 5-22（b）可以发现，采用两种不同来源再生粗骨料的钢管再生混凝土具有相同的 N_{ce}/N_u，试件约束效应的产生时机不受粗骨料来源的影响。对于取代率为 100%、含钢率为 8% 的两种再生粗骨料来源的试件，长细比为 12 和 32 时，其 N_{ce}/N_u 分别为 0.71 和 0.76。

　　通过图 5-22（c）可以看出，轴压试件的 N_{ce}/N_u 值随着长细比的增大而显著增大，试件约束效应在荷载水平更高时产生；但压弯构件的 N_{ce}/N_u 值受长细比的影响并不显著，试件约束效应的产生时机不受长细比影响。对于取代率为 100%、含钢率为 8% 的轴压构件，当长细比由 12 增大为 48 时，N_{ce}/N_u 由 0.71 增大至 0.91；而对于压弯构件，N_{ce}/N_u 的变化幅度不超过 6.6%。此外，图 5-22（c）还反映了 N_{ce}/N_u 值会随着偏心距的增大而减小，即偏心距越大，试件约束效应产生时的荷载水平越低。从图 5-22（d）可以看出，随着含钢率的增大，N_{ce}/N_u 值有所提高，这是由于更多的荷载由钢管承担，试件约束效应产生时的荷载水平更高。例如，对于长细比为 32、取代率为 100% 的钢管再生混凝土试件，在偏心距为 20mm 时的荷载作用下，含钢率由 8% 增加至 11% 和 14% 时，N_{ce}/N_u 值由 0.65 增大至 0.73 和 0.82。

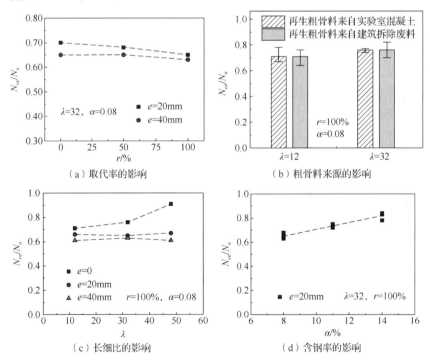

（a）取代率的影响　　　　　　　　　（b）粗骨料来源的影响

（c）长细比的影响　　　　　　　　　（d）含钢率的影响

图 5-22　取代率、再生粗骨料、长细比及含钢率对约束效应产生时荷载水平的影响

图 5-23（a）和（b）反映了在偏心距为 20mm 和 40mm 的轴向荷载作用下再

生粗骨料取代率对环向应变随荷载水平发展趋势的影响，图中环向应变是每组 3 个试件的平均值。从图中可以看出，再生粗骨料取代率越高，达到抗压承载力时的环向应变越大，钢管对核心混凝土的约束作用越强。例如，对于长细比为 32、含钢率为 8%的钢管再生混凝土试件，在偏心距为 20mm 的竖向荷载作用下，当取代率从 0 增大至 100%时，试件达到抗压承载力时的环向应变增大了 26.5%；在偏心距为 40mm 的竖向荷载作用下，试件达到抗压承载力时的环向应变增大了 24.8%。这一现象表明钢管再生混凝土对核心混凝土强度的提升能力优于钢管混凝土，这也是图 5-17（a）中二者承载力较为接近的原因之一。

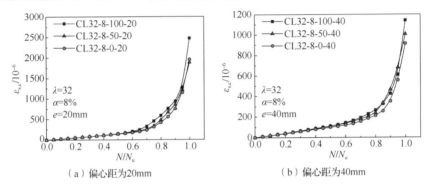

（a）偏心距为20mm　　　　　　　（b）偏心距为40mm

图 5-23　再生粗骨料取代率对环向应变随荷载水平发展趋势的影响

5.3　数　值　分　析

5.3.1　程序原理及材料本构关系

本节采用纤维模型法对钢管再生混凝土压弯构件进行理论分析。这种方法是把试件截面划分成许多条带，并假定每一条带的应变一致，应力均匀分布。截面单元划分及应变分布图如图 5-24 所示。

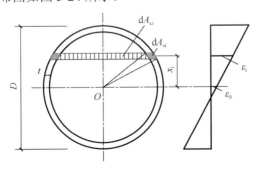

图 5-24　截面单元划分及应变分布图

数值分析计算时采用了如下基本假设：

　　1）两端简支的压弯构件的挠曲线为正弦半波曲线。

　　2）试验过程中构件的截面始终保持为平截面，钢管和混凝土之间无相对滑移。

　　3）核心再生混凝土受均匀的横向约束力作用。

　　4）忽略混凝土收缩和徐变的影响。

　　基于以上假设，使用 Fortran 90 编制数值分析程序。计算时，首先输入截面参数（截面形状、尺寸、偏心距、材料强度等），进行截面条单元划分，截面混凝土部分划分为 m 份，钢管部分划分为 n 份；给定构件中截面的初始挠度 u_{m0}，按式（5-1）计算构件中截面处的初始曲率 ϕ；然后假定构件中截面形心处的应变为 ε_0，按式（5-2）计算构件中截面任意点的纵向应变 ε_i，由钢材和混凝土的应力-应变关系求得不同计算单元形心处的应力 σ_{si}、σ_{ci}，按式（5-3）和式（5-4）计算截面上的内力 N_{in} 和 M_{in}，并根据求得的内力按式（5-5）计算构件中截面挠度 u_{m1}；接着判断 u_{m1} 是否满足式（5-6），如果满足，则输出该步计算所得的 N_{in}、M_{in}、u_{m1}，分别为构件当前的轴力、弯矩与跨中挠度；如果不满足，则调整 ε_0，直到满足条件为止。

　　当给定的初始挠度 u_{m0} 计算完成后，给定跨中初始挠度的增量 Δu_{m0}，则 $u_{m0}=u_{m0}+\Delta u_{m0}$，重复上述步骤，直到 u_{m1} 达到需求挠度为止。

$$\phi = \frac{\pi^2}{l^2} u_{m0} \tag{5-1}$$

$$\varepsilon_i = \varepsilon_0 + \phi x_i \tag{5-2}$$

$$N_{in} = \sum_{i=1}^{m} \sigma_{ci} \mathrm{d}A_{ci} + \sum_{i=1}^{n} \sigma_{si} \mathrm{d}A_{si} \tag{5-3}$$

$$M_{in} = \sum_{i=1}^{m} \sigma_{ci} x_i \mathrm{d}A_{ci} + \sum_{i=1}^{n} \sigma_{si} x_i \mathrm{d}A_{si} \tag{5-4}$$

$$u_{m1} = \frac{M_{in}}{N_{in}} - e_0 \tag{5-5}$$

$$\left| (u_{m1} - u_{m0})/u_{m0} \right| \leqslant \delta \tag{5-6}$$

式中　　l——构件的计算长度，m；

　　　　u_{m0}——构件中截面的初始挠度，m；

　　　　ε_i——构件中截面任意点的纵向应变；

　　　　ε_0——构件中截面形心处的纵向应变；

　　　　x_i——计算单元形心处的坐标值，m；

　　　　ϕ——构件中截面处的初始曲率；

　　　　σ_{si}、σ_{ci}——钢管、混凝土第 i 个计算单元形心处的应力，Pa；

　　　　A_{si}、A_{ci}——钢管、混凝土第 i 个计算单元的面积，m²；

　　　　m——截面混凝土部分划分的条带数；

n——截面钢管部分划分的条带数;

N_{in}——截面上的轴力内力,N;

M_{in}——截面上的弯矩内力,N·m;

u_{m1}——构件中截面挠度,m;

e_0——截面初始偏心距,m;

δ——足够小的容许误差,m。

钢管再生混凝土构件钢管和核心混凝土在短期荷载作用下的应力-应变关系采用第 4 章提出的应力-应变关系表达式。

5.3.2　数值分析结果与试验结果对比验证

将各试件的截面参数代入数值分析程序,进行钢管再生混凝土构件的承载力分析,与试验结果对比见表 5-8。从表中可以看出,数值分析结果与试验结果吻合较好,数值分析计算所得峰值荷载 N_c 与试验测得的峰值荷载 N_e 误差为-7.4%～5.8%,其分别对应的弯矩值 M_c 与 M_e 误差为-3.2%～5.8%。因此,采用该程序分析圆钢管再生混凝土短柱及中长柱在轴压和偏压荷载下的承载力是合理的。

表 5-8　数值分析结果与试验结果对比

序号	试件组号	N_e[①]/kN	N_c[②]/kN	N_c/N_e	M_e[③]/(kN·m)	M_c[④]/(kN·m)	M_c/M_e
1	CL12-8-100-0	1095	1065	0.973	0	0	—
2	CP12-8-100-0	1105	1065	0.964	0	0	—
3	CL12-8-100-40	535	528	0.987	21.40	21.12	0.987
4	CL32-8-100-0	983	910	0.926	0	0	—
5	CL32-8-100-20	645	633	0.981	12.90	12.66	0.981
6	CL32-8-100-40	456	460	1.009	18.24	18.40	1.009
7	CL32-11-100-20	801	796	0.994	16.02	15.92	0.994
8	CL32-14-100-20	855	839	0.981	17.10	16.78	0.981
9	CL32-8-50-20	697	690	0.990	13.94	13.80	0.990
10	CL32-8-50-40	483	496	1.027	19.32	19.84	1.027
11	CL32-8-0-20	715	710	0.993	14.30	14.20	0.993
12	CL32-8-0-40	480	508	1.058	19.20	20.32	1.058
13	CL48-8-100-0	824	813	0.987	0	0	—
14	CL48-8-100-20	561	543	0.968	11.22	10.86	0.968
15	CL48-8-100-40	391	399	1.020	15.64	15.96	1.020

① N_e——试验测得的峰值荷载。

② N_c——数值分析程序计算所得的峰值荷载。

③ M_e——试验测得的峰值荷载时对应的弯矩。

④ M_c——数值分析程序计算所得的峰值荷载时对应的弯矩。

5.3.3　参数分析

采用数值分析程序进行系统参数分析，研究再生粗骨料对钢管再生混凝土承载力的影响。参数范围如下：再生粗骨料取代率 r（0～100%）、长细比 λ（12～80）、偏心率 e_0/r_0（0.15～1.00）、含钢率 α（4%～20%）、核心再生混凝土强度等级（C30～C60）及钢材屈服强度等级（Q235～Q420）。

5.3.3.1　再生粗骨料取代率及长细比的影响

图 5-25 分析了再生粗骨料取代率对不同长细比的钢管再生混凝土压弯构件 N-M 相关曲线的影响。图中各构件的含钢率为 8%、核心再生混凝土强度等级为 C40、钢材屈服强度为 345MPa，且长细比分别为 30 和 60。

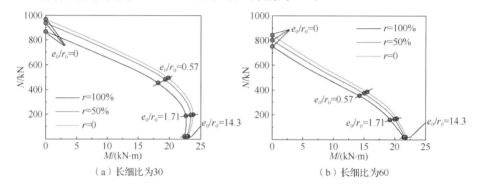

（a）长细比为30　　　　　　　　（b）长细比为60

图 5-25　再生粗骨料取代率对不同长细比钢管再生混凝土 N-M 相关曲线的影响

由图 5-25 可以看出，随着再生粗骨料取代率的提高，钢管再生混凝土压弯构件在任意偏心率的竖向荷载作用下，其抗压承载力均降低，且降低幅度随着偏心率的增大而减小。例如，对于长细比为 30 的钢管再生混凝土构件，当再生粗骨料取代率由 0 增加至 100% 时，其抗压承载力在偏心率为 0、0.57、1.71 和 14.3 的竖向荷载作用下分别下降 9.4%、8.2%、4.9% 和 2.4%；而对于长细比为 60 的构件，降幅分别为 9.5%、8.2%、5.4% 和 0.9%。可见，再生粗骨料的掺入会降低钢管再生混凝土压弯构件的承载力，设计时须予以考虑。导致钢管再生混凝土构件的承载力随再生粗骨料取代率的提高而下降的原因是，再生粗骨料的掺入会降低核心再生混凝土强度，进而降低钢管再生混凝土构件的承载力；导致其降低幅度随偏心率的增大而减小的原因是，随着偏心率的增大，核心再生混凝土的受压区面积逐渐减小，从而使核心再生混凝土对组合构件承载力的贡献逐渐减小，这将降低再生粗骨料取代率对组合构件承载力的影响。对于图 5-25 中的钢管再生混凝土构件而言，构件大、小偏压的界限偏心率基本为 e_0/r_0=1.71。可以发现，当钢管再生混凝土构件受小偏心竖向荷载作用时，再生粗骨料取代率提高对构件承载力影响较大，其降低幅度为 4.9%～9.4%；当钢管再生混凝土构件受大偏心竖向荷载作用时，再生粗骨料取代率对构件承载力的影响较小，降低幅度最大仅为 4.9%。由图 5-25 还可以发现，随着长细比的增大，钢管再生混凝土压弯构件的抗压承载力显著降低，且在相同偏心率的竖向荷载作用下，降低幅度与钢管普通混凝土压弯构件相差不大。例如，当长细比从 30 增大至 60 时，钢管再生混凝土压弯构件抗压承载力降低了 4.1%~22.2%，而钢管普通混凝土压弯构件的抗压承载力降低了 5.2%~21.8%。因此，钢管再生混凝土压弯构件的抗压承载力设计在考虑长细比的影响时不必考虑再生粗骨料取代率的相关性。

为进一步研究再生粗骨料取代率对钢管混凝土柱 N-M 相关曲线形状的影响，图 5-26 将采用不同再生粗骨料取代率、不同长细比的钢管再生混凝土压弯构件的 N-M 相关曲线进行了归一化处理，分析再生粗骨料取代率对 N/N_u-M/M_u 相关曲线的影响。可以看出，与钢管普通混凝土相似，长细比越大，轴压荷载对钢管再生混凝土柱抗弯承载力的有利影响越不显著。例如，当取代率为 100% 时，轴压荷载最大可使长细比为 30 的钢管再生混凝土构件抗弯承载力提高 1.8%；但对于长细比为 60 的同参数钢管再生混凝土构件，轴压荷载已对其抗弯承载力无有利作用，其抗弯承载力随着轴压荷载的提高而持续降低。再生粗骨料取代率越高，轴压荷载对钢管再生混凝土压弯构件抗弯承载力的有利作用越小，但差异并不显著。具体而言，对于长细比为 30 与 60 的钢管再生混凝土构件，当再生粗骨料取代率为 0 时，轴压荷载对构件抗弯承载力的提高幅度与再生粗骨料取代率为 100% 的同参数构件的提高幅度相比，最大仅相差 2.6%。在设计公式中，一般将弯矩对构件轴压承载力提高幅度最大点定义为钢管再生混凝土压弯构件的大、小偏压界限点（图 5-26 中虚线所示位置）。可以看出，再生粗骨料的掺入对该界限点影响较小，因此仍可沿用钢管普通混凝土压弯构件的大、小偏压判别公式，预测钢管再生混凝土压弯构件的大、小偏压状态。

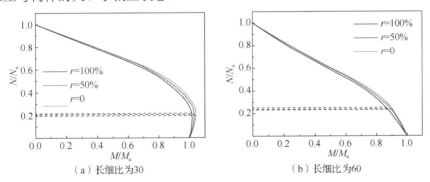

（a）长细比为30　　　　　（b）长细比为60

图 5-26　再生粗骨料取代率对不同长细比钢管再生混凝土 N/N_u-M/M_u 相关曲线的影响

5.3.3.2　含钢率的影响

图 5-27 分析了不同含钢率时，再生粗骨料取代率对钢管再生混凝土压弯构件

N-M 相关曲线的影响。图 5-27 中各构件的长细比为 30、核心再生混凝土强度等级为 C40，且钢材屈服强度为 345MPa。

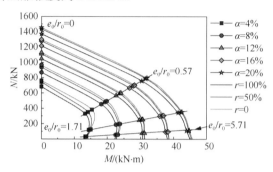

图 5-27　含钢率对钢管再生混凝土 N-M 相关曲线的影响

由图 5-27 可以看出，对于不同含钢率的钢管再生混凝土构件，其抗压承载力均随着再生粗骨料取代率的提高而降低，且降低幅度随着含钢率的增大而减小。例如，当含钢率为 4% 时，在偏心率为 0～5.71 的竖向荷载作用下，与再生粗骨料取代率为 0 的钢管再生混凝土构件相比，取代率为 100% 的构件抗压承载力下降 2.4%～13.6%；而当含钢率为 8%、12%、16% 及 20% 时，其降低幅度分别为 2.4%～9.4%、2.2%～7.2%、2.0%～6.4% 及 1.9%～5.8%。再生粗骨料的掺入对较高含钢率的钢管再生混凝土构件抗压承载力影响不显著。这是因为，随着含钢率的提高，钢管对组合构件承载力的贡献提高，核心再生混凝土对组合构件承载力的贡献降低，从而导致再生粗骨料取代率对钢管再生混凝土构件抗压承载力的影响减小。另外，约束效应随着含钢率的提高而增大，改善了核心再生混凝土的材料缺陷，从而使再生粗骨料取代率对构件抗压承载力的影响逐渐降低。因此，钢管再生混凝土压弯构件的抗压承载力设计在考虑再生粗骨料取代率的影响时须考虑含钢率的相关性影响。从图 5-27 还可发现，与钢管普通混凝土类似，钢管再生混凝土的抗压承载力随着含钢率的提高而增大，且增大幅度随着偏心率的增大而增大。例如，当含钢率由 4% 增加至 20% 时，在偏心率为 0、0.57、1.71 和 5.71 的竖向荷载作用下，取代率为 100% 的钢管再生混凝土构件抗压承载力分别提高 100.8%、129.1%、187.3% 和 229.4%；而对于钢管普通混凝土构件，其提高幅度分别为 91.3%、108.0%、184.3% 和 228.5%。导致其提高幅度随着偏心率的增大而增大的原因是，随着偏心率的增大，核心再生混凝土的受压区面积逐渐减小，从而使核心再生混凝土对组合构件承载力的贡献逐渐减小，钢管对组合构件承载力的贡献逐渐增大，这将增大含钢率对组合构件承载力的影响。

为进一步研究含钢率对钢管再生混凝土压弯构件 N-M 相关曲线形状的影响，图 5-28 给出了再生粗骨料取代率分别为 0 和 100%、不同含钢率的钢管再生混凝土柱的 N/N_u-M/M_u 相关曲线。可以看出，含钢率越大，轴压荷载对钢管再生混凝土柱抗弯承载力的有利影响越不显著。例如，对于再生粗骨料取代率为 0 的钢管普通混凝土构件，当含钢率为 4% 和 8% 时，轴压荷载最大可使抗弯承载力分别提高 12.8% 和 4.1%；而对于再生粗骨料取代率为 100% 的构件，这一提升幅度为 9.8% 和 1.5%；当含钢率超过 12% 时，轴压荷载对不同再生粗骨料取代率的构件抗弯承载力均无有利作用，其抗弯承载力随着轴压荷载的提高而持续降低。这是因为，轴压荷载对钢管再生混凝土柱抗弯承载力的有利影响取决于构件的截面特性。对于钢管混凝土及钢构件，当构件截面达到最大弯矩时，其中和轴均与形心轴重合，但当各构件受纯弯荷载作用时，构件中和轴不一定与形心轴重合，即构件的截面承载力不一定与截面最大弯矩相等。具体而言，对于受纯弯荷载作用的钢构件，其中和轴位于截面形心处，这使纯弯钢构件的抗弯承载力与截面最大弯矩相等，因此随着轴力的增大，钢构件的抗弯承载力逐渐减小；对于受纯弯荷载作用的钢管混凝土构件，混凝土的抗拉强度远低于抗压强度，其中和轴偏离截面形心，这使钢管混凝土纯弯构件的抗弯承载力小于截面最大弯矩，而随着轴力的增大，中和轴逐渐靠近形心，构件的抗弯承载力逐渐增大。因此，轴压荷载对钢管再生混凝土柱抗弯承载力的有利影响可看作与构件受纯弯荷载作用时中和轴位置的差异。随着含钢率的提高，钢管再生混凝土构件更类似于钢构件，其受纯弯荷载作用时中和轴位置更接近截面形心，即轴压荷载对钢管再生混凝土柱抗弯承载力的有利影响变小。

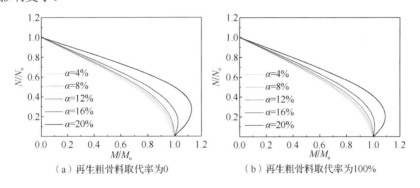

（a）再生粗骨料取代率为0　　　　　　　（b）再生粗骨料取代率为100%

图 5-28　含钢率对钢管再生混凝土 N/N_u-M/M_u 相关曲线的影响

5.3.3.3　核心再生混凝土强度的影响

图 5-29 分析了不同核心再生混凝土强度时，再生粗骨料取代率对钢管再生混凝土压弯构件 N-M 相关曲线的影响。图中各构件的长细比为 30、含钢率为 8%，且钢材屈服强度为 345MPa。

由图 5-29 可以看出，对于核心混凝土强度不同的钢管再生混凝土压弯构件，其抗压承载力均随着再生粗骨料取代率的提高而降低，但降低幅度差异并不显著。例如，当核心再生混凝土强度等级为 C30 时，在偏心率为 0~5.71 的竖向荷载作用下，与再生粗骨料取代率为 0 的钢管再生混凝土构件相比，取代率为 100%的构件抗压承载力下降 2.5%~7.9%；而当核心再生混凝土强度等级为 C40、C50 及 C60 时，其降低幅度分别为 2.4%~9.4%、2.1%~8.5%及 1.9%~8.4%。可见，核心再生混凝土强度不同时，再生粗骨料的掺入对钢管再生混凝土压弯构件抗压承载力的不利影响相似。因此，钢管再生混凝土压弯构件的抗压承载力设计在考虑再生粗骨料取代率的影响时不必考虑核心再生混凝土强度等级的相关性。从图 5-29 还可发现，与钢管普通混凝土类似，钢管再生混凝土的抗压承载力随着核心混凝土强度的提高而增大，且增大幅度随偏心率的增大而减小。例如，当核心再生混凝土强度等级由 C30 增加至 C60 时，在偏心率为 0、0.57、1.71 和 5.71 的竖向荷载作用下，取代率为 100%的钢管再生混凝土构件抗压承载力分别提高 45.2%、36.6%、19.4%和 12.5%；而对于钢管普通混凝土构件，其提高幅度分别为 46.0%、35.7%、18.2%和 11.8%。这是因为，随着偏心率的增大，核心再生混凝土的受压区面积逐渐减小，从而使核心再生混凝土对组合构件承载力的贡献逐渐减小，这将降低核心再生混凝土强度对组合构件承载力的影响。

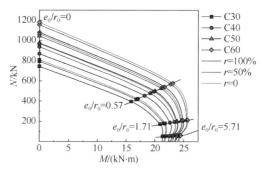

图 5-29　核心再生混凝土强度对钢管再生混凝土 N-M 相关曲线的影响

图 5-30 给出了再生粗骨料取代率分别为 0 和 100%时，不同核心再生混凝土强度的钢管再生混凝土压弯构件的 N/N_u-M/M_u 相关曲线，以研究核心再生混凝土强度不同时构件 N-M 相关曲线形状的差异。可以看出，轴压荷载对钢管再生混凝土压弯构件抗弯承载力的有利影响随着核心再生混凝土强度的提高而增大，且增大幅度与钢管普通混凝土相似。例如，对于再生粗骨料取代率为 0 的钢管普通混凝土构件，当核心混凝土强度等级为 C30、C40、C50 及 C60 时，轴压荷载最大可使构件抗弯承载力提高的幅度分别为 0.5%、1.4%、3.3%和 5.9%；而对于再生粗骨料取代率为 100%的钢管再生混凝土构件，这一提升幅度分别为 0.5%、1.7%、4.8%和 6.0%。由 5.3.3.2 节可知，随着核心再生混凝土强度的降低，钢管再生混凝土构件更类似于钢构件，其受纯弯荷载作用时中和轴位置更接近截面形心，即轴压荷载对钢管再生混凝土柱抗弯承载力的有利影响变小。

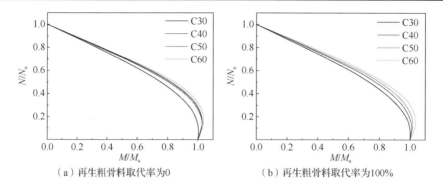

（a）再生粗骨料取代率为0　　　　（b）再生粗骨料取代率为100%

图 5-30　核心再生混凝土强度对钢管再生混凝土 N/N_u-M/M_u 相关曲线的影响

5.3.3.4　钢材屈服强度的影响

图 5-31 分析了钢材的屈服强度不同时，再生粗骨料取代率对钢管再生混凝土压弯构件 N-M 相关曲线的影响。图中各构件的长细比为 30、含钢率为 8%，且核心再生混凝土强度等级为 C40。

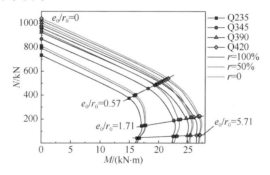

图 5-31　钢材屈服强度对钢管再生混凝土 N-M 相关曲线的影响

从图 5-31 中可以看出，对于钢材屈服强度不同的钢管再生混凝土压弯构件，随着再生粗骨料取代率的提高，其抗压承载力均降低，且降低幅度差异不大。例如，当钢材屈服强度为 235MPa 时，在偏心率为 0～5.71 的竖向荷载作用下，与再生粗骨料取代率为 0 的钢管再生混凝土构件相比，取代率为 100% 的构件抗压承载力下降 2.3%～9.5%；而当钢材屈服强度为 345MPa、390MPa 及 420MPa 时，这一降低幅度分别为 2.4%～9.4%、2.3%～8.0%及 2.3%～7.7%。可见，对于钢材屈服强度不同的钢管再生混凝土压弯构件，再生粗骨料的掺入对抗压承载力造成的不利影响差异并不显著，因此钢管再生混凝土压弯构件的抗压承载力设计在考虑再生粗骨料取代率的影响时不必考虑钢材屈服强度的相关性。从图5-31还可发现，与钢管普通混凝土类似，随着钢材屈服强度的提高，钢管再生混凝土的抗压承载力增大，且增大幅度随偏心率的增大而增大。例如，当钢材屈服强度由 235MPa 增加至 420MPa 时，在偏心率为 0、0.57、1.71 和 5.71 的竖向荷载作用下，取代率为 100%的钢管再生混凝土构件抗压承载力分别提高 30.9%、35.6%、52.5%和 62.3%；而对于钢管普通混凝土构件，这一提高幅度分别为28.4%、34.4%、52.3% 和 62.4%。这是因为，随着偏心率的增大，核心再生混凝土的受压区面积逐渐减 小，从而使核心再生混凝土对组合构件承载力的贡献逐渐减小，钢管对组合构件 承载力的贡献逐渐增大,这将增大钢材屈服强度对组合构件承载力的影响。图 5-32 将再生粗骨料取代率分别为 0 和 100%时,不同钢材屈服强度的钢管再生混凝土压 弯构件的 N-M 相关曲线进行了归一化处理，分析 N/N_u-M/M_u 相关曲线的差异，以 研究钢材屈服强度对 N-M 相关曲线形状的影响。可以看出，与钢管普通混凝土类 似，钢材屈服强度越高，轴压荷载对钢管再生混凝土压弯构件抗弯承载力的有利 影响越不显著。例如，对于再生粗骨料取代率为 0 的钢管普通混凝土构件，当钢 材屈服强度为235MPa、345MPa、390MPa 及 420MPa 时，轴压荷载最大可使构件 抗弯承载力分别提高 6.5%、1.5%、0.3%和0.1%；而对于再生粗骨料取代率为100% 的钢管再生混凝土构件，这一提升幅度分别为7.9%、4.1%、0.8%和0.3%。由 5.3.3.2 节可知，随着钢材屈服强度的提高，钢管再生混凝土构件更类似于钢构件，其受 纯弯荷载作用时中和轴位置更接近截面形心，即轴压荷载对钢管再生混凝土柱抗 弯承载力的有利影响变小。

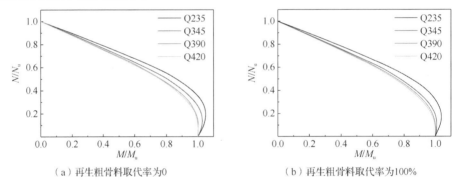

（a）再生粗骨料取代率为0　　　　（b）再生粗骨料取代率为100%

图 5-32　钢材屈服强度对钢管再生混凝土 N/N_u-M/M_u 相关曲线的影响

5.4　规　程　比　较

通过上述参数影响分析可知，钢管再生混凝土构件的承载力随再生粗骨料取 代率的提高而下降，但其受再生粗骨料取代率的影响与其他参数的相关性较小； 再生粗骨料的掺入对构件大、小偏压的界限点影响较小。因此，在采用现有钢管 混凝土规范预测钢管再生混凝土构件承载力时，只需考虑计算公式中的混凝土材 料性能对再生粗骨料取代率的影响即可。基于这种修正，本节应用国内外钢管混 凝土设计规程计算钢管再生混凝土承载力，统计了课题组及 Yang 等[143]对圆钢管 再生混凝土中长柱承载力试验研究结果，结合 5.3 节的数值分析结果，与国内外钢管混凝土设计规程的计算结果进行对比分析，探讨现有规程对钢管再生混凝土构件承载力计算的适用性。本节采用的国内外规程分别为我国国家标准《钢管混凝土结构技术规范》（GB 50936—2014）[150]、美国钢结构协会（AISC）设计规程[151]和欧洲标准化协会设计规程（EC4）[144]。其中，《钢管混凝土结构技术规范》（GB 50936—2014）分别在第 5 章 5.1～5.3 节和第 6 章 6.1 节提供了两种圆钢管混凝土柱承载力设计理论，本书分别简称为 GB-1 和 GB-2。规范计算公式见附录Ⅴ。图5-33 给出了国内外不同规程对圆钢管再生混凝土中长柱承载力的计算结果与试验结果及数值分析结果的对比图，其中 N_e 为试验测得的承载力或数值分析计算所得的承载力，N_c 为根据规程计算所得的承载力。

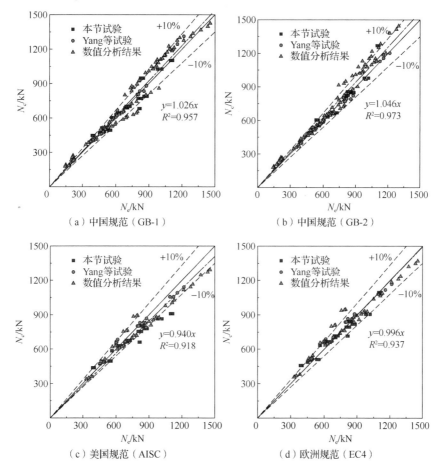

图 5-33　各设计规程计算承载力与试验结果及数值分析结果比较

从图 5-33 中可以看出，钢管混凝土设计规程的计算结果与试验结果及数值分析结果吻合较为良好，除少量对比结果外，大部分规程计算值和试验及数值分析计算结果差值均在 10% 以内。其中，EC4 提供的计算方法与试验结果及数值分析计算结果最为接近，相应的线性回归系数和判定系数 R^2 分别为 0.996 和 0.937；GB-1 和 GB-2 的预测结果与试验结果及数值分析计算结果也较为接近；AISC 提供的计算方法精度相对较低，其线性回归系数和判定系数 R^2 分别为 0.940 和 0.918。可见，以上设计规程在预测钢管再生混凝土承载力时均较为准确，因此采用现有设计规程可以有效预测钢管再生混凝土的承载力。

　　图 5-34 将根据设计规程计算所得的轴力-弯矩相关曲线（N-M）与试验结果及数值分析结果进行比较。可以看出，根据 EC4 和 AISC 计算所得的 N-M 相关曲线更为准确，其与试验结果及数值分析结果吻合良好；而与试验及数值分析结果相比，GB-1 及 GB-2 均高估了构件受大偏压荷载作用时的抗弯承载力。

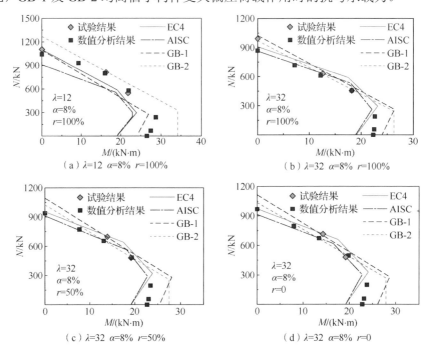

图 5-34　设计规程计算所得 N-M 相关曲线与试验及数值分析结果比较

5.5　本　章　小　结

　　本章介绍了钢管再生混凝土中长构件静力性能试验，研究了再生粗骨料取代率、含钢率、长细比、偏心率及再生粗骨料来源对钢管再生混凝土构件静力性能的影响；在试验研究的基础上，建立并验证了钢管再生混凝土构件静力性能的数值分析程序，并进行了系统性参数分析，以拓宽参数范围，研究了钢管再生混凝土柱在实际工况下的承载力；将现有钢管普通混凝土设计规程预测结果与试验及数值分析结果进行对比，评估了将钢管普通混凝土设计规程中承载力设计公式用于钢管再生混凝土柱承载力预测的可行性。基于以上研究，主要得到以下结论。

1）钢管再生混凝土中长柱承载力随再生粗骨料取代率的增大而减小，与钢管普通混凝土试件相比，钢管再生混凝土试件的承载力降低了 11.2%，因此需要重视再生粗骨料的掺入对钢管混凝土中长柱承载力的影响。再生粗骨料来源对钢管再生混凝土承载力的影响较小，不同来源的试件承载力相差不超过 5.6%。

2）含钢率、长细比、核心再生混凝土强度及钢材屈服强度对钢管再生混凝土柱承载力的影响与钢管普通混凝土相似，钢管再生混凝土压弯构件的抗压承载力设计在考虑上述参数的影响时不必考虑再生粗骨料取代率的相关性。

3）基于纤维模型法建立的钢管再生混凝土性能数值分析程序在预测构件承载力时与试验实测结果吻合良好，最大误差不超过 7.4%。

4）利用现有钢管普通混凝土设计规程相关规定可以有效预测钢管再生混凝土柱承载力，各国钢管普通混凝土设计规程在预测钢管再生混凝土柱承载力时与试验及数值分析结果的差异均在 10% 之内，其中，欧洲标准化协会设计规程（EC4）的预测精度最高，线性回归系数和判定系数 R^2 分别为 0.996 和 0.937。

第6章　钢管再生混凝土的长期性能

6.1　引　　言

已有研究表明，掺入再生粗骨料后，再生混凝土的收缩徐变变形比普通混凝土大 5%～95%[220]。将再生混凝土灌入钢管中形成钢管再生混凝土可以为核心混凝土提供一个封闭的空间，使核心再生混凝土的收缩徐变变形减小，有效地改善再生混凝土长期性能，现有研究表明，密闭条件下的混凝土长期变形仅为外露环境下的 1/3～1/2[65]。目前，钢管再生混凝土长期性能的试验及理论研究较少，且现有试验仅对取代率为 50% 的钢管再生混凝土进行了不同应力水平下的长期性能试验[147,149]，尚无学者关注再生混凝土龄期、强度及取代率的变化对钢管再生混凝土长期性能的影响。

为深入研究钢管再生混凝土长期静力性能，本章将系统地进行钢管再生混凝土短柱轴压徐变试验[71,72]，试验中主要考虑再生粗骨料取代率、再生混凝土抗压强度及加载龄期等参数。在试验研究基础上，将采用核心混凝土体积无穷大假设模拟核心混凝土的密闭状态[65]，基于混凝土时效分析理论[221]与钢管混凝土截面分析方法[65]，采用 Fathifazl 等[22]与 de Brito 等[103]提出的再生混凝土徐变模型预测钢管再生混凝土长期性能，并将预测结果与试验结果进行对比，以评估各徐变模型的预测精度。为研究实际工况下时效作用对钢管再生混凝土长期性能的影响，将选取合理的核心再生混凝土徐变模型，拓宽参数范围进行系统的参数分析。此外，为方便在结构设计中考虑时效作用对钢管再生混凝土的影响，通常采用简化计算方法计算构件的长期变形。本章比较了钢管再生混凝土长期变形典型简化计算方法的预测结果，确定了不同简化计算方法在分析钢管再生混凝土长期静力性能时的适用范围，给设计人员提供了合理的建议。

6.2　长期荷载作用下钢管再生混凝土试验研究

6.2.1　试件设计与制作

本次设计 12 组共 24 个试件，进行了为期 155d 的长期轴压试验；设计了 6 组共 18 个未经长期荷载作用的对比试件。长期试验结束后，将所有试件在轴向压力作用下压至破坏，测定其承载力。主要参数包括核心再生混凝土强度等级（C30 和 C50）、再生粗骨料取代率 r（0、50% 和 100%）及加载龄期 t_0（7d、14d、28d 和 55d）。长期荷载作用下试件核心混凝土的初始应力水平 n_c（加载时核心混凝土所受的压应力与混凝土圆柱体抗压强度平均值之比）为 0.30；试件的名义截面含钢率 α（$\alpha=A_s/A_c$，A_s 为钢管截面面积，A_c 为混凝土截面面积）取工程常用含钢率，为 8%；试件钢管直径 D 为 140mm，钢管壁厚 t_s 为 2.75mm，长度 L 为 380mm。试件具体参数见表 6-1，其中 N_L 为试件所承受的长期荷载，N_{ul} 为长期加载试件在结束长期性能试验后一次性加载至破坏的承载力，K_f 为长期荷载作用后试件的承载力与相应未经长期荷载作用的对比试件承载力之比，f_{cm28} 为再生混凝土 28d 圆柱体抗压强度。

　　试件钢管的加工图如图 6-1 所示。加工时钢管采用无齿锯下料切割，且两端均在车床磨平，以保证试件的垂直度和平整性。试件上下端板采用厚度为 20mm 的钢板按直径 $d=D+30mm$ 加工制成，端板两面均要求铣平，并在端板内侧车出一个与钢管外径相同且深度为 3mm 的凹槽，从而保证钢管与端板的几何对中并有利于加载过程中的物理对中。在灌注混凝土之前，将试件底部的端板焊接于钢管上，并测量各钢管的实际尺寸，详细尺寸见表 6-1。

图 6-1　钢管加工图

表 6-1　钢管再生混凝土试件基本参数

试件类型	试件编号	r/%	f_{cm28}/MPa	t_0/d	$f_{cm}(t_0)$/MPa	$D \times t_s$	α	N_L/kN	N_{ul}/kN	K_f
长期荷载作用	RACFT-C30-R100-T6-a	100	27.6	6	23.6	139.8×2.69	8.2	187	1094	1.005
	RACFT-C30-R100-T6-b	100	27.6	6	23.6	139.2×2.70	8.2	187	1091	
	RACFT-C30-R100-T14-a	100	27.6	14	26.6	139.2×2.69	8.2	202	1121	1.010
	RACFT-C30-R100-T14-b	100	27.6	14	26.6	139.4×2.70	8.2	202	1074	
	RACFT-C30-R100-T26-a	100	27.6	26	27.6	138.7×2.60	7.9	205	·1138	1.064
	RACFT-C30-R100-T26-b	100	27.6	26	27.6	139.1×2.74	8.4	205	1174	
	RACFT-C30-R50-T27-a	50	25.9	27	25.9	139.5×2.69	8.2	195	1065	0.970
	RACFT-C30-R50-T27-b	50	25.9	27	25.9	138.8×2.52	7.7	195	1025	
	RACFT-C30-R0-T26-a	0	32.4	26	32.4	138.9×2.69	8.2	210	1198	1.053
	RACFT-C30-R0-T26-b	0	32.4	26	32.4	139.3×2.66	8.1	210	1185	
	RACFT-C30-R100-T56-a	100	27.6	56	33.2	139.0×2.56	8.1	230	1125	1.043
	RACFT-C30-R100-T56-b	100	27.6	56	33.2	139.3×2.67	7.8	230	1143	
	RACFT-C50-R100-T7-a	100	47.8	7	42.3	138.0×2.58	7.9	278	1469	1.022

续表

试件类型	试件编号	r/%	f_{cm28}/MPa	t_0/d	$f_{cm}(t_0)$/MPa	$D \times t_s$	α	N_L/kN	N_{u1}/kN	K_f
长期荷载作用	RACFT-C50-R100-T7-b	100	47.8	7	42.3	137.9×2.65	8.2	278	1512	
	RACFT-C50-R100-T14-a	100	47.8	14	46.8	138.0×2.70	8.3	308	1477	1.008
	RACFT-C50-R100-T14-b	100	47.8	14	46.8	137.6×2.63	8.0	308	1464	
	RACFT-C50-R100-T27-a	100	47.8	27	47.8	137.6×2.66	8.2	308	1509	1.038
	RACFT-C50-R100-T27-b	100	47.8	27	47.8	138.1×2.63	8.1	308	1520	
	RACFT-C50-R50-T28-a	50	52.0	28	52.0	137.3×2.64	8.0	323	1486	1.030
	RACFT-C50-R50-T28-b	50	52.0	28	52.0	137.9×2.66	8.1	323	1502	
	RACFT-C50-R0-T29-a	0	50.1	29	50.1	137.4×2.55	7.9	300	1508	1.052
	RACFT-C50-R0-T29-b	0	50.1	29	50.1	137.6×2.55	7.9	300	1499	
	RACFT-C50-R100-T55-a	100	47.8	55	55.6	137.9×2.62	8.1	360	1478	1.028
	RACFT-C50-R100-T55-b	100	47.8	55	55.6	137.5×2.61	8.1	360	1522	
未经长期荷载作用	RACFT-C30-R100-a	100	27.6	—	36.9	137.8×2.59	7.9	—	1129	
	RACFT-C30-R100-b	100	27.6	—	36.9	139.0×2.59	7.9	—	1144	
	RACFT-C30-R100-c	100	27.6	—	36.9	138.3×2.58	7.9	—	989	
	RACFT-C30-R50-a	50	25.9	—	37.1	139.7×2.65	8.0	—	1050	
	RACFT-C30-R50-b	50	25.9	—	37.1	138.7×2.61	7.9	—	1169	
	RACFT-C30-R50-c	50	25.9	—	37.1	138.5×2.60	7.9	—	1010	
	RACFT-C30-R0-a	0	32.4	—	38.3	139.2×2.72	8.3	—	1194	
	RACFT-C30-R0-b	0	32.4	—	38.3	139.1×2.65	8.1	—	1163	
	RACFT-C30-R0-c	0	32.4	—	38.3	138.6×2.62	8.0	—	1038	
	RACFT-C50-R100-a	100	47.8	—	58.7	137.3×2.62	8.1	—	1475	
	RACFT-C50-R100-b	100	47.8	—	58.7	137.9×2.62	8.0	—	1459	
	RACFT-C50-R100-c	100	47.8	—	58.7	138.1×2.67	8.2	—	1443	
	RACFT-C50-R50-a	50	52.0	—	61.2	138.1×2.68	8.2	—	1435	
	RACFT-C50-R50-b	50	52.0	—	61.2	137.9×2.69	8.3	—	1522	
	RACFT-C50-R50-c	50	52.0	—	61.2	137.7×2.61	8.0	—	1395	
	RACFT-C50-R0-a	0	50.1	—	60.7	137.3×2.68	8.3	—	1413	
	RACFT-C50-R0-b	0	50.1	—	60.7	137.3×2.71	8.4	—	1455	
	RACFT-C50-R0-c	0	50.1	—	60.7	137.7×2.69	8.3	—	1419	

注：1）以 RACFT-C30-R100-T28-a 为例说明经长期荷载作用试件的命名规则，RACFT 表示钢管再生混凝土柱；C30 表示核心再生混凝土配制的目标强度等级为 C30；R100 表示再生粗骨料取代率为 100%；T28 表示加载龄期为 28d；a 表示同一组试件内的编号，每组 2 个试件。以 RACFT-C30-R100-a 为例说明未经长期荷载作用对比试件的命名规则，RACFT 表示钢管再生混凝土柱；C30 表示核心再生混凝土配制的目标强度等级为 C30；R100 表示再生粗骨料取代率为 100%；a 表示同一组试件内的编号，每组 3 个试件。

2）$D \times t_s$ 列中数字单位均为 mm。

　　试验所采用的再生粗骨料源自哈尔滨工业大学结构与抗震实验室前期完成的破损性试验所产生的废弃混凝土，龄期为 3a，基体混凝土为商品混凝土，其配合比见表 6-2。

表 6-2　基体混凝土配合比

水灰比	单位体积含量/（kg/m³）					
w_{or}/c_{or}	水	水泥	粉煤灰	粗骨料	细骨料	减水剂
0.46	185	325	75	1030	740	10.4

　　再生粗骨料的破碎及筛分过程均满足《普通混凝土用砂、石质量及检验方法标准》（JGJ 52—2006）[125]要求。再生粗骨料（RCA）与天然粗骨料（NCA）的物理性质见表 6-3，其中骨料的砂浆含量采用文献[109]和文献[13]所推荐的高温冷却法测得，再生粗骨料采用高温冷却法处理前后对比如图 6-2 所示。根据《混凝土用再生粗骨料》（GB/T 25177—2010）中再生粗骨料的分级标准，试验中所用的再生粗骨料类别为Ⅲ类。

表 6-3　粗骨料物理性质

类型	粒径/mm	表观密度/（kg/m³）	饱和面干密度/（kg/m³）	吸水率/%	压碎指标/%	砂浆含量/%
NCA	4.75～26.5	2880	2896	0.57	3.1	—
RCA	4.75～26.5	2602	2786	7.07	9.0	41

（a）热处理前　　　　　　　　　　　　（b）热处理后

图 6-2　采用高温冷却法处理前后再生骨料对比

　　核心再生混凝土参考《再生骨料应用技术规程》（JGJ/T 240—2011）[39]进行配制，再生混凝土的配合比见表 6-4，其中粗骨料为干重，水灰比为有效水灰比，即表 6-4 中的用水量不包含掺入再生粗骨料所导致的附加用水量，细骨料为砂且细度模数为 2.36。

表 6-4　再生混凝土配合比

水灰比	单位体积含量/（kg/m³）				
w/c	水	水泥	粗骨料	细骨料	减水剂
0.31	186	597	1081	634	7.2

混凝土浇筑时采用分层浇筑并使用振捣棒在钢管外壁振捣，振捣密实后，将钢管上端的混凝土抹平使混凝土表面略高出钢管截面约 5mm，以避免养护过程中混凝土收缩引起混凝土上表面与钢管顶部产生缝隙。浇筑结束后，采用铝箔与塑料布将混凝土上表面密封，模拟实际钢管混凝土结构施工过程中核心混凝土所处的密闭状态，如图 6-3 所示。混凝土浇筑结束 2d 后，移除塑料布和铝箔，并将试件表面的混凝土磨至与钢管上表面平齐（图 6-4），然后将上端板焊于试件顶部，保证加载过程中钢管与核心混凝土同时受力。将已焊上下端板的试件的上下表面在加工厂车床上再次车平，使试件加载过程中保持轴压。

图 6-3　试件顶部密封处理

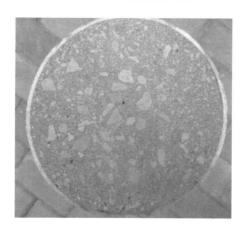

图 6-4　试件端部混凝土磨平

6.2.2　材料力学性能

6.2.2.1　钢材力学性能

本节试验长期荷载作用下的钢管再生混凝土试件及其对比试件的钢管均采用冷弯直缝钢管。按照《金属材料　拉伸试验　第一部分：室温试验方法》（GB/T

228.1—2010）[208]的规定测定钢材的力学性能指标，试验结果见表 6-5，其中 f_y 为屈服强度，f_u 为极限强度，E_s 为弹性模量，μ_s 为泊松比。表中编号 1、2 的钢材材性分别对应核心混凝土强度等级为 C30、C50 的试件。

表 6-5　钢管力学性能指标

编号	f_y/（N/mm²）	f_u/（N/mm²）	E_s/（10⁵N/mm²）	μ_s
1	286.3	365.6	1.91	0.285
2	300.3	347.2	1.92	0.275

6.2.2.2　混凝土力学性能

采用质量取代方法进行不同再生粗骨料取代率的再生混凝土配制。在浇筑试件的同时，共预留 54 个边长为 100mm 的混凝土立方体试块及尺寸为 150mm×150mm×300mm 的混凝土棱柱体试块，以测量加载当天及持荷结束时混凝土的抗压强度和弹性模量。为保证再生混凝土试块的养护条件与钢管内再生混凝土的养护条件相同，在试件浇筑完成 24h 拆模后，用铝箔将再生混凝土试块紧密包裹并在铝箔表面用塑料薄膜密封处理，试块密封处理如图 6-5 所示。按照《混凝土物理力学性能试验方法标准》（GB/T 50081—2019）的规定，在混凝土龄期为 7d、14d、28d、55d 及试件进行承载力试验（约 155d）时测定混凝土的抗压强度和弹性模量。表 6-6 给出了每组 3 个试块的实测平均值，其中 t_0 为加载龄期，r 为再生粗骨料取代率，$f_{cu,100}$ 为边长为 100mm 的立方体混凝土试块强度，f_{cu} 和 f_{cm} 分别为换算得到的边长均为 150mm 的混凝土试块抗压强度和混凝土标准圆柱体[150mm（直径）×300mm（高）]抗压强度，E_c 为混凝土的弹性模量。

（a）立方体试块　　　　　　　　　（b）棱柱体试块

图 6-5　立方体试块和棱柱体试块密封处理

表 6-6　核心混凝土力学性能指标

混凝土强度等级	t_0/d	r/%	混凝土强度/（N/mm²）			E_c/（10⁴N/mm²）
			$f_{cu,100}$	f_{cu}	f_{cm}	
C30	6	100	29.3	27.8	23.6	2.13
	14	100	33.7	32.0	26.6	2.34
	28	0	41.3	39.2	32.4	3.06
		50	32.7	31.1	25.9	2.56
		100	35.2	33.4	27.6	2.26
	56	100	42.5	40.3	33.2	2.92
	152	0	49.5	47.0	38.3	3.53
		50	47.9	45.5	37.1	2.86
		100	47.6	45.2	36.9	2.52
C50	7	100	56.4	53.0	42.3	2.69
	14	100	63.3	59.5	46.8	2.78
	28	0	68.4	63.6	50.1	3.71
		50	70.9	65.9	52.0	3.27
		100	64.7	60.8	47.8	2.96
	55	100	74.3	69.1	55.1	2.82
	155	0	80.1	73.7	59.6	3.93
		50	82.2	75.6	61.2	3.41
		100	79.2	72.9	58.9	3.15

6.2.3　试验装置及加载制度

6.2.3.1　长期持荷试验

采用自行设计的自平衡加载装置[65]对试验试件施加长期荷载［图 6-6（a）］，该装置由上下加载板和 4 根拉杆组成，加载能力为 800kN。该装置已成功用于课题组前期进行的钢管微膨胀混凝土长期荷载试验中[65]。本试验对原有装置进行了以下改进：①试验前，对上下加载板和试件上下端板的表面进行铣平处理［图 6-6（b）］，以方便加载过程中试件的几何对中与物理对中，保证试件处于轴心受压状态；②试验加载及后期持荷过程中，采用千斤顶配合反力架进行预加载并通过拧紧螺栓实现最终加载［图 6-6（a）］，这种组合加载方式的优势在于通过千斤顶预载有利于螺栓的拧紧加载并保证加载过程中试件位置的相对固定。将同组上下 2 个试件叠合放置并在接触端板四分点处进行点焊，从而保证试验过程中作用于 2 个试件上的长期荷载值相同［图 6-6（c）］。

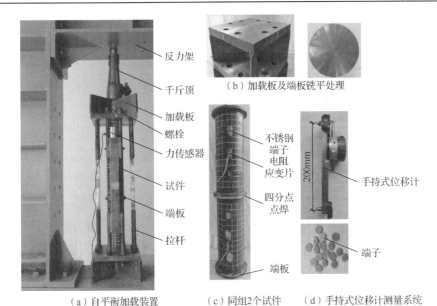

图 6-6　长期持荷试验加载装置图

　　试验加载及长期持荷过程中的荷载通过布置于试件上端与上加载板之间的力传感器进行监测（图 6-7），并在力传感器和试件上端板之间增设 20mm 的刚性垫板，以保证试件全截面均匀受荷。在每个试件中部间隔 90°对称布置 4 组标距为 200mm 的不锈钢测量端子，采用手持式位移计［图 6-6（d）］测量试件的长期变形（图 6-7）；同时，在试件中部钢管表面间隔 90°对称布置 4 组电阻应变片，用于校核加载过程中手持式位移计的测量结果（图 6-7）。试验发现，二者所测得的试件初始变形之差不超过 5%，从而验证了手持式位移计在测量试件变形时的可靠性。本试验长期持荷过程中的试件如图 6-8 所示。

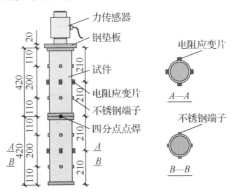

图 6-7　长期持荷试验测量系统（单位：mm）

图 6-8　试件长期持荷

　　为了验证试件在不同高度位置是否均全截面受荷且荷载是否相同以及力传感器在监测长期荷载时的可靠性，在进行试件长期荷载试验前，采用该加载系统对名义截面尺寸为 $\phi140mm×4.50mm$ 且高度与两个钢管再生混凝土试件叠加高度相同的空钢管进行加载试验。在试件 1/4、1/2 和 3/4 高度处的钢管表面间隔 90° 对称布置 4 组电阻应变片，用于验证不同高度处钢管截面的受荷情况，如图 6-9 所示。试验表明，加载过程中，由应变片读数计算得到的钢管各高度位置截面所承担的荷载最大仅相差 2.1%，说明荷载沿柱身高度方向传递均匀；持荷 1 个月过程中，力传感器所监测的荷载变化不超过 1%，说明力传感器的监测结果稳定可靠。因此，加载系统与测量系统均满足本试验要求。

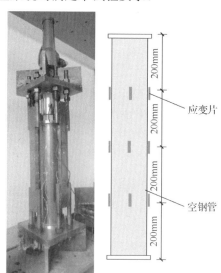

图 6-9　测量系统校正

　　采用分级加载的制度施加荷载，每级荷载为预计长期荷载的 1/4。加载过程中，监测钢管表面应变片的读数，通过调节螺栓保证试件始终处于轴心受压状态。持荷过程中，钢管再生混凝土试件产生长期变形，导致加载系统卸荷，需根据力传感器的数值对试件进行补载，补载的频率由变形增长速率决定。加载初期，试件长期变形增长迅速，一日需补载 3 次；随着时间的推移，长期变形增长速率逐渐降低，补载频率也随之降低，持荷 2 个月后，补载频率约为每周 1 次。该补载频率可保证施加于试件上的荷载保持在初始荷载的±2%范围内，满足《普通混凝土长期性能和耐久性能试验方法标准》（GB/T 50082—2009）[205]关于混凝土徐变试验持荷荷载的要求。

长期持荷试验在室内进行，试验期间温度相对恒定，平均温度为 28.0℃。

6.2.3.2　承载力试验

长期持荷试验结束后，为研究长期荷载作用对钢管再生混凝土截面承载力的影响，对所有试件进行轴心受压破坏试验，研究试件的破坏模式，并获得试件的荷载-位移关系曲线。

本试验在哈尔滨工业大学结构与抗震实验室 5000kN 液压试验机上进行（图6-10）。在顶部加载板和底部加载板各对称布置 2 个位移传感器，分别测量上、下加载板的位移。在试件中部钢管表面间隔 90°对称布置 4 组横向应变片和纵向应变片，用于试件初始加载时进行物理对中并通过东华 3816 静态应变采集仪（DH3816）进行采集。施加的轴向荷载由力传感器监测，并与位移传感器的测量结果通过北京波谱 WS3811 应变采集仪同时进行采集，实现对试件荷载-位移关系曲线的实时监测。此外，在试件与底部力传感器之间布置一块 40mm 厚的刚性垫板，以保证荷载均匀地施加在试件上。

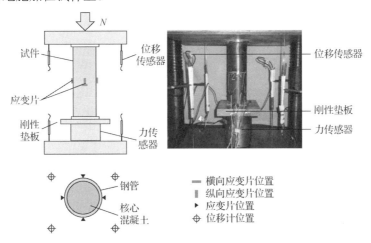

图 6-10　承载力试验加载装置图

试验采用分级单调加载，弹性阶段每级荷载为预计极限承载力的 1/15，持荷时间约为 1min；当荷载超过预计极限承载力的 70%后，每级荷载为预计承载力的

1/30；当加载至接近预计承载力时，慢速连续加载，以获得较为精确的试件承载力；待荷载下降到承载力的85%时，视为试件破坏，试验结束。

6.2.4　试验结果与分析

6.2.4.1　长期持荷试验

（1）再生粗骨料掺入对混凝土徐变的影响

试验测得的钢管再生混凝土长期变形随时间的变化曲线如图6-11所示[71]。可以看出，各试件长期变形在加载初期（前1~2周）发展较快，随后变形的增加速率随持荷时间的增加逐渐降低，钢管再生混凝土试件持荷3个月长期变形可达到持荷结束时徐变变形的90%，此后持荷1个月试件的徐变变形不超过持荷结束时徐变变形的10%，因此在4个月时停止钢管再生混凝土长期性能试验。持荷结束时，再生粗骨料取代率 r 为100%的钢管再生混凝土试件的长期变形比试件的初始变形增加了27.7%~51.1%。由于整个试验过程中，钢管与再生混凝土始终处于线弹性阶段，可认为钢管纵向应力的增加幅度与长期变形的增加幅度相同。可见，时效作用对钢管再生混凝土长期变形及钢管应力的影响不容忽视。

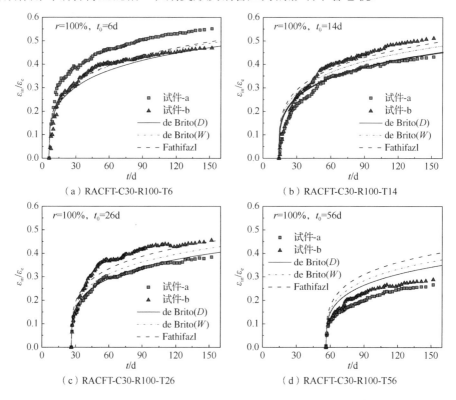

图6-11　钢管再生混凝土试件长期变形随时间的变化曲线[71,72]

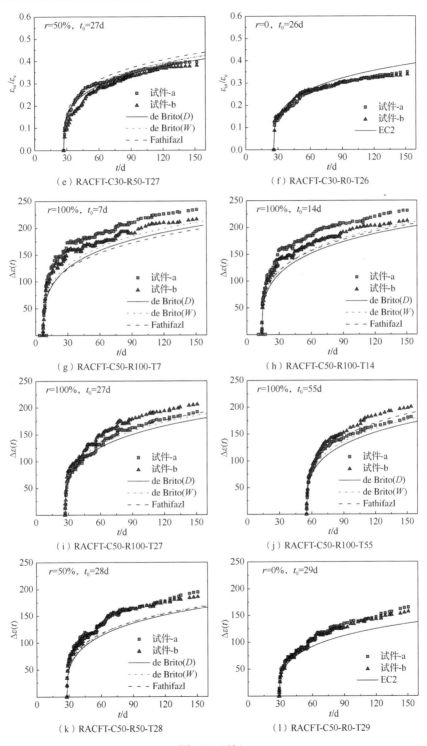

（e）RACFT-C30-R50-T27　　　　　　（f）RACFT-C30-R0-T26

（g）RACFT-C50-R100-T7　　　　　　（h）RACFT-C50-R100-T14

（i）RACFT-C50-R100-T27　　　　　　（j）RACFT-C50-R100-T55

（k）RACFT-C50-R50-T28　　　　　　（l）RACFT-C50-R0-T29

图 6-11（续）

　　与钢管普通混凝土试件相比，钢管再生混凝土同组 2 个试件测得的长期变形结果的离散性较大。例如，再生粗骨料取代率 r 为 100%的钢管再生混凝土同组 2 个试件的长期变形之差为 7.3%～9.5%，而相对应的钢管普通混凝土同组 2 个试件的长期变形仅相差 2.9%～4.8%。这是由于相比于普通骨料，再生粗骨料的物理性质离散性较大，与钢管普通混凝土试件相比，钢管再生混凝土试件长期变形的离散性较高。这与其他学者关于再生混凝土柱轴压力学性能的试验结果一致[222]。

　　（2）徐变随时间的发展规律

　　为比较再生粗骨料取代率 r、核心混凝土强度等级（C30、C50）对试件长期变形随时间发展规律的影响，将钢管再生混凝土试件持荷过程中的长期变形进行归一化处理，得到任一时刻同组 2 个试件长期变形平均值与加载结束后的长期变形终值之比随时间的变化规律，如图 6-12 所示，图中同时给出了相同条件下 EC2 模型[71]的预测结果。总体看来，不同再生粗骨料取代率的试件长期变形随时间的发展规律基本相近，且与 EC2 模型[163]的计算结果相近；再生粗骨料取代率 r、核心混凝土强度等级对钢管再生混凝土长期变形发展趋势影响均较小。

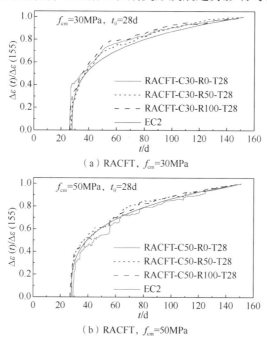

（a）RACFT, f_{cm}=30MPa

（b）RACFT, f_{cm}=50MPa

图 6-12　再生粗骨料取代率对试件长期变形随时间发展的影响

　　（3）加载龄期与核心混凝土强度对徐变变形的影响

　　为消除混凝土初始应力水平的影响，采用试件长期变形增幅 $\Delta\varepsilon(t)/\varepsilon_0$（$\varepsilon_0$ 为初始变形）评价在不同加载龄期 t_0、取代率 r 与核心混凝土强度等级下时效作用对钢管再生混凝土试件静力性能的影响，如图 6-13 与图 6-14 所示。图中，$\Delta\varepsilon(124)$

表示第 124 天试件变形增量，$\Delta\varepsilon(154)$ 表示第 154 天试件变形增量。图 6-13 反映了加载龄期 t_0 和核心混凝土强度对钢管再生混凝土试件长期变形的影响，其中试件的再生粗骨料取代率 r 为 100%且持荷时间均为 96d。

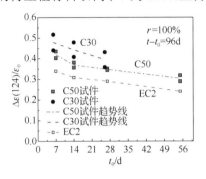 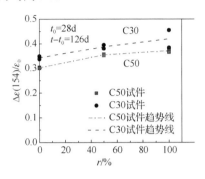

图 6-13　加载龄期和核心混凝土强度对长期　　　图 6-14　再生粗骨料取代率和核心混凝土
　　　　　　变形的影响　　　　　　　　　　　　　　　　　　强度对长期变形的影响

由图 6-13 可以看出，加载龄期 t_0 越早，时效作用对试件变形的影响越显著。例如，混凝土强度等级为 C50、加载龄期 t_0 为 7d 的试件在持荷 96d 后（即 $t-t_0=96$d），试件的长期变形增加了 41.9%，该比例比加载龄期 t_0 为 14d、28d 和 55d 的试件分别大 13.6%、20.5%和 37.9%。此外，为比较加载龄期 t_0 对钢管再生混凝土长期性能影响与 EC2 模型[163]预测结果的差异，采用 EC2 模型[163]计算不同加载龄期 t_0 的钢管普通混凝土试件的长期变形。由于在 EC2 模型中，当混凝土强度不同时加载龄期对试件长期变形的影响相同，在计算时各参数的取值可与 C50 钢管再生混凝土试件相同。将预测结果与 C50 和 C30 钢管再生混凝土试件的试验结果进行对比，可以发现加载龄期 t_0 对钢管再生混凝土试件长期静力性能的影响与 EC2 模型[163]的预测结果相似。

图 6-14 反映了再生粗骨料取代率与核心混凝土强度等级对钢管再生混凝土试件长期变形的影响。通过图 6-14 可以看出，当加载龄期 t_0 相同时，试件长期变形增幅 $\Delta\varepsilon(154)/\varepsilon_0$ 随再生粗骨料取代率 r 的增加近似呈线性增大。例如，试件 RACFT-C50-R50-T28 和试件 RACFT-C50-R100-T27 的长期变形增幅 $\Delta\varepsilon(154)/\varepsilon_0$ 分别为 35.4%和 37.1%，相比于试件 RACFT-C50-R0-T29 的长期变形增幅 $\Delta\varepsilon(154)/\varepsilon_0$，分别提高了 17.2%和 22.8%。再生粗骨料取代率 r 对 C30 和 C50 钢管再生混凝土试件长期变形增幅 $\Delta\varepsilon(154)/\varepsilon_0$ 的影响相近。例如，对于核心混凝土强度等级为 C30 的钢管再生混凝土试件，当再生粗骨料取代率 r 由 0 增加至 100%时，试件的长期变形增幅 $\Delta\varepsilon(154)/\varepsilon_0$ 提高了 22.4%，该比例与 C50 的钢管再生混凝土试件的试验结果基本相同，二者仅相差 1.8%。此外，图 6-14 中，对于钢管再生混凝土，核心再生混凝土强度等级越低，时效作用对钢管再生混凝土长期变形的影响越显著，该影响与相对应的钢管普通混凝土试件的试验结果相似（即对于图 6-14 中 $r=0$ 的试件，时效作用对试件长期变形的影响仍随着强度的降低而提高）。例如，当核心

混凝土强度等级由 C50 降至 C30 时，再生粗骨料取代率 r 为 100%的试件长期变形增幅$\Delta\varepsilon(154)/\varepsilon_0$提高了 13.3%，而相应钢管普通混凝土试件（$r=0$）的提高幅度为 13.0%。

6.2.4.2　承载力试验

长期试验结束后，将所有试件进行轴心受压试验，破坏模式如图 6-15 所示。试验表明，所有试件的破坏过程及破坏模式相似，即长期持荷作用与再生粗骨料取代率对试件的破坏过程及破坏模式均影响较小。在弹性阶段，试件中截面的应变及其轴向位移随荷载的变化呈线性增长；当试件承受的荷载约达 70%承载力时，试件进入弹塑性阶段，钢管表面开始出现斜向的剪切滑移线且滑移线随着轴压荷载的增加而逐渐增多，此阶段试件中截面的应变及其轴向位移的增长速度加快；当试件所承受的荷载接近或超过承载力后，钢管在其不利位置发生鼓曲并有膨胀的趋势；试件最终破坏时沿钢管鼓曲处呈剪切型破坏。

| RACFT-C50-R0-a | RACFT-C50-R50-a | RACFT-C50-R100-a |

（a）未经长期持荷作用的试件

| RACFT-C50-R0-T29-a | RACFT-C50-R50-T28-a | RACFT-C50-R100-T7-a | RACFT-C50-R100-T14-a | RACFT-C50-R100-T24-a | RACFT-C50-R100-T55-a |

（b）经长期持荷作用的对比试件

图 6-15　典型试件的破坏模式

将各试件的承载力列于表 6-1，表中给出了长期持荷试件的承载力与相应未经持荷作用试件的承载力之比 K_f。可以看出，经长期荷载作用后，试件的承载力提高了 0.5%～6.0%。这可能是由于长期持荷过程中，外界压力有利于核心混凝土中尚未水化的水泥进行水化[223]，促进了与荷载垂直方向的微裂纹愈合，提高了胶体之间的范德华力，从而使胶体之间连接更为紧密[224]。已有研究表明，圆钢管微膨胀混凝土[65]及方钢管普通混凝土短柱[225]经长期荷载作用后，试件的承载力提高了 7%～21%。可见，持荷作用对钢管再生混凝土截面承载力的有利影响不如对钢管普通混凝土显著。为保证上述结论的可靠性，建议扩大参数范围，更深入地研究长期荷载作用对钢管再生混凝土截面承载力的影响。

实测试件的轴向荷载-位移关系曲线如图 6-16 所示，可见轴向荷载-位移曲线均可分为弹性段、弹塑性段和下降段 3 个阶段，且同组各试件轴向荷载-位移曲线的离散性均较小。需要说明的是，在轴压试验时试件 RACFT-C30-R0-c、RACFT-C30-R50-c 与 RACFT-C30-R100-c 变形测量装置在加载过程中失效，试件 RACFT-C30-R0-b、RACFT-C50-R100-T55-a 与 RACFT-C50-R50-c 在试验时位移计受到了明显的扰动，因此，未给出这些试件的荷载-位移曲线。

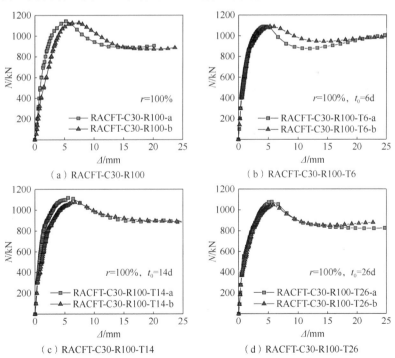

（a）RACFT-C30-R100　　　　　　　（b）RACFT-C30-R100-T6

（c）RACFT-C30-R100-T14　　　　　　（d）RACFT-C30-R100-T26

图 6-16　实测试件的轴心荷载-位移曲线

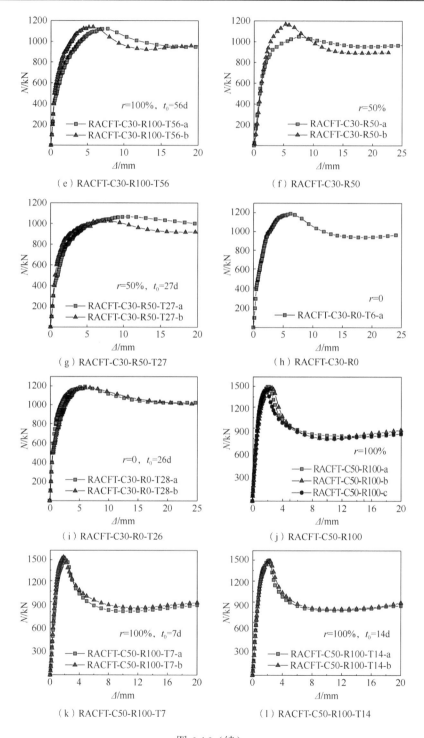

（e）RACFT-C30-R100-T56

（f）RACFT-C30-R50

（g）RACFT-C30-R50-T27

（h）RACFT-C30-R0

（i）RACFT-C30-R0-T26

（j）RACFT-C50-R100

（k）RACFT-C50-R100-T7

（l）RACFT-C50-R100-T14

图 6-16（续）

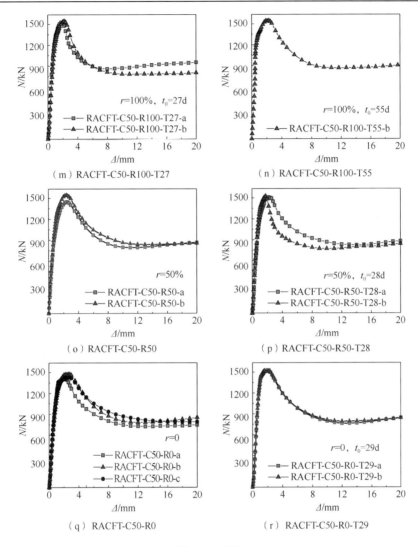

图 6-16（续）

　　为比较时效作用对钢管再生混凝土轴压刚度的影响，将持荷后钢管再生混凝土试件的轴压刚度与未经持荷作用的试件轴压刚度进行对比，如图 6-17 所示。可以看出，长期持荷对钢管再生混凝土轴压刚度的影响较小。以核心混凝土强度等级为 C50 的钢管再生混凝土为例，徐变后试件的轴压刚度与未经长期持荷的试件轴压刚度差异仅为 8.0%。但由于试验误差，个别试件在长期持荷后的轴压刚度与未经持荷的试件相比产生了较大差异。例如，当核心混凝土强度等级为 C30 且再生粗骨料取代率为 50% 时，徐变后试件轴压刚度与未经持荷的试件相比，差异达 26.5%。这说明了进行进一步试验以减少试验误差，确定长期持荷对钢管再生混凝土试件轴压刚度影响的必要性。

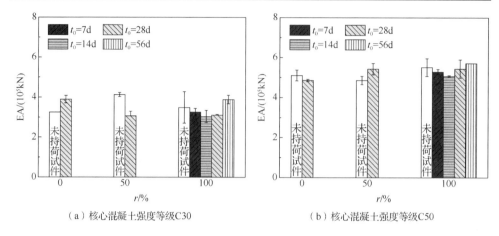

（a）核心混凝土强度等级C30   （b）核心混凝土强度等级C50

图 6-17　长期持荷对钢管再生混凝土轴压刚度的影响

以试件的极限变形 ε_u（荷载-位移曲线下降段荷载等于 0.85 倍峰值荷载时的试件变形）与峰值变形 ε_o 之比的形式表示试件的延性，将长期持荷后试件的延性与未经持荷作用的试件延性进行对比，如图 6-18 所示。

需要说明的是，试件 RACFT-C30-R50-a、RACFT-C30-R50-T27-a、RACFT-C30-R50-T27-b 与 RACFT-C30-R100-T6-a 的荷载-位移曲线下降段轴向荷载未下降至 0.85 倍峰值荷载，因此图 6-18（a）中未给出相应的延性。

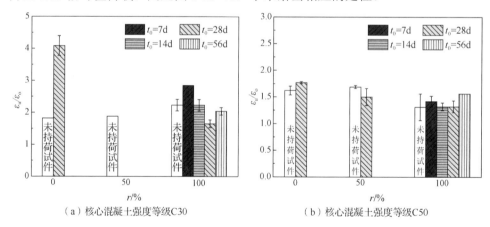

（a）核心混凝土强度等级C30   （b）核心混凝土强度等级C50

图 6-18　长期持荷对钢管再生混凝土延性的影响

从图 6-18 中可以看出，尽管个别试件在长期持荷后延性产生较大变化（如 RACFT-C30-R0-T28、RACFT-C30-R100-T7 与 RACFT-C50-R100-T56），但总体来说长期持荷对试件延性影响较小。除上述试件外，剩余经长期持荷的试件与未经长期持荷的试件相比，延性差异不超过 11%。同样，为减小试验误差，进一步确定时效作用对钢管再生混凝土延性的影响，需要进行更多的钢管再生混凝土徐变后轴压试验。

6.3　钢管再生混凝土长期性能分析方法

6.3.1　钢管普通混凝土徐变模型

与现有再生混凝土收缩徐变模型类似，钢管再生混凝土收缩徐变模型的提出需基于钢管普通混凝土的收缩徐变模型。钢管混凝土试件在持荷过程中，试件的核心混凝土处于密闭环境中，与外界不发生水分交换，仅发生基本徐变与自生收缩。课题组[191]的前期研究结果表明，当模型未区分干燥徐变与基本徐变或（且）未区分干燥收缩与自生收缩时，可通过假设混凝土体积为无穷大的方式对普通混凝土的收缩徐变模型进行修正，使其适用于预测钢管普通混凝土的长期变形。目前，国内外学者已对钢管普通混凝土构件的长期静力性能进行了大量的试验研究：20 世纪 80 年代，谭素杰等[226]对圆钢管混凝土短柱在轴向荷载及偏心荷载作用下的长期变形进行了试验研究；此后，Terrey 等[201]、Ichinose 等[227]、林军[228]、Kwon 等[200]先后进行了圆钢管混凝土轴心受压短柱在长期荷载作用下的变形试验研究；1996 年，Morino 等[229]首次对方钢管混凝土轴压、纯弯及压弯构件的长期静力性能展开了试验研究；之后，Uy[202]、韩林海[230]、Kwon 等[231]进一步试验研究了核心混凝土收缩徐变对方形、矩形钢管混凝土构件变形及承载力的影响。

本节收集了上述文献所进行的共 77 个钢管混凝土短柱的试验结果，基于混凝土体积无穷大假设对核心混凝土徐变收缩模型进行修正[65]（修正后的各模型设计公式参见附录V），比较分析修正后的 EC2、MC90、AFREM、B3 及 ACI 模型在预测钢管混凝土构件长期静力性能时的精度。构件参数范围较广，包括圆形、方形、矩形钢管混凝土轴压及偏压短柱，混凝土强度为 15～60MPa，含钢率为 0.02～0.2，持荷时荷载轴压比为 0.1～0.8，加载龄期为 7d～6 个月。

6.3.1.1　长期变形随时间变化曲线对比结果

钢管混凝土构件的长期变形随时间变化规律有长期总变形曲线与长期变形增量曲线两种表示方式。本节根据各文献所选取的不同表示方式，分别对构件变形增量（ε_{in}）与变形总量（ε）随时间（t）的变化规律进行分析。限于篇幅，仅给出具有代表性的对比结果，各构件具体参数见表 6-7。表中列出的对比构件涵盖了圆形、方形、矩形 3 种截面形式，加载形式包括轴压及偏压，并分别列出了 28d 加载及晚龄期加载的构件的比较结果。在各构件长期变形分析中，当缺乏试验值时，假设钢管弹性模量 E_s=2.0×10^{5}MPa，混凝土弹性模量根据混凝土 28d 抗压强度（f_{cm28}）实测结果由相应的模型公式计算得到。由于使用 B3 模型时需要混凝土配合比信息，对于未提供该信息的试验构件，仅采用了其余 4 种模型进行分析。此外，钢管混凝土结构在正常使用阶段的核心混凝土应力水平一般不超过 0.5，而大量试验结果证明钢管对混凝土的约束力仅在核心混凝土应力水平达到 0.75 后才对构件响应产生较大影响[210,232]。因此，本节在进行钢管混凝土短柱长期静力性能分析时未考虑钢管约束效应的影响。但是，在用作模型验证的 77 个试件中，有个别构件的核心混凝土应力水平已超过 0.75，为保持本节内容的整体性，本节对高轴压比构件暂不考虑钢管约束作用的影响，后面的比较结果显示，不考虑约束作用所得的分析结果仍与试验结果吻合良好。

表 6-7 构件几何及材料参数

构件	t_s /mm	E_s /GPa	f_{cm28} /MPa	E_{c28} /GPa	c/kg	混凝土配比	α	t_0/d	N/kN	n	n_c	e/mm
A-4[12]	4	213	37.1	—	400	0.40∶1∶ 1.53∶2.85	0.166	28	380	0.43	0.63	—
C-120-2.3[14]	2.14	192	19.9	20.7	—	—	0.091	28	115	0.22	0.34	—
R-2[15]	2.93	195	29.7	29.2	457	0.45∶1∶ 1.33∶2.47	0.177	28	304	0.73	0.92	—
11[9]	4.85	197	28.3				0.168	28	550	0.52	0.99	40
α=0.184[9]	4.37	224	28.8				0.184	341	500	0.58	0.95	
15[9]	4.78	197	28.3				0.166	208	380	0.36	0.69	40
试件 II[6]	2.6/ 2.65	179	34.2	33.1	470	0.40∶1∶ 1.46∶2.16	0.079/ 0.080	30	441	0.50	0.63	
CM3[17]	4.5		29.3			0.45∶1∶ 1.84∶3.56	0.190	28	240	0.27	0.47	

注：t_s 为钢管厚度；E_s 为钢管弹性模量；f_{cm28} 为混凝土（150mm×300mm）标准圆柱体试块 28d 抗压强度平均值；E_{c28} 为混凝土 28d 弹性模量；c 为每立方米混凝土所掺水泥质量；混凝土配合比表示为水∶水泥∶砂∶石子；$\alpha=A_s/A_c$ 表示含钢率，其中 A_s 为钢管截面面积，A_c 为核心混凝土截面面积；t_0 为加载龄期；$n_c=s_c(t_0)/f_{cm}(t_0)$ 表示加载初期核心混凝土内应力水平，其中 $\sigma_c(t_0)$ 为加载初期核心混凝土所承担应力，$f_{cm}(t_0)$ 为加载初期混凝土（150mm×300mm）标准圆柱体试块抗压强度平均值；$n = N/N_u$ 表示构件轴压比，其中 N 为构件所受轴力，N_u 为构件极限承载力，其值根据《钢管混凝土结构技术规范》（GB 50936—2014）的相关规定确定，计算时钢及混凝土强度取标准值；e 为偏心率。

图 6-19 所示为加载龄期为 28d 的圆形、方形、矩形普通钢管混凝土构件在轴向及偏心荷载作用下的长期变形曲线及相应 5 种模型的分析结果，其中偏心荷载作用下的构件曲线为钢管外表面最大压应力边缘的变形结果。

图 6-19 中，ε_{in} 为长期变形增量，ε 为总变形量，D 为圆钢管混凝土构件直径，B 为方钢管混凝土构件边长或矩形构件短边边长，B_L 为矩形构件长边边长，下同。观察图 6-19 可以发现，B3 模型略微高估了构件长期变形，而 ACI 模型的预测结果则比试验结果偏低，其余 3 种修正后模型的预测结果与试验数据均吻合较好。图 6-19（c）和（d）中的两试件核心混凝土内的应力水平已接近 1，谭素杰等[226]及韩林海[230]所进行的钢管混凝土构件长期静力性能试验中，大部分试件核心混凝土内的应力水平均高于 0.5。一般认为，普通外露混凝土内应力水平超过 0.5 后，

徐变变形呈非线性发展趋势。本节所采用的逐步积分法与各混凝土收缩徐变模型均只限于预测线性徐变。但与图 6-19（c）和（d）中的比较结果类似，对于文献[226]和文献[230]中核心混凝土应力水平较高的各试件，除 B3 模型与 ACI 模型外，其余各模型的预测结果均与试验结果吻合良好。可见，钢管混凝土构件关于线性徐变的应力水平限值可能比非密闭素混凝土构件高。这可能是因为钢管混凝土构件在高应力作用下，钢管的约束作用将很大程度上限制核心混凝土内微裂纹的发展。一般认为，导致混凝土发生非线性徐变的主要原因之一是混凝土内部微裂纹的快速发展[21]，因此钢管的约束作用可能会提高钢管混凝土构件保持线性徐变的应力上限，其具体数值有待于进一步的试验研究予以确定。钢管混凝土构件在高应力状态下综合考虑钢管约束效应与徐变非线性的分析方法有待于进一步探究。

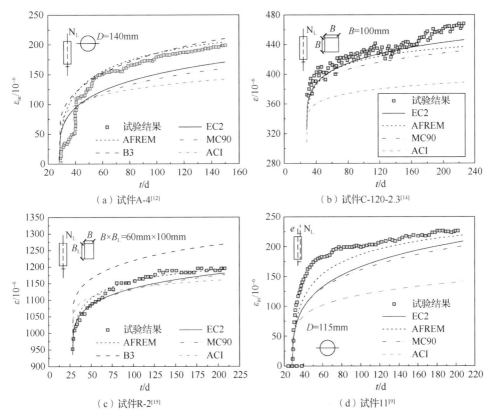

图 6-19　普通钢管混凝土短柱 28d 加载长期变形分析

　　图 6-20 所示为晚龄期加载的钢管混凝土轴压及偏压构件的长期变形曲线与相应的各模型预测结果，图 6-20 中两个试件的加载龄期均在 6 个月以上。比较各曲线发现，AFREM 模型会高估晚龄期加载的钢管混凝土构件的长期变形，ACI 模型的计算结果仍比试验结果偏低。

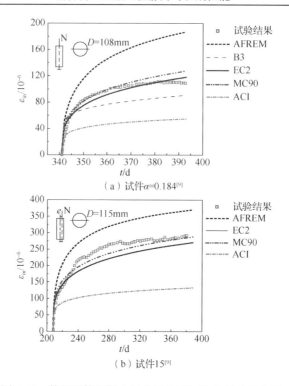

（a）试件α=0.184[9]

（b）试件15[9]

图6-20　普通钢管混凝土短柱晚龄期加载长期效应分析

6.3.1.2　各模型预测精度的统计结果

在实际工程中，设计及施工人员更加关心的是结构构件的收缩徐变终值。为了全面评价各模型在预测钢管混凝土构件长期静力性能时的精确性与可靠性，将所有构件在试验结束时长期变形增量的计算结果与实测结果进行对比分析，如图6-21所示。图6-21统计了所有钢管混凝土构件在其长期试验结束时的长期变形增量的实测结果与各修正后混凝土收缩徐变模型的分析结果之间的差异。图中ε_m为测得的钢管混凝土构件长期变形增量，ε_c为相应的模型计算结果。

将图6-21中散点进行线性回归，回归线截距设为零，回归线方程与相关系数如图6-21所示。图6-21（c）中，AFREM模型高估了构件长期变形，这主要是由于AFREM模型对晚龄期加载的钢管混凝土构件长期变形的预测结果普遍高于试验结果；从图6-21（d）可以看出，修正后的B3模型与试验数据对比结果的离散性较大；ACI模型［图6-21（e）］则低估了构件长期变形；修正后的MC90模型的分析结果与实测结果较为接近；但是MC90模型［图6-21（b）］不能考虑收缩的影响，不适用于钢管高强混凝土的长期静力响应预测。修正后的EC2模型［图6-21（a）］可以较为全面地反映钢管混凝土的收缩徐变特性，且预测结果与试验数据吻合最好，适用于钢管混凝土长期静力响应分析。此外，由于混凝土长期试验的离散性，对于部分钢管混凝土构件，即使采用预测精度最高的EC2模型与MC90模型，分析所得构件长期变形与实测结果之间仍存在 30%的偏差。对于相应文献中同时测量了加载初期弹性变形的试件（图 6-21 中实心三角点所代表的构件），如果进一步对比其在试验结束时的总变形分析与实测结果（分析结果用 $\varepsilon_{c,tot}$ 表示，实测结果用 $\varepsilon_{m,tot}$ 表示），可以发现两者之间的偏差显著减小，仅为 10%左右（图 6-22）。实际工程中，设计施工人员并不刻意区分弹性变形与长期变形，而是更关心结构总变形的预测结果，因此采用修正后的 EC2 模型进行钢管混凝土结构长期静力性能分析，可以得到令人满意的结果。

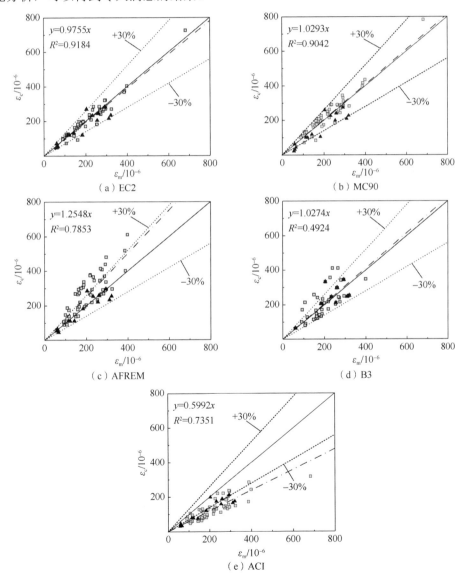

图 6-21　构件长期变形增量比较结果统计

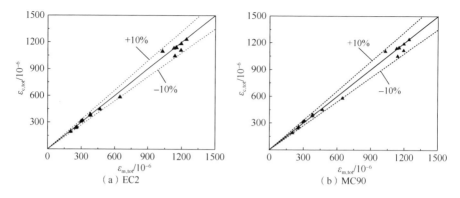

图 6-22　构件长期试验结束时总变形比较结果统计

6.3.2　钢管再生混凝土徐变模型

基于体积无穷大假设，将 1.5.1.5 节所提出的再生粗骨料影响系数 K_{RCA} 引入 EC2 模型[163]中，在 t_0 时刻施加的单位应力持荷至 t 时刻所引起的核心再生混凝土徐变应变可采用下列公式计算。

$$C(t,t_0) = \frac{\varphi(t,t_0)}{1.05E_{ci}} K_{RCA} \tag{6-1}$$

$$E_{ci} = 2.2 \times 10^4 (0.11r^2 - 0.33r + 1) \left[\frac{f_{cm28}}{10(1-0.15r)}\right]^{0.3} \tag{6-2}$$

$$\varphi(t,t_0) = \varphi_{RH}\beta(f_{cm28})\beta(t_0)\beta_c(t-t_0) \tag{6-3}$$

$$\varphi_{RH} = \begin{cases} 1, & f_{cm28} \leqslant 35\text{MPa} \\ \left(\dfrac{35}{f_{cm28}}\right)^{0.2}, & f_{cm28} > 35\text{MPa} \end{cases} \tag{6-4}$$

$$\beta(f_{cm28}) = \frac{16.8}{f_{cm28}^{0.5}} \tag{6-5}$$

$$\beta(t_0) = \frac{1}{0.1 + (t_{0,c})^{0.2}} \tag{6-6}$$

$$t_{0,c} = t_{0,T} \left(\frac{9}{2 + t_{0,T}^{1.2}} + 1\right)^{\alpha_2} \geqslant 0.5 \tag{6-7}$$

$$t_{0,T} = \sum_{i=1}^{n} \Delta t_i \exp\left[13.6 - \frac{4000}{273 + T(\Delta t_i)}\right], \quad T<0\text{℃ 或 } T>80\text{℃} \tag{6-8}$$

$$\alpha_2 = \begin{cases} -1, & \text{慢硬水泥} \\ 0, & \text{普通水泥} \\ 1, & \text{快硬水泥} \end{cases} \tag{6-9}$$

$$\beta_c(t-t_0)=\left[\frac{(t-t_0)}{\beta_H+(t-t_0)}\right]^{0.3} \tag{6-10}$$

$$\beta_H=\begin{cases}1500, & f_{cm28}\leqslant 35\text{MPa}\\ 1500\left(\dfrac{35}{f_{cm28}}\right)^{0.5}, & f_{cm28}>35\text{MPa}\end{cases} \tag{6-11}$$

$$f_{cm28}=\frac{f_{cm}(t)}{\beta_{cc}(t)} \tag{6-12}$$

$$\beta_{cc}(t)=\exp\left\{s\left[1-\left(\frac{28}{t}\right)^{0.5}\right]\right\} \tag{6-13}$$

$$s=\begin{cases}0.20, & \text{水泥等级为CEM42.5R、CEM52.5N和CEM52.5R}\\ 0.25, & \text{水泥等级为CEM32.5R和CEM42.5N}\\ 0.38, & \text{水泥等级为CEM32.5N}\end{cases} \tag{6-14}$$

式中 $C(t,t_0)$——核心混凝土徐变度，即在 t_0 时刻施加的单位应力持荷至 t 时刻所产生的徐变变形；

$\varphi(t,t_0)$——核心混凝土徐变系数，即在 t_0 时刻施加的荷载持荷至 t 时刻所产生的徐变变形与 t_0 时刻初始弹性变形的比值；

E_{ci}——再生混凝土 28d 弹性模量，当无实测结果时，可用式（6-2）计算，MPa；

K_{RCA}——再生粗骨料影响系数；

f_{cm28}——再生混凝土 28d 圆柱体抗压强度平均值，对于 C50（不含）以下混凝土，$f_{cm28}=0.8f_{cu}+8\text{MPa}$；对于 C50（含）以上混凝土，$f_{cm28}=f_{cu}-2\text{MPa}$；

r——再生粗骨料取代率，100%取代时取 1.0；

φ_{RH}——环境湿度影响系数；

$\beta(f_{cm28})$——混凝土强度影响系数；

$\beta(t_0)$——加载龄期影响系数；

$\beta_c(t-t_0)$——徐变发展系数；

$t_{0,c}$——考虑水泥种类影响的加载龄期修正值，即通过修正加载龄期考虑水泥种类对徐变的影响，d；

$t_{0,T}$——考虑温度变化影响的加载龄期修正值，即通过修正加载龄期考虑温度变化对徐变的影响，d；

T——环境温度，℃；

Δt_i——在环境温度为 T 条件下的混凝土持荷时间，d；

α_2——水泥种类修正系数；

β_H——环境湿度及构件名义尺寸系数；

$\beta_{cc}(t)$——混凝土强度发展系数；

s——水泥强度等级系数。

核心再生混凝土在 t 时刻的收缩应变 $\varepsilon_{ca}(t)$ 可采用下列公式计算：

$$\varepsilon_{ca}(t) = \beta_{as}(t)\varepsilon_{ca}(\infty)\kappa_{sh,au} \tag{6-15}$$

$$\beta_{as}(t) = 1 - \exp(-0.2t^{0.5}) \tag{6-16}$$

$$\varepsilon_{ca}(\infty) = 2.5\left[\frac{f_{cm28}}{(1-\alpha_1 r)} - 18\right] \times 10^{-6} \tag{6-17}$$

$$\alpha_1 = \begin{cases} 0.07, & \text{I 类再生粗骨料} \\ 0.15, & \text{II 类/III 类再生粗骨料} \end{cases} \tag{6-18}$$

$$\kappa_{sh,au} = (1 - r_c C_{RM})^{-0.5}\left(\frac{w_{RAC} + \omega a_{RCA}}{w_{RAC}}\right)^{-3.5} \tag{6-19}$$

式中　$\beta_{as}(t)$——收缩发展系数；

$\varepsilon_{ca}(\infty)$——收缩终值；

$\kappa_{sh,au}$——再生粗骨料影响系数；

f_{cm28}——再生混凝土 28d 圆柱体抗压强度平均值，对于 C50（不含）以下混凝土，$f_{cm28} = 0.8 f_{cu} + 8\text{MPa}$；对于 C50（含）以上混凝土，$f_{cm28} = f_{cu} - 2\text{MPa}$；

α_1——再生粗骨料类别修正系数；

r——再生粗骨料取代率，100%取代时取 1.0；

C_{RM}——残余砂浆含量，即烘干处理后再生粗骨料中残余砂浆质量与再生粗骨料总质量的比值，当无实测结果时可取 0.4；

ω——再生粗骨料吸水率，即再生粗骨料达到饱和面干状态所吸收的水与绝干状态下再生粗骨料的质量比；

w_{RAC}——再生混凝土中的有效单位用水量，即单位体积再生混凝土中有效水（不含再生粗骨料达到饱和面干状态所吸收的水）的质量，kg/m³；

a_{RCA}——再生混凝土中的再生粗骨料的质量含量，kg/m³。

6.3.3　混凝土时效分析理论

6.3.3.1　逐步积分法

钢管再生混凝土构件在长期荷载作用下，核心混凝土所承担的应力随时间发展不断降低，钢管内的应力不断增加，即产生构件截面的应力重分布现象。当钢管与核心混凝土均处于线弹性范围内时，对于变应力作用下混凝土的时效效应，可采用 Gilbert 等[221]推荐的积分形式计算：

$$\varepsilon_{\text{tot}}(t) - \varepsilon_{\text{sh}}(t) = \sigma_c(t_0)J(t,t_0) + \int_{t_0^+}^{t} J(t,\tau)\mathrm{d}\sigma_c(\tau) \qquad (6\text{-}20)$$

式中　$\varepsilon_{\text{tot}}(t)$——$t$ 时刻核心再生混凝土的总变形量，包括初始变形、徐变变形和收缩变形；

$\varepsilon_{\text{sh}}(t)$——$t$ 时刻核心再生混凝土的收缩变形；

t_0——加载龄期，d；

$\sigma_c(\tau)$——τ 时刻核心再生混凝土应力，MPa；

$J(t,\tau)$——再生混凝土的徐变函数，表示 τ 时刻施加在再生混凝土上的单位应力持荷至 t 时刻所引起的长期变形，MPa^{-1}。

为便于读者理解逐步积分法计算原理，将钢管混凝土徐变过程中徐变函数 $J(t,\tau)$ 随核心再生混凝土应力 $\sigma_c(\tau)$ 的变化以图 6-23 表示。其中，t_0 表示持荷开始的时刻，t_k 表示持荷结束的时刻。逐步积分法 [式（6-21）] 的计算结果可由图 6-23 中的阴影部分面积表示。

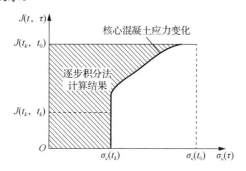

图 6-23　逐步积分法计算原理

在数值计算中，将式（6-20）的积分项离散化，通过 $k+1$ 时间点将时间 t 离散为 $t_0, t_1, t_2, \cdots, t_i, \cdots, t_k$，共 k 个小时间段，每个时间段内的积分可通过梯形法则近似计算得到，则式（6-20）可近似为

$$\varepsilon_{ck} - \varepsilon_{shk} \cong \sigma_c(t_0)J(t_k,t_0) + \sum_{j=1}^{k}\frac{1}{2}[J(t_k,t_j) + J(t_k,t_{j-1})][\sigma_c(t_j) - \sigma_c(t_{j-1})] \qquad (6\text{-}21)$$

式中　ε_{ck}——t_k 时刻核心再生混凝土的总变形量；

ε_{shk}——t_k 时刻核心再生混凝土的收缩变形；

$\sigma_c(t_j)$——t_j 时刻核心再生混凝土应力，MPa，下面简写为 σ_{cj}；

$J(t_k,t_j)$——再生混凝土的徐变函数，表示 t_j 时刻施加在再生混凝土上的单位应力持荷至 t_k 时刻所引起的徐变变形，MPa^{-1}。

对式（6-21）进行转换，可得到考虑收缩徐变影响的再生混凝土本构方程：

$$\sigma_{ck} = E_{c1k}\varepsilon_{ck} + \sum_{j=0}^{k-1}\sigma_{cj}E_{c2kj} - E_{c1k}\varepsilon_{shk} \qquad (6\text{-}22)$$

式中

$$E_{c1k} = \frac{2}{J(t_k,t_k) + J(t_k,t_{k-1})} \qquad (6\text{-}23)$$

$$E_{c2kj} = \begin{cases} \dfrac{J(t_k,t_1) - J(t_k,t_0)}{J(t_k,t_k) + J(t_k,t_{k-1})}, & j = 0 \\[3mm] \dfrac{J(t_k,t_{j+1}) - J(t_k,t_{j-1})}{J(t_k,t_k) + J(t_k,t_{k-1})}, & j = 1,\cdots,k-1 \end{cases} \qquad (6\text{-}24)$$

6.3.3.2 典型简化计算方法

（1）有效模量法

进行混凝土时效效应分析时，有效模量法采用矩形法则近似计算式[式（6-20）]的积分项，即

$$\varepsilon_{tot}(t_k) - \varepsilon_{sh}(t_k) \cong \sigma_c(t_0)J(t_k,t_0) + [\sigma_c(t_k) - \sigma_c(t_0)]J(t_k,t_0) \qquad (6\text{-}25)$$

将式（6-25）中的徐变函数 $J(t_k,t_0)$ 采用徐变系数 $\varphi(t_k,t_0)$ 表示如下：

$$\varepsilon_{tot}(t_k) - \varepsilon_{sh}(t_k) = \frac{\sigma_c(t_k)}{E_e(t_k,t_0)} \qquad (6\text{-}26)$$

式中　$E_e(t_k,t_0)$——构件的有效模量，按式（6-27）计算，MPa；

　　　　$\sigma_c(t_k)$——t_k 时刻核心再生混凝土的应力，MPa。

$$E_e(t_k,t_0) = \frac{E_c(t_0)}{1 + \varphi(t_k,t_0)} \qquad (6\text{-}27)$$

式中　$E_c(t_0)$——混凝土 t_0 时刻的弹性模量，MPa；

　　　　$\varphi(t_k,t_0)$——构件的徐变系数，即 t_k 时刻混凝土的徐变变形与加载龄期为 t_0 时的构件弹性变形之比。

有效模量法假设构件的徐变变形取决于持荷结束时混凝土的应力状态，即忽略了长期持荷过程中混凝土应力的变化，如图 6-24 所示。

为方便比较与使用，仍沿用式（6-22）的形式表示有效模量法的混凝土时效本构方程，其中，E_{c1k} 与 E_{c2kj} 可由式（6-28）和式（6-29）表示。

$$E_{c1k} = \frac{E_c(t_0)}{1 + \varphi(t_k,t_0)} \qquad (6\text{-}28)$$

$$E_{c2kj} = 0, \quad j = 0 \qquad (6\text{-}29)$$

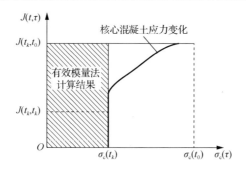

图 6-24　有效模量法计算原理

（2）龄期调整有效模量法

利用积分中值定理，龄期调整有效模量法将式（6-20）的积分项变换为

$$\int_{t_0^+}^{t_k} J(t_k,\tau)\mathrm{d}\sigma_c(\tau) \cong \left[\sigma_c(t_k)-\sigma_c(t_0)\right]\mu(t_k,t_0).J(t_k,t_0) \tag{6-30}$$

式中　$\mu(t_k,t_0)$——龄期调整系数。

龄期调整有效模量法采用龄期调整系数 $\mu(t_k,t_0)$ 考虑核心混凝土应力随持荷时间的变化，如图 6-25 所示。

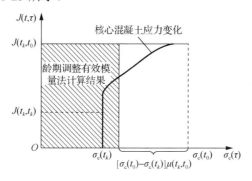

图 6-25　龄期调整有效模量法计算原理

当采用徐变系数 $\varphi(t_k,t_0)$ 表示式（6-30）中的徐变函数 $J(t_k,t_0)$ 时，龄期调整系数 $\mu(t_k,t_0)$ 通常以老化系数 $\chi(t_k,t_0)$ 的形式表示，式（6-30）可表示如下。

$$\int_{t_0^+}^{t_k} J(t_k,\tau)\mathrm{d}\sigma_c(\tau) = \frac{\sigma_c(t_k)-\sigma_c(t_0)}{E_c(t_0)}\left[1+\chi(t_k,t_0)\varphi(t_k,t_0)\right] \tag{6-31}$$

式中　$\chi(t_k,t_0)$——老化系数。

与有效模量法不同，采用龄期调整有效模量法考虑混凝土时效作用时，混凝土的徐变变形取决于初始加载的应力 $\sigma_c(t_0)$ 及持荷过程中的应力变化 $\Delta\sigma_c(t_0)$。基于此，式（6-20）可转化为

$$\varepsilon_{tot}(t_k)-\varepsilon_{sh}(t_k) = \frac{\sigma_c(t_0)}{E_e(t_k,t_0)} + \frac{\Delta\sigma_c(t)}{\overline{E_e(t_k,t_0)}} \tag{6-32}$$

式中　$\overline{E_e}(t_k, t_0)$——龄期调整的有效模量，MPa。

$$\overline{E_e}(t_k, t_0) = \frac{E_c(t_0)}{1 + \chi(t_k, t_0)\varphi(t_k, t_0)} \tag{6-33}$$

采用式（6-22）的形式表示龄期调整有效模量法的混凝土时效本构方程，其中，E_{c1k} 与 E_{c2kj} 可由式（6-34）和式（6-35）表示：

$$E_{c1k} = \frac{E(t_0)}{1 + \chi(t_k, t_0)\varphi(t_k, t_0)} \tag{6-34}$$

$$E_{c2kj} = \varphi(t_k, t_0)\frac{\chi(t_k, t_0) - 1}{1 + \chi(t_k, t_0)\varphi(t_k, t_0)}, \quad j = 0 \tag{6-35}$$

Brooks 等[233]、Bažant 等[194]针对老化系数 $\chi(t_k, t_0)$ 均提出了计算方法，分别如式（6-36）和式（6-37）所示。

$$\chi(t_k, t_0) = \frac{1}{1 - e^{-[0.09 + 0.686\varphi(t_k, t_0)]}} - \frac{1}{\varphi(t_k, t_0)} \tag{6-36}$$

$$\chi(t_k, t_0) = \frac{E_c(t_0)}{E_c(t_0) - \dfrac{0.992}{J(t_k, t_0)} + \dfrac{0.115}{J(t_m, t_m - 1)}\left[\dfrac{J(t_m, t_0)}{J(t_k, t_m)} - 1\right]} - \frac{1}{\varphi(t_k, t_0)} \tag{6-37}$$

$$t_m = \frac{(t_k + t_0)}{2} \tag{6-38}$$

（3）平均应力法

平均应力法采用梯形法则近似计算式（6-20）的积分项，以考虑混凝土的时效效应，如式（6-39）所示。

$$\varepsilon_{tot}(t_k) - \varepsilon_{sh}(t_k) \cong \sigma_c(t_0)J(t_k, t_0) + \frac{1}{2}[\sigma_c(t_k) - \sigma_c(t_0)][J(t_k, t_k) + J(t_k, t_0)] \tag{6-39}$$

平均应力法假设在长期持荷过程中核心混凝土的应力随徐变函数线性变化，如图 6-26 所示。

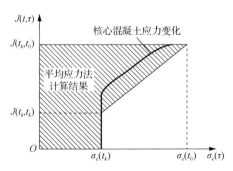

图 6-26　平均应力法计算原理

为了方便比较和使用，采用式（6-22）的形式表示平均应力法的混凝土时效本构方程，E_{c1k} 与 E_{c2kj} 如式（6-40）和式（6-41）所示。

$$E_{c1k} = \frac{2}{J(t_k, t_k) + J(t_k, t_0)} \tag{6-40}$$

$$E_{c2kj} = \frac{J(t_k, t_k) - J(t_k, t_0)}{J(t_k, t_k) + J(t_k, t_0)}, \quad j = 0 \tag{6-41}$$

6.3.4　钢管再生混凝土截面分析方法

考虑核心混凝土时效效应，采用截面分析方法[221]分析钢管再生混凝土构件变形随时间的变化。持荷过程中构件截面在任一时刻 t_j 的变形可由参考坐标的应变 ε_x 和斜率 κ 表示，如图 6-27 所示。

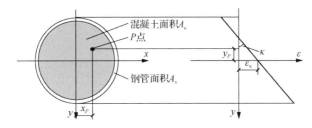

图 6-27　钢管再生混凝土构件截面分析示意图

计算过程中假设：①构件截面在长期持荷过程中符合平截面假设；②钢管与核心再生混凝土为线弹性材料；③当核心再生混凝土受压或受拉应力不超过 0.45 倍的圆柱体抗压或抗拉强度时，混凝土时效效应引起的徐变变形在截面受拉或受压区满足线性徐变理论[129]。

考虑混凝土时效作用后，构件的截面内力可表示为

$$\boldsymbol{r}_{ij} = \boldsymbol{D}_j \boldsymbol{\varepsilon}_j + \boldsymbol{f}_{cj} - \boldsymbol{f}_{shj} \tag{6-42}$$

$$\boldsymbol{r}_{ij} = \begin{bmatrix} N_i(t_j) \\ M_i(t_j) \end{bmatrix} = \begin{bmatrix} \int_A \sigma(t_j)\,\mathrm{d}A \\ \int_A y\sigma(t_j)\,\mathrm{d}A \end{bmatrix} \tag{6-43}$$

$$\boldsymbol{D}_j = \begin{bmatrix} \mathrm{AE}_j & \mathrm{BE}_j \\ \mathrm{BE}_j & \mathrm{IE}_j \end{bmatrix} \tag{6-44}$$

$$\boldsymbol{\varepsilon}_j = \begin{bmatrix} \varepsilon_{xj} \\ \kappa_j \end{bmatrix} \tag{6-45}$$

$$\boldsymbol{f}_{cj} = \sum_{d=0}^{j-1} E_{c2jd}\boldsymbol{r}_{cd} \tag{6-46}$$

$$\boldsymbol{f}_{shj} = \begin{bmatrix} A_c E_{c1j} \\ B_c E_{c1j} \end{bmatrix} \varepsilon_{shj} \tag{6-47}$$

$$\mathrm{AE}_j = \int_{A_c} E_{c1j}\,\mathrm{d}A + \int_{A_s} E_s\,\mathrm{d}A = A_c E_{c1j} + A_s E_s \tag{6-48}$$

$$\mathrm{BE}_j = \int_{A_c} yE_{c1j}\,\mathrm{d}A + \int_{A_s} yE_s\,\mathrm{d}A = B_c E_{c1j} + B_s E_s \qquad (6\text{-}49)$$

$$\mathrm{IE}_j = \int_{A_c} y^2 E_{c1j}\,\mathrm{d}A + \int_{A_s} y^2 E_s\,\mathrm{d}A = I_c E_{c1j} + I_s E_s \qquad (6\text{-}50)$$

式中　　r_{ij}——t_j 时刻构件内力矩阵；

　　　　$\boldsymbol{D}_j$——t_j 时刻构件的刚度矩阵；

　　　　$\boldsymbol{\varepsilon}_j$——$t_j$ 时刻参考轴的应变 ε_{xj} 和斜率 κ_j；

　　　　$\boldsymbol{f}_{cj}$——t_j 时刻混凝土徐变的影响向量，其中 E_{c2jd} 可由式（6-24）计算；

　　　　$\boldsymbol{f}_{shj}$——t_j 时刻混凝土收缩的影响向量；

　　　　$N_i(t_j)$——t_j 时刻构件的内轴力，N；

　　　　$M_i(t_j)$——t_j 时刻构件的内弯矩，N·mm；

　　　　ε_{shj}——t_j 时刻混凝土的收缩应变；

　　　　A_c、A_s——混凝土、钢管的面积，mm^2；

　　　　B_c、B_s——混凝土、钢管的面积矩，mm^3；

　　　　I_c、I_s——混凝土、钢管的惯性矩，mm^4；

　　　　r_{cd}——t_d 时刻构件混凝土部分所受内力，包括轴向内力和弯矩；

　　　　E_{c1j}——可由式（6-23）计算。

$$r_{cd} = \begin{bmatrix} N_{cd} \\ M_{cd} \end{bmatrix} = \begin{bmatrix} \int_{A_c} \sigma_{cd}\,\mathrm{d}A \\ \int_{A_c} y\sigma_{cd}\,\mathrm{d}A \end{bmatrix} = E_{c1d}\boldsymbol{D}_c\boldsymbol{\varepsilon}_d + \boldsymbol{f}_{cd} - \boldsymbol{f}_{shd} \qquad (6\text{-}51)$$

$$\boldsymbol{D}_c = \begin{bmatrix} A_c & B_c \\ B_c & I_c \end{bmatrix} \qquad (6\text{-}52)$$

计算过程中，构件截面始终满足力的平衡条件：

$$\boldsymbol{r}_{ij} = \boldsymbol{r}_{ej} \qquad (6\text{-}53)$$

$$\boldsymbol{r}_{ej} = \begin{bmatrix} N_e(t_j) \\ M_e(t_j) \end{bmatrix} \qquad (6\text{-}54)$$

式中　　$\boldsymbol{r}_{ej}$——t_j 时刻构件外力矩阵；

　　　　$N_e(t_j)$——t_j 时刻构件的外轴力，N；

　　　　$M_e(t_j)$——t_j 时刻构件的外弯矩，N·mm。

根据内力平衡条件，计算可得构件截面的应变 $\boldsymbol{\varepsilon}_j$：

$$\boldsymbol{\varepsilon}_j = \boldsymbol{F}_j(\boldsymbol{r}_{ej} - \boldsymbol{f}_{cj} + \boldsymbol{f}_{shj}) \qquad (6\text{-}55)$$

$$\boldsymbol{F}_j = \frac{1}{\mathrm{AE}_j\mathrm{IE}_j - \mathrm{BE}_j^2} \begin{bmatrix} \mathrm{IE}_j & -\mathrm{BE}_j \\ -\mathrm{BE}_j & \mathrm{AE}_j \end{bmatrix} \qquad (6\text{-}56)$$

得到构件截面应变分布后，t_j 时刻构件截面的应力分布通过应力-应变关系可由式（6-57）和式（6-58）计算。

$$\sigma_{cj} = E_{clj}\varepsilon_j + \sum_{i=0}^{j-1} \sigma_{ci}E_{c2jt} - E_{clj}\varepsilon_{shj} \tag{6-57}$$

$$\sigma_{sj} = E_s\varepsilon_j \tag{6-58}$$

式中 σ_{cj}——t_j 时刻混凝土的应力，MPa；

$\quad\quad \sigma_{sj}$——t_j 时刻钢管的应力，MPa；

$\quad\quad E_{c2jt}$——由式（6-24）计算。

6.3.5 钢管再生混凝土徐变模型验证

基于逐步积分法分析本节试验所测的低应力水平下钢管再生混凝土试件的长期变形，预测结果与本节试验结果的对比如图 6-28 所示。其中，由于本节再生混凝土的再生粗骨料均源自先期准备的实验室混凝土，这些基体混凝土未经历长期荷载作用，采用的再生混凝土徐变模型未计入不可复徐变影响系数 K_{RC}。对比图 6-28 中各预测曲线与试验结果可以看出，各模型的预测结果与试验结果均吻合较好。为了进一步验证 Fathifazl（2011）模型[22]、de Brito(D)模型[103]和 de Brito(W)模型[103]在预测钢管再生混凝土构件长期变形方面的可靠性，将文献[147]的试验数据与各徐变模型的预测结果进行对比（图 6-28）。

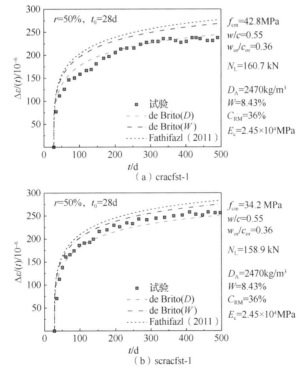

图 6-28 文献[147]试验结果与预测结果的对比

图 6-28 中 cracfst-1 和 scracfst-1 试件分别代表圆形和方形钢管再生混凝土试

件，截面直径和边长分别为 114mm 和 100mm，且名义含钢率均为 7.7%，再生粗骨料源自先期准备的实验室混凝土，再生粗骨料取代率为 50%，圆柱体抗压强度为 34.2MPa，基体混凝土水灰比和再生混凝土目标水灰比分别为 0.36 和 0.55，加载龄期均为 28d。图 6-28 的对比结果表明，3 种模型均能合理预测现有文献中钢管再生混凝土的长期变形，最大误差不超过 16%。

为了更综合地评价上述 3 种模型的精度，将现有 3 种模型所计算的长期变形增幅[$\Delta\varepsilon(t)/\varepsilon_o$]与收集到的 26 组试验数据[71,72,147]进行对比，如图 6-29 所示。其中，$\Delta\varepsilon(t)$ 表示试验结束时的长期变形增量，ε_o 表示施加长期荷载时的初始变形，[$\Delta\varepsilon(t)/\varepsilon_o$]$_{pre}$ 表示计算结果，[$\Delta\varepsilon(t)/\varepsilon_o$]$_{ex}$ 表示试验结果。

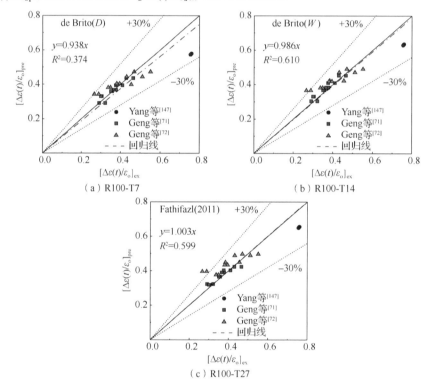

图 6-29　钢管再生混凝土徐变系数试验结果与预测结果对比

根据图 6-29 可以看出，3 种模型均能合理预测钢管再生混凝土的长期变形增幅。其中，Fathifazl(2011)模型[22]的预测精度最高，线性回归系数为 1.003；而 de Brito(D)模型[103]与 de Brito(W)模型[103]的预测精度略低，线性回归系数分别为 0.983 与 0.986。在 3 种模型中，Fathifazl(2011)模型[22]与 de Brito(D)模型[103]的离散性较小，判定系数 R^2 分别为 0.599 与 0.610；而 de Brito(W)模型[103]离散性较大，判定系数 R^2 为 0.374。

6.3.6　钢管再生混凝土徐变模型对比分析

为比较 3 种再生混凝土徐变模型对钢管再生混凝土长期性能预测结果的差异，将这 3 种模型的预测结果进行对比，如图 6-30 所示。

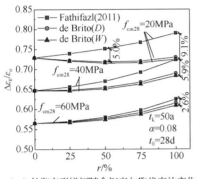

（a）长期变形增幅随含钢率与取代率的变化

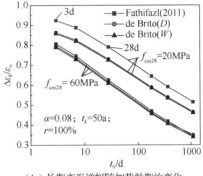

（b）长期变形增幅随加载龄期的变化

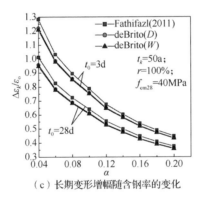
（c）长期变形增幅随含钢率的变化

图 6-30　不同再生混凝土徐变模型预测结果对比

图 6-30 中，试件的参数范围涵盖了实际工程中常用的构件尺寸、材料性能与荷载条件；而天然粗骨料与再生粗骨料的材料参数选取可见表 6-3。本节以长期效应所引起 t_k 时刻的变形增量 $\Delta\varepsilon_k$ 与加载初期构件弹性变形 ε_o 之比（$\Delta\varepsilon_k/\varepsilon_o$）的形式表示核心混凝土收缩、徐变对构件变形的影响。可以看出，在预测实际工程中时效作用对构件变形的影响时，3 种模型的预测结果相似，最大差异不超过 10%。因此，下面选取 Fathifazl(2011)模型[22]预测构件的长期变形，分析时效作用对钢管再生混凝土长期静力性能的影响。

6.4　时效作用对钢管再生混凝土静力性能的影响

现有钢管再生混凝土柱徐变试验的持荷时间较短（150d 左右），而实际工程中建筑结构的徐变持荷时间较长（50a 左右），同时现有试验所考虑的试验参数尚不全面,有限的试验数据并不能很好地反映实际工程中钢管混凝土柱的徐变性能。基于此,本节将基于试验结果验证后的徐变模型和分析方法,通过系统参数分析,研究再生粗骨料取代率、核心混凝土强度、含钢率与加载龄期等参数对钢管再生混凝土长期静力性能的影响。在参数分析中,天然粗骨料的表观密度为 $2800kg/m^3$,天然细骨料的表观密度为 $2600kg/m^3$,再生粗骨料的表观密度为 $2500kg/m^3$,残余砂浆含量为 40%。

参数分析时所选取的参数范围包括实际工程中常见的构件尺寸与材料性质,具体为再生粗骨料取代率 r=0~100%,构件含钢率 α=0.04~0.2,核心混凝土圆柱体 28d 抗压强度平均值 f_{cm28}=20~60MPa(混凝土强度等级为 C20~C60),构件加载龄期 t_0=3~365d,持荷时间 $t–t_0$ 为 5 个月或 50a。需要说明的是,由于高、低强混凝土的微观结构不同,高强混凝土(混凝土强度等级高于 C60)的徐变特性与普通强度混凝土不同[162],而现有再生混凝土徐变影响系数[103,206]均基于普通强度再生混凝土徐变试验得到,无法有效预测高强再生混凝土的徐变性能,本节只针对核心混凝土强度为普通强度(混凝土强度等级为 C20~C60)的钢管再生混凝土徐变性能进行参数分析。

以长期效应所引起的变形增量 $\Delta\varepsilon(t)$ 与加载初期构件弹性变形 ε_0 之比[$\Delta\varepsilon(t)/\varepsilon_0$]的形式表示核心混凝土收缩、徐变对构件变形的影响,$\Delta\varepsilon(t)/\varepsilon_0$ 随再生粗骨料取代率 r 与核心混凝土强度 f_{cm28} 的变化如图 6-31 所示。其中,构件含钢率 α=8%,加载龄期 t_0=28d。从图 6-31 中可以看出,持荷 5 个月的钢管再生混凝土的变形量比加载初期构件弹性变形增加了 30%以上。其中,对于混凝土强度较低且再生粗骨料取代率较高的钢管再生混凝土构件,长期变形增幅可达 40%~50%,该结果与本节的试验结果相符。具体而言,通过图 6-31 可以看出,在持荷结束后,再生粗骨料取代率 r 为 100%且核心混凝土强度等级为 C30 的钢管再生混凝土试件的长期变形比试件的初始变形增加了 43%。在持荷 5 个月后,钢管再生混凝土构件仍能产生较大的长期变形。例如,对于再生粗骨料取代率 r 为 100%且核心混凝土强度 f_{cm28} 为 50MPa 的构件,持荷时间为 50a 的长期变形增幅为 63.9%,相比持荷时间 5 个月时增加了 67%。长期持荷所引起的钢管再生混凝土变形增量会加剧构件的二阶效应,而受试验条件所限,能用于验证模型可靠性的钢管再生混凝土徐变试验持荷时间均较短(150d 左右),这说明在条件允许情况下进行持荷时间更长的钢管再生混凝土试验的必要性。此外,随着核心混凝土取代率提高,钢管再生混凝土的长期变形增幅略有提高。以核心混凝土强度 f_{cm28}=60MPa 的构件为例,在持荷 50a 后,取代率为 0 的构件变形增加了 56.5%,而当取代率为 100%时构件的长期变形增幅增长至 63.9%。在图 6-31 中,取代率为 100%的构件与取代率为 0

的构件长期变形增幅差异为 11.1%～13.2%。

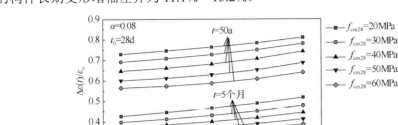

图 6-31　不同持荷时间下核心混凝土抗压强度及取代率对构件长期性能的影响

图 6-32 为不同含钢率 α 与加载龄期 t_0 下钢管再生混凝土在持荷 50a 后的长期变形情况[$\Delta\varepsilon(t)/\varepsilon_0$]。可以看出，早龄期加载的构件，长期变形有显著的增加。例如，对于含钢率为 4%的钢管再生混凝土与钢管普通混凝土构件，当加载龄期为 3d 时，50a 后的变形量分别增加了 132%与 105%。此长期变形增幅比 28d 加载时增加了 30%左右（加载龄期为 28d 的钢管再生混凝土与钢管普通混凝土构件变形分别增加了 105%与 80%）。随着加载龄期的增加，构件长期变形增幅逐渐减少，尽管如此，对于持荷时间为 1a 的钢管再生混凝土构件，长期变形增幅仍有 20%。此外，从图 6-32 中还可以看出含钢率 α 对构件长期性能的影响。例如，当加载龄期为 28d 时，含钢率为 4%的构件长期变形增幅超过了 100%，而含钢率为 20%的构件长期变形增幅仅有 38%。值得说明的是，钢管再生混凝土的长期变形增幅高于钢管普通混凝土，差异可达 30%。

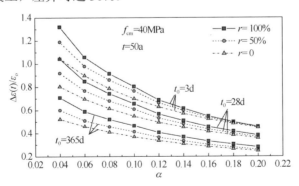

图 6-32　不同含钢率 α 与加载龄期 t_0 下钢管再生混凝土在
持荷 50a 后的长期变形情况[$\Delta\varepsilon(t)/\varepsilon_0$]

为研究再生粗骨料的掺入对钢管再生混凝土长期变形的影响，将钢管再生混凝土长期变形[$\Delta\varepsilon(t)_{RAC}$]与普通混凝土长期变形[$\Delta\varepsilon(t)_{NAC}$]相比，得到钢管再生混凝土与钢管普通混凝土长期变形的比值[$\Delta\varepsilon(t)_{RAC}/\Delta\varepsilon(t)_{NAC}$]随再生粗骨料取代率 r 的变化规律，如图 6-33 所示。

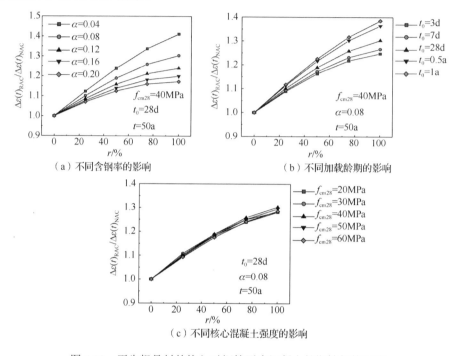

（a）不同含钢率的影响　　　　　　　　（b）不同加载龄期的影响

（c）不同核心混凝土强度的影响

图 6-33　再生粗骨料的掺入对钢管再生混凝土长期性能的影响

从图 6-33（a）中可以看出，再生粗骨料的掺入对钢管再生混凝土的影响随着构件含钢率的减小而逐渐增大。例如，在加载龄期为 28d 且持荷时间为 50a 的条件下，当含钢率为 4%时，取代率为 100%的钢管再生混凝土长期变形比取代率为 0 时提高了 40%；而当含钢率为 20%时，取代率从 0 增至 100%，构件的长期变形仅增加 17%。

由图 6-33（b）可知，加载龄期越晚，再生粗骨料的掺入对钢管再生混凝土徐变性能的影响越显著。这是由于加载龄期越晚，钢管普通混凝土长期变形越小，导致再生粗骨料的掺入所引起的钢管混凝土长期变形相对增幅增大。以含钢率为 8%且再生粗骨料取代率为 100%的构件为例，当加载龄期为 3d 时，构件的长期变形比相应的钢管普通混凝土构件高 25%；而当加载龄期为 1a 时，该比例增长至 39%。

通过图 6-33（c）可以看出，核心混凝土强度对构件长期变形增幅[$\Delta\varepsilon(t)_{RAC}/\Delta\varepsilon(t)_{NAC}$]的影响在 5%以内，此影响与加载龄期 t_0 和含钢率 α 相比较小。

6.5　钢管再生混凝土长期变形典型简化计算方法对比

将有效模量法、龄期调整有效模量法［该方法中可分别采用 Brooks 等与 Bažant 等提出的老化系数计算公式，分别简称为龄期调整有效模量法（Brooks 等）和龄期调整有效模量法（Bažant 等）］与平均应力法的混凝土时效本构方程代入式（6-42）进行钢管再生混凝土构件的长期变形分析。对比各简化计算方法的预测结果与逐步积分法的预测结果，确定不同简化计算方法在分析钢管再生混凝土长期静力响应时的适用范围，如图 6-34 所示。共进行了 6750 个算例分析，参数范围为：再生粗骨料取代率 $r=0\sim100\%$，构件含钢率 $\alpha=0.04\sim0.2$，核心混凝土圆柱体 28d 抗压强度平均值 $f_{cm28}=20\sim60\mathrm{MPa}$（混凝土强度等级为 C20～C60），构件加载龄期 $t_0=3\mathrm{d}\sim3\mathrm{a}$，持荷时间 $t-t_0=50\mathrm{a}$。

分析结果表明，当构件的含钢率 α 由 4% 变化为 20% 时，各简化计算方法与逐步积分法预测结果的偏差浮动在 1% 范围内。图 6-34 仅给出持荷 50a 后相应加载龄期 t_0 和混凝土强度 f_{cm} 条件下，采用各简化计算方法预测不同含钢率 α 或再生粗骨料取代率 r 的钢管再生混凝土构件的长期变形与逐步积分法预测结果之间的偏差。

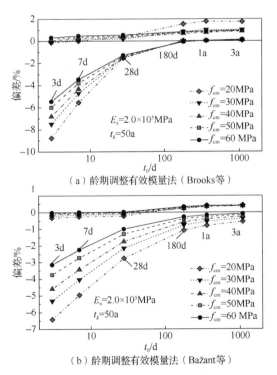

（a）龄期调整有效模量法（Brooks 等）

（b）龄期调整有效模量法（Bažant 等）

图 6-34　各简化计算方法与逐步积分法对钢管再生混凝土长期变形计算结果之间的偏差

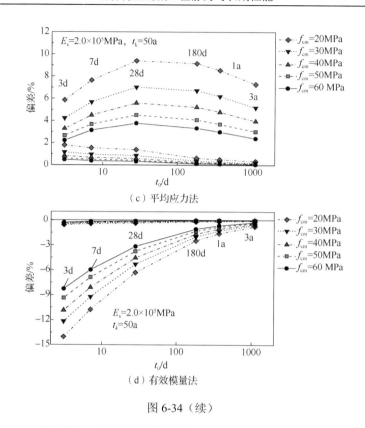

图 6-34（续）

由图 6-34 可以看出，各简化计算方法预测钢管再生混凝土构件长期变形的预测精度均随混凝土强度 f_{cm} 的降低而减小。对于有效模量法和龄期调整有效模量法，当加载龄期 t_0 较早时，简化计算方法与逐步积分法预测结果之间的偏差较大；对于平均应力法，预测精度随加载龄期 t_0 的延后先增大后减小，且最大偏差出现在加载龄期 t_0 为 28d 时。

龄期调整的有效模量法引入老化系数，考虑了加载过程中构件的应力变化，在多数情况下，简化计算方法的预测结果均低于逐步积分法的预测结果；相比其他简化计算方法，龄期调整有效模量法（Brooks 等）和龄期调整有效模量法（Bažant 等）的计算精度均较高，与逐步积分法预测结果的最大偏差分别为 6.4% 和 8.8%，该偏差与相同参数的钢管普通混凝土构件的分析结果（4.8% 和 5.4%）[191]相比略有提高。

与逐步积分法相比，平均应力法的预测结果均偏高。这是由于持荷过程中钢管混凝土构件的混凝土应力逐渐降低，且降低速率随时间发展逐渐减小，而平均应力法采用梯形法则近似计算混凝土的时效效应，高估了持荷过程中混凝土的应力，从而导致预测结果偏高。此外，相比于龄期调整有效模量法，平均应力法的计算精度较低，与逐步积分法预测结果的最大偏差为 9.3%。

有效模量法由于忽略了构件持荷过程中核心混凝土应力的变化,预测结果与逐步积分法相比均偏低,且预测精度在各简化计算方法中最低,最大偏差达14.1%,而相应钢管普通混凝土构件的最大偏差约为 10%[191];然而,当加载龄期 t_0 不小于 28d 时,该方法的预测精度有所提高,最大偏差在 6%以内。

总体看来,各简化计算方法在预测钢管再生混凝土构件长期静力响应时与逐步积分法之间的差异均在 15%以内,相比于钢管普通混凝土构件 10%左右的最大偏差有所增大[191]。

综上分析可知,各简化计算方法在预测钢管再生混凝土构件长期变形的适用范围如下:有效模量法的计算过程最为简便,当对钢管再生混凝土构件长期变形预测精度要求不高时,可考虑使用该方法;平均应力法的计算结果偏于保守,因此从结构安全考虑可采用该方法进行构件长期效应分析;当进行重要结构长期静力性能分析时,仍建议采用逐步积分法进行分析。

6.6　本 章 小 结

本章介绍了钢管再生混凝土长期持荷研究试验情况,考察了再生粗骨料取代率、核心混凝土强度与加载龄期对试件长期静力性能的影响;在试验研究的基础上,分析了各再生混凝土徐变模型在预测钢管再生混凝土构件长期静力性能时的可靠性,并进行了系统性参数分析,以拓宽参数范围,研究了钢管再生混凝土在实际工况下的长期性能;为方便在实际设计及施工中考虑时效作用对钢管再生混凝土的影响,采用有效模量法、平均应力法和龄期调整有效模量法分析构件的长期变形,并与逐步积分法的预测结果进行对比,评估了各简化计算方法的适用范围,并给出了相应的设计建议。基于以上研究,主要得到以下结论。

1)持荷 5 个月后,钢管再生混凝土试件的长期变形增幅可达 51.1%,时效作用对钢管再生混凝土构件长期变形的影响不容忽视。钢管再生混凝土试件的长期变形增幅随再生粗骨料取代率的增加近似线性增大,与钢管普通混凝土试件相比,钢管再生混凝土试件的长期变形增幅提高了 22.8%,因此,需重视再生粗骨料的掺入对钢管混凝土构件长期性能的影响。

2)加载龄期与混凝土强度对钢管再生混凝土试件长期静力性能的影响与钢管普通混凝土试件相近;采用再生粗骨料替代天然骨料并不影响钢管混凝土试件长期变形随时间的发展规律。

3)基于混凝土体积无穷大假设,采用现有的再生混凝土徐变模型可反映钢管再生混凝土徐变特性,分析所得试验结束时试件长期变形与实测结果相差不超过10%。

4）各简化计算方法在预测钢管再生混凝土构件长期静力响应时与逐步积分法之间的差异均在 15%以内，其中，基于 Bažant 和 Baweja 提出的老化系数计算公式确定的龄期调整有效模量法的计算精度最高；平均应力法的计算结果偏于保守，从结构安全考虑可采用该方法进行构件长期效应分析；当进行重要结构长期静力性能分析时，仍建议采用逐步积分法进行分析。

参 考 文 献

[1] 肖建庄. 再生混凝土[M]. 北京：中国建筑工业出版社，2008.

[2] 陈卫明，郑玉莹，颜培松. 再生混凝土研究进展[J]. 中国建材科技，2009（4）：89-93.

[3] 华经产业研究院. 2019—2025 年中国砂石骨料行业发展趋势预测及投资战略咨询报告[R]. 北京：北京华经艾凯企业咨询有限公司，2019.

[4] SHI J, XU Y. Estimation and forecasting of concrete debris amount in China[J]. Resources, conservation and recycling, 2006, 49(2): 147-158.

[5] 吴殿华，廖志鹏. 再生粗骨料混凝土物理力学性能研究进展与应用综述[J]. 四川建材，2016，4（2）：12-13.

[6] 黄桐，王戈，汪清波，等. 城市更新项目中废弃混凝土的再利用[J]. 建筑施工，2016，38（10）：1452-1454.

[7] 祝海燕，鞠凤森，曹宝贵. 废弃混凝土在道路工程中的应用[J]. 吉林建筑工程学院学报，2006，23（3）：72-74.

[8] OIKONOMOU N. Recycled concrete aggregates[J]. Cement and concrete composites, 2005, 27(2): 315-318.

[9] RAO A, JHA K N, MISRA S. Use of aggregates from recycled construction and demolition waste in concrete[J]. Resources, conservation and recycling, 2007, 50(1): 71-81.

[10] 刘长发. 关于"十二五"建材工业发展思路[J]. 建材发展导向，2010，8（3）：1-3.

[11] 《再生骨料应用技术规程》编制组. 中华人民共和国行业标准《再生骨料应用技术规程》专题研究报告[R]. 北京：中华人民共和国住房和城乡建设部，2011.

[12] BRITO J D, SAIKIA N. Recycled aggregate in concrete[M]. London: Springer, 2013.

[13] MARTA S J, PILAR A G. Study on the influence of attached mortar content on the properties of recycled concrete aggregate[J]. Construction and building materials, 2009, 23(2): 872-877.

[14] SILVA R V, BRITO J D, DHIR R K. Properties and composition of recycled aggregates from construction and demolition waste suitable for concrete production[J]. Construction and building materials, 2014, 65(13): 201-207.

[15] BUTLER L, WEST J S, TIGHE S L. Effect of recycled concrete coarse aggregate from multiple sources on the hardened properties of concrete with equivalent compressive strength[J]. Construction and building materials, 2013, 47(47): 1292-1301.

[16] KONG D Y, LEI T, ZHENG J J, et al. Effect and mechanism of surface-coating pozzalanics materials around aggregate on properties and ITZ microstructure of recycled aggregate concrete[J]. Construction and building materials, 2010, 24(5): 701-708.

[17] POON C S, SHUI Z H, LAM L. Effect of microstructure of ITZ on compressive strength of concrete prepared with recycled aggregates[J]. Construction and building materials, 2004, 18(6): 461-468.

[18] 王玉银，王庆贺，耿悦. 建筑结构用再生混凝土水平受力构件研究进展[J]. 工程力学，2018，35（4）：1-15.

[19] 王庆贺. 考虑非均匀收缩影响的钢-再生混凝土组合板长期性能[D]. 哈尔滨：哈尔滨工业大学，2017.

[20] GONZALEZ-COROMINAS A, ETXEBERRIA M. Effects of using recycled concrete aggregates on the shrinkage of high performance concrete[J]. Construction and building materials, 2016, 115(1): 32-41.

[21] GENG Y, WANG Y Y, CHEN J. Creep behaviour of concrete using recycled coarse aggregates obtained from source concrete with different strengths[J]. Construction and building materials, 2016, 128(10): 199-213.

[22] FATHIFAZL G, RAZAQPUR A G, ISGOR O B, et al. Creep and drying shrinkage characteristics of concrete produced with coarse recycled concrete aggregate[J]. Cement and concrete composites, 2011, 33(10): 1026-1037.

[23] VINAY KUMAR B M, ANANTHAN H, BALAJI K V A. Experimental studies on utilization of recycled coarse and finer aggregates in self performance concrete mixes[J]. Alexandria engineering journal, 2018, 57(3): 1749-1759.

[24] KOU S C, POON C S. Enhancing the durability properties of concrete prepared with coarse recycled aggregate[J].

Construction and building materials, 2012, 35: 69-79.

[25] PEDRO D, DE BRITO J, EVANGELISTA L. Structural concrete with simultaneous incorporation of fine and coarse recycled concrete aggregates: mechanical, durability and long-term properties[J]. Construction and building materials, 2017, 154: 294-309.

[26] RIDZUAN A R M, DIAH A B M, HAMIR R, et al. The influence of recycled aggregate on the early compressive strength and drying shrinkage of concrete[C]//Proceedings of International Conference on Structural Engineering, Mechanics and Computation.Cape Town, South Africa, 2001.

[27] 柯国军，张育霖，贺涛，等. 再生混凝土的实用性研究[J]. 混凝土，2002（4）：47-48, 55.

[28] 孙跃东，周德源. 我国再生混凝土的研究现状和需要解决的问题[J]. 混凝土，2006（4）：25-28.

[29] 上海市住房和城乡建设管理委员会. 再生混凝土应用技术规程（附条文说明）：DG/TJ08—2018—2007[S]. 上海：上海市建筑建材业市场管理总站，2007.

[30] RILEM Technical Committee. Specification for concrete with recycled aggregates[J]. Materials and structures, 1994, 27(173): 557-559.

[31] British Standard Institution. Guide to the use of industrial by-products and waste materials in building and civil engineering: BS-6543/1985 [S]. London: British Standard Institution, 1985.

[32] GRUBL P, RUHL M. German committee for reinforced concrete (DafStb)-code: concrete with recycled aggregate [C]//Proceeding of International Symposium Sustainable Construction: Use of Recycled Concrete Aggregates. London: University of Dundee, 1998: 409-418.

[33] ACI Committee 555. Removal and reuse of hardened concrete: ACI 555-01[S]. Farmington Hills(MI,USA): America Concrete Institute, 2001.

[34] The German Institute for Standardization. Aggregate for mortar and concrete:DIN 4226-100[S]. Berlin: The German Institute for Standardization, 2002.

[35] Japanese Industrial Standards Committee. Recycled aggregate for concrete-class H: JIS A5021: 2005[S]. Tokyo: Japanese Standards Association, 2005.

[36] Japanese Industrial Standards Committee. Recycled aggregate for concrete-class M: JIS A5022: 2007[S]. Tokyo: Japanese Standards Association, 2007.

[37] Japanese Industrial Standards Committee. Recycled aggregate for concrete-class L: JIS A5023: 2006[S]. Tokyo: Japanese Standards Association, 2006.

[38] 中华人民共和国住房和城乡建设部. 混凝土用再生粗骨料：GB/T 25177—2010[S]. 北京：中国标准出版社，2010.

[39] 中华人民共和国住房和城乡建设部. 再生骨料应用技术规程：JGJ/T 240—2011[S]. 北京：中国建筑工业出版社，2011.

[40] KOU S C, ZHAN B J, POON C S. Feasibility study of using recycled fresh concrete waste as coarse aggregates in concrete[J]. Construction and building materials, 2012, 28(1): 549-556.

[41] RAVINDRARAJAH R S, TAM C T. Properties of concrete made with crushed concrete as coarse aggregate[J]. Magazine of concrete research, 1985, 37(130): 29-38.

[42] ZAHARIEVA R, BUYLE-BODIN F, SKOCZYLAS F, et al. Assessment of the surface permeation properties of recycled aggregate concrete[J]. Cement and concrete composites, 2003, 25(2): 223-232.

[43] TAM V W Y, TAM C M. Assessment of durability of recycled aggregate concrete produced by two-stage mixing approach[J]. Journal of materials science, 2007, 42(10): 3592-3602.

[44] TAM V W Y, TAM C M, WANG Y. Optimization on proportion for recycled aggregate in concrete using two-stage mixing approach[J]. Construction and building materials, 2007, 21(10): 1928-1939.

[45] FATHIFAZL G, ABBAS A, RAZAQPUR A G, et al. New mixture proportioning method for concrete MADE with coarse recycled concrete aggregate[J]. Journal of materials in civil engineering, 2009, 21(10): 601-611.

[46] FATHIFAZL G, RAZAQPUR G. Creep rheological models for recycled aggregate concrete[J]. ACI materials journal, 2013, 110(2): 115-125.

[47] BRITO J D, BARRA M, FERREIRA L. Influence of the pre-saturation of recycled coarse concrete aggregates on concrete properties[J]. Magazine of concrete research, 2011, 63(8): 617-627.

[48] TAM V W Y, TAM C M, LE K N. Removal of cement mortar remains from recycled aggregate using pre-soaking approaches[J]. Resources conservation and recycling, 2007, 50(1): 82-101.

[49] KOU S C, POON C S. Mechanical properties of 5-year-old concrete prepared with recycled aggregates obtained from three different sources[J]. Magazine of concrete research, 2008, 60(1): 57-64.

[50] SHI C, LI Y, ZHANG J, et al. Performance enhancement of recycled concrete aggregate—a review[J]. Journal of cleaner production, 2016, 112(1): 466-472.

[51] XIAO J Z, LI J B, ZHANG C. Mechanical properties of recycled aggregate concrete under uniaxial loading[J]. Cement and concrete research, 2005, 35(6): 1187-1194.

[52] 王庆贺, 王玉银, 耿悦, 等. 配制方法对再生混凝土基本力学性能的影响[J]. 建筑结构学报, 2016, 37（S2）: 79-87.

[53] GLUZHGE P J. The work of scientific research institute[J]. Gidrotekhnicheskoye Stroitel' stvo, Russia, 1946(4): 8-27.

[54] 张传增, 肖建庄, 雷斌. 德国再生混凝土应用概述[C]//中国土木工程学会, 同济大学. 首届全国再生混凝土研究与应用学术交流会论文集. 上海: 中国土木工程学会, 2008: 44-50.

[55] 张昌波. 美国再生混凝土骨料的应用[J]. 建筑机械, 2008（15）: 52-53.

[56] MICHAEL N F. Innovative materials and techniques in concrete construction[M].Berlin: Springer, 2011.

[57] 李秋义. 混凝土再生骨料[M]. 北京: 中国建筑工业出版社, 2009.

[58] DHIR R, PAINE K, HO N, et al. Use of recycled and secondary aggregates in concrete: an overview[C]//Ukieri Concrete Congress: Concrete for Century Construction, 2011: 157-182.

[59] 北京市规划委员会. 再生混凝土结构设计规程: DB11/T 803—2011[S]. 北京: 北京市城乡规划标准化办公室, 2011.

[60] 陕西省住房和城乡建设厅. 再生混凝土结构技术规程: DBJ61/T 88—2014[S]. 西安: 陕西省建筑标准设计办公室, 2014.

[61] 中华人民共和国住房和城乡建设部. 再生混凝土结构技术标准: JGJ/T 443—2018[S]. 北京: 中国建筑工业出版社, 2018.

[62] 韩继红. 沪上·生态家解读[M]. 北京: 中国建筑工业出版社, 2010.

[63] 中国建筑科学研究院, 邯郸全有生态建材有限公司. 再生骨料混凝土示范工程[R]. 2014.

[64] 钟善桐. 钢管混凝土结构[M]. 3版. 北京: 清华大学出版社, 2003.

[65] WANG Y Y, GENG Y, RANZI G, et al. Time-dependent behaviour of expansive concrete-filled steel tubular columns[J]. Journal of constructional steel research, 2011, 67(3): 471-483.

[66] 韩林海, 杨有福. 现代钢管混凝土结构技术[M]. 2版. 北京: 中国建筑工业出版社, 2007.

[67] MATIAS D, DE BRITO J, ROSA A, et al. Mechanical properties of concrete produced with recycled coarse aggregates: influence of the use of superplasticizers[J]. Construction and building materials, 2013(44): 615-621.

[68] WANG Y Y, CHEN J, GENG Y. Testing and analysis of axially loaded normal-strength recycled aggregate concrete filled steel tubular stub columns[J]. Engineering structures, 2015(86): 192-212.

[69] CHEN J, WANG Y Y, CHARLES W R, et al. Behavior of normal-strength recycled aggregate concrete filled steel tubes under combined loading[J]. Engineering structures, 2017, 130: 23-40.

[70] YANG Y F, HAN L H, ZHU L T. Experimental performance of recycled aggregate concrete-filled circular steel tubular columns subjected to cyclic flexural loadings[J]. Advances in structural engineering, 2009, 12(2): 183-194.

[71] GENG Y, WANG Y Y, CHEN J. Time-Dependent behavior of recycled aggregate concrete-filled steel tubular columns[J]. Journal of structural engineering, 2015, 141(10): 04015011.

[72] GENG Y, WANG Y Y, CHEN J. Time-dependent behaviour of steel tubular columns filled with recycled coarse aggregate concrete[J]. Journal of constructional steel research, 2016, 122: 455-468.

[73] HANSEN T C. Recycled aggregates and recycled aggregate concrete second State-of-the-art report developments 1945-1985[J]. Materials and structures, 1986, 19(5): 201-246.

[74] XIAO J Z, LI W G, FAN Y H, et al. An overview of study on recycled aggregate concrete in China (1996-2011)[J]. Construction and building materials, 2012, 31(1): 364-383.

[75] HANSEN T C, NARUD H. Strength of recycled concrete made from crushed concrete coarse aggregate[J]. Concrete international, 1983, 5(1): 79-83.

[76] KOU S C, POON C S. Effect of the quality of parent concrete on the properties of high performance recycled aggregate concrete[J]. Construction and building materials, 2015, 77(1): 501-508.

[77] KIUCHI T, HORIUCHI E. An experimental study on recycle concrete by using high quality recycled coarse aggregate[J]. Memoirs of the Faculty of Engineering, Osaka City University, 2003, 44: 37-44.

[78] PADMINI A K, RAMAMURTHY K, MATHEWS M S. Influence of parent concrete on the properties of recycled aggregate concrete[J]. Construction and building materials, 2009, 23(2): 829-836.

[79] AKBARNEZHAD A, ONG K G, TAM C T, et al. Effects of the parent concrete properties and crushing procedure on the properties of coarse recycled concrete aggregates[J]. Journal of materials in civil engineering, 2013, 25(12): 1795-1802.

[80] CORINALDESI V. Mechanical and elastic behaviour of concretes made of recycled-concrete coarse aggregates[J]. Construction and building materials, 2010, 24(9): 1616-1620.

[81] KOU S C, POON C S, WAN H W. Properties of concrete prepared with low-grade recycled aggregates[J]. Construction and building materials, 2012, 36(1): 881-889.

[82] DUAN Z H, POON C S. Properties of recycled aggregate concrete made with recycled aggregates with different amounts of old adhered mortars[J]. Materials and design, 2014, 58(6): 19-29.

[83] PEDRO D, BRITO J D, EVANGELISTA L. Influence of the use of recycled concrete aggregates from different sources on structural concrete[J]. Construction and building materials, 2014, 71(1): 141-151.

[84] GONZÁLEZ-FONTEBOA B, MARTÍNEZ-ABELLA F. Concretes with aggregates from demolition waste and silica fume: materials and mechanical properties[J]. Building and environment, 2008, 43(4): 429-437.

[85] HANSEN T C, BOEGH E. Elasticity and drying shrinkage concrete of recycled-aggregate[J]. ACI journal proceedings, 1985, 82(5): 648-652.

[86] RAHAL K. Mechanical properties of concrete with recycled coarse aggregate[J]. Building and environment, 2007, 42(1): 407-415.

[87] ACI Committee 363.State-of-the-art report on high-strength concrete: ACI 363R-92[S]. Farmington Hills(MI, USA): America Concrete Institute, 1997.

[88] RAVINDRARAJAH R S, LOO Y, TAM C I. Recycled concrete as fine and coarse aggregate in concrete[J]. Magazine of concrete research, 1987, 39(141): 214-220.

[89] KAKIZAKI M, HARADA M, SOSHIRODA T, et al. Strength and elastic modulus of recycled aggregate concrete[C]//Kasai Y. Proceedings of the 2nd International RILEM Symposium on Demolition and Reuse of Concrete and Masonry, 1988: 565-574.

[90] DILLMANN R. Concrete with recycled concrete aggregate[C]//Telford T. Proceedings of International Symposium on Sustainable Construction: Use of Recycled Concrete Aggregate, 27. Dundee: University of Dundee, 1988: 239-253.

[91] MELLMANN G. Processed concrete rubble for the reuse as aggregate[C]//Telford T. Proceeding of the International Seminar on Exploiting Waste in Concrete , 1999: 171-178.

[92] AJDUKIEWICZ A, KLISZCZEWICZ A. Influence of recycled aggregates on mechanical properties of HS/HPC[J]. Cement and concrete composites, 2002, 24(2): 269-279.

[93] 陈宗平，徐金俊，郑华海，等. 再生混凝土基本力学性能试验及应力应变本构关系[J]. 建筑材料学报，2013，16（1）：24-32.

[94] BELÉN G F, FERNANDO M A, DIEGO C L, et al. Stress-Strain relationship in axial compression for concrete using recycled saturated coarse aggregate[J]. Construction and building materials, 2010, 25(5): 2335-2342.

[95] DU T, WANG W H, LIU Z X, et al. The complete Stress-strain curve of recycled aggregate concrete under uniaxial compression loading[J]. Journal of Wuhan University of technology(materials science edition), 2010, 25(5): 862-865.

[96] 中华人民共和国住房和城乡建设部. 混凝土结构设计规范（2015 年版）：GB 50010—2010[S]. 北京：中国建筑工业出版社，2010.

[97] FOLINO P, XARGAY H. Recycled aggregate concrete-mechanical behavior under uniaxial and triaxial compression[J]. Construction and building materials, 2014, 56(3): 21-31.

[98] HUDA S B, ALAM M S. Mechanical behavior of three generations of 100% repeated recycled coarse aggregate concrete[J]. Construction and building materials, 2014, 65: 574-582.

[99] SAGOE-CRENTSIL K K, BROWN T, TAYLOR A H. Performance of concrete made with commercially produced coarse recycled concrete aggregate[J]. Cement and concrete research, 2001, 31(5): 707-712.

[100] KOU S C, POON C S, CHAN D. Influence of fly ash as a cement addition on the hardened properties of recycled aggregate concrete[J]. Materials and structures, 2008, 41(7): 1191-1201.

[101] CABRAL A B, SCHALCH V, MOLIN D D, et al. Mechanical properties modeling of recycled aggregate concrete[J]. Construction and building materials, 2010, 24(4): 421-430.

[102] DE BRITO J, ALVES F. Concrete with recycled aggregates: the Portuguese experimental research[J]. Materials and structures, 2010, 43(1): 35-51.

[103] DE BRITO J, ROBLES R. Recycled aggregate concrete (RAC) methodology for estimating its long-term properties[J]. Indian journal of engineering and materials sciences, 2010, 17(6): 449-462.

[104] GÓMEZ-SOBERÓN J M. Relationship between gas adsorption and the shrinkage and creep of recycled aggregate concrete[J]. Cement concrete and aggregates, 2003, 25(2): 1-7.

[105] NISHIBAYASHI S, YAMURA K. Mechanical properties and durability of concrete from recycled coarse aggregate prepared by crushing concrete[C]//Kasai Y. Proceedings of the Second International RILEM Symposium on Demolition and Reuse of Concrete and Masonry.Boca Raton: CRC Press, 1988: 652-659.

[106] LIMBACHIYA M C, LEELAWAT T, DHIR R K. Use of recycled concrete aggregate in high-strength concrete[J]. Materials and structures, 2000, 33(9): 574-580.

[107] GÓMEZ-SOBERÓN V J M. Creep of concrete with substitution of normal aggregate by recycled concrete

aggregate[J]. ACI special publications, 2002, 209: 461-474.

[108] KOU S C, POON C S, CHAN D. Influence of fly ash as cement replacement on the properties of recycled aggregate concrete[J]. Journal of materials in civil engineering, 2007, 19(9): 709-717.

[109] DOMINGO-CABO A, LÁZARO C, LÓPEZ-GAYARRE F, et al. Creep and shrinkage of recycled aggregate concrete[J]. Construction and building materials, 2009, 23(7): 2545-2553.

[110] MANZI S, MAZZOTTI C, BIGNOZZI M. Short and long-term behavior of structural concrete with recycled concrete aggregate[J]. Cement and concrete composites, 2013, 37(37): 312-318.

[111] 肖建庄, 许向东, 范玉辉. 再生混凝土收缩徐变试验及徐变神经网络预测[J]. 建筑材料学报, 2013, 16 (5): 752-757.

[112] FAN Y F, XIAO J Z, TAM V Y. Effect of old attached mortar on the creep of recycled aggregate concrete[J]. Structural concrete, 2014, 15(2): 169-178.

[113] SILVA R V, BRITO J D, DHIR R K. Comparative analysis of existing prediction models on the creep behaviour of recycled aggregate concrete[J]. Engineering structures, 2015, 100: 31-42.

[114] KATZ A. Properties of concrete made with recycled aggregate from partially hydrated old concrete[J]. Cement and concrete research, 2003, 33(5): 703-711.

[115] LIMBACHIYA M. Coarse recycled aggregates for use in new concrete[J]. Engineering sustainability, 2004, 157(2): 99-106.

[116] MARUYAMA I, SATO R. A trial of reducing autogenous shrinkage by recycled aggregate[J]. Proceedings of self-desiccation and its importance in concrete technology, 2005: 264-270.

[117] CASTAÑO J O, LOPEZ-GAYARRE F, FERNÁNDEZ C L, et al. A study on drying shrinkage and creep of recycled concrete aggregate[C]//Lazaro C, Domingo A. Symposium of the International Association for Shell and Spatial Structures (50th. 2009). Evolution and Trends in Design, Analysis and Construction of Shell and Spatial Structures : Proceedings. Valencia, 2009: 2955-2964.

[118] LAPKO A, GRYGO R. Long term deformations of recycled aggregate concrete (RAC) beams made of recycled concrete[C]//Linas J. The 10th International Conference.Lithuania, 2010: 709-712.

[119] SCHOPPE B M. Shrinkage and modulus of elasticity in concrete with recycled aggregates[D]. San Luis Obispo: California Polytechnic State University, 2011.

[120] KOU S C, POON C S, AGRELA F. Comparisons of natural and recycled aggregate concretes prepared with the addition of different mineral admixtures[J]. Cement and concrete composites, 2011, 33(8): 788-795.

[121] SEARA-PAZ S, GONZÁLEZ-FONTEBOA B, MARTÍNEZ-ABELLA F, et al. Time-dependent behaviour of structural concrete made with recycled coarse aggregates. Creep and shrinkage[J]. Construction and building materials, 2016, 122: 95-109.

[122] XIAO J Z, FAN Y H, TAM V W Y. On creep characteristics of cement paste, mortar and recycled aggregate concrete[J]. European Journal of Environmental and Civil Engineering, 2015, 19(10): 1234-1252.

[123] VIVIAN W T, KOTRAYOTHAR D, XIAO J Z. Long-term deformation behaviour of recycled aggregate concrete[J]. Construction and building materials, 2015, 100: 262-272.

[124] KNAACK A M, KURAMA Y C. Creep and shrinkage of normal-strength concrete with recycled concrete aggregates[J]. ACI materials journal, 2015, 112(3): 3068-3079.

[125] 中华人民共和国建设部. 普通混凝土用砂、石质量及检验方法标准（附条文说明）: JGJ 52—2006[S]. 北京: 中国建筑工业出版社, 2006.

[126] American Concrete Institute (ACI) Committee 209. Prediction of creep, shrinkage, and temperature effects in

concrete structures[R]. Farmington Hills, Michigan: ACI 209R-92, 1992.

[127] 黄国兴，惠荣炎，王秀军. 混凝土徐变与收缩[M]. 北京：中国电力出版社，2012.

[128] BAŽANT Z P, BAWEJA S. Creep and shrinkage prediction model for analysis and design of concrete structures—model B3[C]/Manaseer A A./Adam Neville Symposium: Creep and Shrinkage-Structural Design Effects.Farmington Hills, Michigan: American Concrete Institute, ACI SP-194, 1995: 1-83.

[129] NEVILLE A M, DILGER W H, BROOKS J J. Creep of plain and structural concrete[M].New York: Construction Press, 1983.

[130] YANG Y F, HAN L H. Compressive and flexural behaviour of recycled aggregate concrete filled steel tubes (RACFST) under Short-term loadings[J]. Steel and composite structures, 2006, 6(3): 257-284.

[131] 邱昌龙. 再生混凝土研究及钢管再生混凝土短柱力学性能分析[D]. 成都：西南交通大学，2009.

[132] 马静，王振波. 圆钢管再生混凝土轴压短柱承载力试验研究[J]. 贵州大学学报（自然科学版），2012，29（3）：104-107.

[133] SHI X S, WANG Q Y, QIU C C, et al. Mechanical properties of recycled concrete filled steel tubes and double skin tubes[C]//Xiao J Z. Construction Waste Recycling and Civil Engineering Sustainable Development-Proceedings of 2nd International Conference on Waste Engineering and Management. Shanghai, China, 2010: 559-567.

[134] 邱慈长，王清远，石宵爽，等. 薄壁钢管再生混凝土轴压实验研究[J]. 实验力学，2011，26（1）：8-14.

[135] CHEN Z P, LIU F, ZHENG H H, et al. Research on the bearing capacity of recycled aggregate Concrete-filled circle steel tube column under axial compression loading[C]//Wuhan Institute of Technology. International Conference on Mechanic Automation and Control Engineering(MACE).Wuhan, China, 2010: 1198-1201.

[136] CHEN Z P, CHEN X H, KE X J, et al. Experimental study on the mechanical behavior of recycled aggregate coarse Concrete-filled square steel tube column[C]//Wuhan Institute of Technology. International Conference on Mechanic Automation and Control Engineering(MACE).Wuhan,China, 2010: 1313-1316 .

[137] CHEN Z P, XU J J, XUE J Y, et al. Performance and calculations of recycled aggregate Concrete-filled steel tubular (RACFST) short columns under axial compression[J]. International journal of steel structures, 2014, 14(1): 31-42.

[138] 牛海成，曹万林，董宏英，等. 钢管高强再生混凝土柱轴压性能试验研究[J]. 建筑结构学报，2015，36（6）：128-136.

[139] 牛海成，曹万林，周中一，等. 足尺方钢管高强再生混凝土柱轴压试验[J]. 北京工业大学学报，2015，41（3）：395-402.

[140] 黄宏，孙微，陈梦成，等. 方钢管再生混凝土轴压短柱力学性能试验研究[J]. 建筑结构学报，2015，36（sup1）：215-221.

[141] LIU Y X, ZHA X X, GONG G B. Study on Recycled-concrete-filled steel tube and recycled concrete based on damage mechanics[J]. Journal of constructional steel research, 2012, 71(1): 143-148.

[142] 张卫东，王振波，丁海军. 钢管再生混凝土短柱偏压性能实验[J]. 大庆石油学院学报，2011，35（5）：88-91.

[143] YANG Y F, HAN L H. Experimental behaviour of recycled aggregate concrete filled steel tubular columns[J]. Journal of constructional steel research, 2006, 62(12): 1310-1324.

[144] European Committee for Standardization(CEN). Design of composite steel and concrete structures-part 1-1:general rules and rules for buildings: EN 1994-1-1(EC4)[S]. Brussels: CEN, 2004.

[145] 张向冈，陈宗平，薛建阳，等. 钢管再生混凝土轴压长柱试验研究及力学性能分析[J]. 建筑结构学报，2012，33（9）：12-20.

[146] 陈宗平，李启良，张向冈，等. 钢管再生混凝土偏压柱受力性能及承载力计算[J]. 土木工程学报，2012，45（10）：72-80.

[147] YANG Y F, HAN L H, WU X. Concrete shrinkage and creep in recycled aggregate Concrete-Filled steel tubes[J]. Advances in structural engineering, 2008, 11(4): 383-396.

[148] 王海洋, 查晓雄, 黄毫春, 等. 钢管膨胀和再生混凝土结构施工时徐变影响的试验研究[J]. 工业建筑, 2011, 41（6）: 43-46.

[149] YANG Y F. Behavior of recycled aggregate Concrete-Filled steel tubular columns under long-term sustained loads[J]. Advances in structural engineering, 2011, 14(2): 189-206.

[150] 中华人民共和国住房和城乡建设部, 中华人民共和国国家质量监督检验检疫总局. 钢管混凝土结构技术规范: GB 50936—2014[S]. 北京: 中国建筑工业出版社, 2104.

[151] American Institute of Steel Construction (AISC). specification for Structural steel buildings: AISC 360-10[S]. Chicago (IL): AISC, 2010.

[152] Architectural Institute of Japan. recommendations for design and construction of concrete filled steel tubular structures: AIJ 2008[S]. Tokyo: AIJ, 2008.

[153] 肖建庄, 张洁. 上海市废弃混凝土来源与回收前景[J]. 粉煤灰, 2006（3）: 41-43.

[154] 中华人民共和国住房和城乡建设部. 混凝土强度检验评定标准: GB/T 50107—2010[S]. 北京: 中国建筑工业出版社, 2010.

[155] 中华人民共和国住房和城乡建设部. 混凝土物理力学性能试验方法标准: GB/T 50081—2019[S]. 北京: 中国建筑工业出版社, 2019.

[156] OTSUKI N, MIYAZATO S, YODSUDJAI W. Influence of recycled aggregate on interfacial transition zone, strength, chloride penetration and carbonation of concrete[J]. Journal of materials in civil engineering-ASCE, 2003, 15(5): 443-451.

[157] CHEN H J, YEN T, CHEN K H. Use of building rubbles as recycled aggregates[J]. Cement and concrete research, 2003, 33(1):125-132.

[158] 肖建庄, 雷斌, 袁飚. 不同来源再生混凝土抗压强度分布特征研究[J]. 建筑结构学报, 2008, 29（5）: 94-100.

[159] 王庆贺, 王玉银, 耿悦, 等. 配制方法对再生混凝土基本力学性能的影响[J]. 建筑结构学报, 2016, 37（s2）: 79-87.

[160] 陈杰. 圆钢管再生混凝土轴压构件长期静力性能研究[D]. 哈尔滨: 哈尔滨工业大学, 2016.

[161] ZHANG H, ZHAO Y. Integrated interface parameters of recycled aggregate concrete [J]. Construction and building materials, 2015, 101(1): 861-877.

[162] MÜLLER H S, RÜBNER K. High-strength concrete-microstructural characteristics and related durability aspects[C]//Sommer H. International RILEM Workshop on Durability of High Performance Concrete. Springer, 1995:23-27.

[163] European Committee for Standardization (CEN). Design of concrete structures-Part 1-1: General rules and rules for buildings: Eurocode 2[S]. ENV, 1992-1-2, 2004.

[164] WANG Y Y, WANG Q H, GENG Y, et al. Long-term behaviour of simply supported composite slabs with recycled coarse aggregate[J]. Magazine of concrete research, 2016, 68(24): 1278-1293.

[165] WANG Q H, RANZI G, WANG Y Y, et al. Long-term behaviour of simply-supported steel-bars truss slabs with recycled coarse aggregate [J]. Construction and building materials, 2016, 116 (6): 335-346.

[166] 李孝忠, 王庆贺, 王玉银, 等. 再生混凝土抗折强度的影响因素及其计算方法[J]. 建筑结构学报, 2019, 40（1）: 155-164.

[167] AKBARNEZHAD A, ONG K C G, ZHANG M H, et al. Microwave-assisted beneficiation of recycled concrete aggregates[J]. Construction and building materials, 2011, 25(8): 3469-3479.

[168] XIAO J Z, LI J B, ZHANG C. On relationships between the mechanical properties of recycled aggregate concrete: an overview [J]. Materials and structures, 2006, 39(6): 655-664.

[169] 周徽, 柳炳康, 陆国. 再生混凝土基本力学性能试验分析[J]. 安徽建筑工业学院学报（自然科学版），2008，16（6）：4-8.

[170] 肖建庄, 李佳彬. 再生混凝土强度指标之间换算关系的研究[J]. 建筑材料学报，2005，8（2）：197-201.

[171] YEHIA S, HELAL K, ABUSHARKH A, et al. Strength and durability evaluation of recycled aggregate concrete [J]. International journal of concrete structures and materials, 2015, 9(2): 219-239.

[172] KHEDER G F, AL-WINDAWI S A. Variation in mechanical properties of natural and recycled aggregate concrete as related to the strength of their binding mortar [J]. Materials and structures, 2005, 38(7): 701-709.

[173] 成国耀. 不同再生骨料取代率混凝土的基本性能试验研究[J]. 混凝土，2005，27（11）：67-70.

[174] 张波志, 王社良, 张博, 等. 再生混凝土基本力学性能试验研究[J]. 混凝土，2011，33（7）：4-6.

[175] 陈宗平, 余兴国, 柯晓军, 等. 再生混凝土抗折强度试验研究[J]. 混凝土，2010，32（6）：58-60.

[176] 徐蔚. 再生粗骨料取代率对混凝土基本性能的影响[J]. 混凝土，2006，28（9）：45-47.

[177] 胡敏萍. 不同取代率再生粗骨料混凝土的力学性能[J]. 混凝土，2007，29（2）：52-54.

[178] SAFIUDDIN M, ALENGARAM U J, SALAM M A, et al. Properties of high-workability concrete with recycled concrete aggregate [J]. Materials research, 2011, 14(2): 248-255.

[179] RAO M C, BHATTACHARYYA S K, BARAI S V. Influence of field recycled coarse aggregate on properties of concrete[J]. Materials and structures, 2011, 44(1): 205-220.

[180] RAKSHVIR M, BARAI S V. Studies on recycled aggregates-based concrete[J]. Waste management and research, 2006, 24(3): 225-233.

[181] LEE K M, PARK J H. A numerical model for elastic modulus of concrete considering interfacial transition zone[J]. Cement and concrete research, 2008, 38(3): 396-402.

[182] ZHOU F P, LYDON F D, BARR B I G. Effect of coarse aggregate on elastic modulus and compressive strength of high performance concrete[J]. Cement and concrete research, 1995, 25(1): 177-186.

[183] BELÉN G F, FERRNANDO M A, Javier E L, et al. Effect of recycled coarse aggregate on damage of recycled concrete[J]. Materials and structures, 2011, 44(10): 1759-1771.

[184] 过镇海. 常温和高温下混凝土材料和构件的力学性能[M]. 北京：清华大学出版社，2006.

[185] 李海艳. 活性粉末混凝土高温爆裂及高温后力学性能研究[D]. 哈尔滨：哈尔滨工业大学，2012.

[186] 赵晖. 再生混凝土耐高温性能及构件抗火分析[D]. 哈尔滨：哈尔滨工业大学，2018.

[187] LU Z H, ZHAO Y G. Empirical stress-strain model for unconfined high-strength concrete under uniaxial compression[J]. Journal of materials in civil engineering, ASCE, 2010, 22(11):1181-1186.

[188] SAMANI A K, ATTARD M M. A stress-strain model for uniaxial and confined concrete under compression[J]. Engineering structures, 2012, 41(3):335-349.

[189] 过镇海, 张秀琴, 张达成, 等. 混凝土应力-应变全曲线的试验研究[J]. 建筑结构学报，1982（1）：1-12.

[190] YANG Y F, HOU C. Behaviour and design calculations of recycled aggregate concrete filled steel tube (RACFST) members[J]. Magazine of concrete research, 2015, 67(11):611-620.

[191] GENG Y, RANZI G, WANG Y Y, et al. time-dependent behaviour of concrete filled steel tubular columns: analytical and comparative study[J]. Magazine of concrete research, 2012, 64(1): 55-69.

[192] Comité Euro-International du Béton. CEB-FIP Model Code 1990[S]. London: Thomas Telford Ltd.,1993.

[193] LE ROY R, DE LARRARD F, PONS G. The AFREM code type model for creep and shrinkage of high performance concrete[C]//Association Francaise Pour La Construction. Proceeding of the 4th International

Symposium on Utilization of High-Strength/High-Performance Concrete. Paris: Palais des Cong,1996: 387-396.

[194] BAŽANT Z P, BAWEJA S. Creep and shrinkage prediction model for analysis and design of concrete structures-model B3[J]. Materiaux et constructions, 1995, 28(180): 357-365.

[195] TABSH S W, ABDELFATAH A S. Influence of recycled concrete aggregates on strength properties of concrete [J]. Construction and building materials, 2009, 23(2): 1163-1167.

[196] POON C S, KOU S C, WAN H W, et al. Properties of concrete blocks prepared with low grade recycled aggregates [J]. Waste management, 2009, 29(8): 2369-2377.

[197] WEBER S, REINHARDT H W. A new generation of high performance concrete: concrete with autogenous curing [J]. Advanced cement based materials, 1997, 6(2): 59-68.

[198] Australian Concrete Institute. Concrete structures: AS 3600—2009[S]. Sydney (Australia): Standards Australia, 2009.

[199] TAZAWA E, MIYAZAWA S. Effect of constituents and curing conditions on autogenous shrinkage of concrete[C]//Tazawa E. Autogenous shrinkage of concrete. New York: E & FN SPON, 1999: 269-280.

[200] KWON S H, KIM Y Y KIM J K. Long-term behavior under axial service loads of circular columns made from concrete filled steel tubes[J]. Magazine of concrete research, 2005, 57(2): 87-99.

[201] TERREY P J, BRADFORD M A, GILBERT R I. Creep and shrinkage of concrete in concrete-filled circular steel tubes[C]//Grundy P. Proceeding of 6th International Symposium on Tubular Structures. Melbourne, Australia, 1994: 293-298.

[202] UY B. Static long-term effects in short concrete-filled steel box columns under sustained loading[J]. ACI structural journal, 2001, 98(1): 96-104.

[203] HAN L H, TAO Z, Liu W. Effects of sustained load on concrete-filled hollow structural steel columns[J]. Journal of structural engineering, 2004, 130(9): 1392-1404.

[204] HUBLER M H, WENDNER R, BAŽANT Z P. Statistical justification of model b4 for drying and autogenous shrinkage of concrete and comparisons to other models [J]. Materials and structures, 2015, 48(4): 797-814.

[205] 中华人民共和国住房和城乡建设部. 普通混凝土长期性能和耐久性能试验方法标准：GB/T 50082—2009[S]. 北京：中国建筑工业出版社，2009.

[206] ACI Committee 209. Prediction of creep,shrinkage and temperature effects in concrete structures: ACI 209R-92[S]. Farmington Hills(MI,USA): America Concrete Institute, 1997.

[207] FATHIFAZL G, RAZAQPUR A G, ISGOR O B, et al. Creep and drying shrinkage characteristics of concrete produced with coarse recycled concrete aggregate [J]. Concrete and Concrete Composites, 2011, 33(10): 1026-1037.

[208] 中国钢铁工业协会，全国钢标准化技术委员会. 金属材料 拉伸试验 第 1 部分：室温试验方法：GB/T 228.1—2010[S]. 北京：中国标准出版社，2010.

[209] SHANMUGAM N E, LAKSHMI B. State of the art report on steel-concrete composite columns[J]. Journal of constructional steel research, 2001, 57: 1041-1080.

[210] 王玉银. 圆钢管高强混凝土轴压短柱基本性能研究[D]. 哈尔滨：哈尔滨工业大学，2003.

[211] CHAKRABARTY J. Theory of plasticity[M]. Singapore: McGraw-Hill Book Co., 1998.

[212] 陈杰. 圆钢管再生混凝土轴压长期静力性能研究[D]. 哈尔滨：哈尔滨工业大学，2016.

[213] SAKINO K. Behavior of concrete filled steel steel tubular columns under concentric loading[C]// Proceedings of the 3rd International Conference on Steel-Concrete Composite Structures. Fukuoka: Association for International Cooperation and Research in Steel-Concrete Composite Structures, 1991:25-30.

[214] PRION H G L, BOEHME J. Beam-column behaviour of steel tubes filled with high strength concrete[J]. canadian

journal of civil engineering, 1994, 21(2):207-218.

[215] 冯九斌. 钢管高强混凝土轴压性能及强度承载力研究[D]. 哈尔滨：哈尔滨建筑大学，1995.

[216] HAN L H, YAO G H, ZHAO X L. Tests and calculations for hollow structural steel (HSS) stub columns filled with self-consolidating concrete (SCC)[J]. Journal of constructional steel research, 2005, 61(9):1241-1269.

[217] 尧国皇. 钢管混凝土构件在复杂受力状态下的工作机理研究[D]. 福州：福州大学，2006.

[218] HOU M, LI L, DONG J F, et al. Influence of amount of recycled coarse aggregate on mechanical properties of steel tube columns[C]//Iurich D. Advanced materials research 2013, 647: 748-752.

[219] HAN L H. Flexural behavior of concrete-filled steel tubes[J].Journal of constructional steel research,2004,60:313-317.

[220] SILVA R V, BRITO J D, DHIR R K. Prediction of the shrinkage behavior of recycled aggregate concrete: a review[J]. Construction and building materials, 2015, 77:327-339.

[221] GILBERT R I, RANZI G. Time-dependent behaviour of concrete structures[M]. London and New York: Spon Press, 2011.

[222] EEXBERRIA M, VÁZQUEZ E, MARÍ A, et al. Influence of amount of recycled coarse aggregates and production process on properties of recycled aggregate concrete[J]. Cement and concrete research, 2007, 37(5):735-742.

[223] COUTINHO A S. A contribution to the mechanism of concrete creep[J]. Materials and structures, 1977, 10(10): 3-16.

[224] HELLESLAND J, AAS-JAKOBSEN I A. A stress and time dependent strength law for concrete[J]. Cement and concrete research, 1972, 2(3): 261-275.

[225] HAN L H, YANG Y F. Analysis of thin-walled steel RHS columns filled with concrete under long-term sustained loads[J]. Thin-walled structures, 2003, 41(9): 849-870.

[226] 谭素杰，齐加连. 长期荷载对钢管混凝土受压构件强度影响的实验研究[J]. 哈尔滨建筑工程学院学报，1987（2）：10-24.

[227] ICHINOSE L H, WATANABE E, NAKAI H. An experimental study on creep of concrete filled steel pipes [J]. Journal of constructional steel research, 2001, 57(4): 453-466.

[228] 林军. 核心混凝土的徐变及其对钢管高强混凝土轴压构件力学性能的影响[D]. 广东：汕头大学，2002.

[229] MORINO S, KSWANGUCHI J, CAO Z S. Creep behavior of concrete filled steel tubular members [C]// Proceedings of an Engineering Foundation Conference. on Steel-Concrete Composite Structures. ASCE. Irsee, 1996: 514-525.

[230] 韩林海. 钢管混凝土结构——理论与实践[M]. 2 版. 北京：科学出版社，2007.

[231] KWON S H, KIM T H, KIM Y Y, Kim J K. Long-term behaviour of square concrete-filled steel tubular columns under axial service loads [J]. Magazine of concrete research, 2007, 59(1): 53-68.

[232] NEVILLE A M. Properties of concrete [M]. London: Pitman Publishing, 1981.

[233] BROOKS J J, NEVILLE A M. Relaxation of stress in concrete and its relation to creep[J]. ACI journal, 1976, 73(4): 227-232.

附录 I 普通混凝土在非密闭条件下的徐变模型

3.4.2 节研究了 EC2 模型、MC90 模型、ACI 209 模型和 B3 模型对非密闭条件下普通混凝土徐变性能的预测精度。其中，EC2 模型已在 3.4.2 节中进行详细介绍，本附录将对 MC90 模型、ACI 209 模型和 B3 模型进行详细介绍。

I.1 MC90 模型

MC90 模型考虑环境相对湿度、混凝土抗压强度、截面有效尺寸、加载龄期、持荷时间及水泥品种等因素对普通混凝土徐变性能的影响，在计算中不区分基本徐变和干燥徐变，按式（I-1）计算普通混凝土徐变系数。

$$\varphi(t, t_0) = \varphi_0 \beta_c(t - t_0) \tag{I-1}$$

式中　　$\varphi(t, t_0)$——普通混凝土徐变系数；

　　　　φ_0——普通混凝土名义徐变系数；

　　　　$\beta_c(t - t_0)$——普通混凝土徐变的时间函数；

　　　　t_0——普通混凝土加载龄期，d；

　　　　t——普通混凝土龄期，d。

普通混凝土名义徐变系数 φ_0 受环境相对湿度、混凝土有效尺寸、混凝土抗压强度和加载龄期等因素影响，可按照式（I-2）～式（I-6）计算。

$$\varphi_0 = \varphi_{RH} \beta(f_{cm}) \beta(t_0) \tag{I-2}$$

$$\varphi_{RH} = 1 + \frac{1 - RH / RH_0}{0.46(h / h_0)^{1/3}} \tag{I-3}$$

$$h = 2A_c / u \tag{I-4}$$

$$\beta(f_{cm}) = \frac{5.3}{(f_{cm} / f_{cm0})^{0.5}} \tag{I-5}$$

$$\beta(t_0) = \frac{1}{0.1 + (t_0 / t_1)^{0.2}} \tag{I-6}$$

式中　　φ_{RH}——环境相对湿度与有效尺寸影响系数；

　　　　$\beta(f_{cm})$——普通混凝土强度影响系数；

　　　　$\beta(t_0)$——加载龄期影响系数；

　　　　RH——环境相对湿度，%；

　　　　RH_0——常数，等于 100；

　　　　h——混凝土截面有效尺寸，按式（I-4）计算，mm；

h_0——常数，等于 100mm；

A_c——混凝土截面面积，mm^2；

u——混凝土截面周长，mm；

f_{cm}——普通混凝土 28d 圆柱体抗压强度平均值，MPa；

f_{cm0}——常数，等于 10MPa；

t_1——常数，等于 1d。

普通混凝土徐变的时间函数 $\beta_c(t-t_0)$ 可按照式（I-7）和式（I-8）计算。

$$\beta_c(t-t_0) = \left[\frac{(t-t_0)/t_1}{\beta_H + (t-t_0)/t_1}\right]^{0.3} \qquad （I-7）$$

$$\beta_H = 150\left[1 + \left(1.2\frac{RH}{RH_0}\right)^{18}\right]\frac{h}{h_0} + 250 \leqslant 1500 \qquad （I-8）$$

式中　β_H——环境相对湿度和截面有效尺寸影响因子。

I.2　B3 模型

B3 模型将徐变分为基本徐变和干燥徐变，并用徐变函数 $J(t,t_0)$ 表示单位应力下普通混凝土的总应变。可按式（I-9）计算普通混凝土的徐变函数，并根据式（I-10）计算普通混凝土徐变系数。

$$J(t,t_0) = q_1 + C_0(t,t_0) + C_d(t,t_0,t_s) \qquad （I-9）$$

$$\varphi(t,t_0) = E_c(t_0)J(t,t_0) - 1 \qquad （I-10）$$

$$E_c(t_0) = E_c(28)\left(\frac{t_0}{4 + 0.85t_0}\right)^{1/2} \qquad （I-11）$$

式中　t_s——普通混凝土干燥开始时间，d；

q_1——混凝土加载时，单位压应力产生的瞬时弹性应变；

$C_0(t,t_0)$——单位应力产生的基本徐变，即基本徐变度；

$C_d(t,t_0,t_s)$——单位应力产生的干燥徐变，即干燥徐变度；

$E_c(t_0)$——混凝土加载当天的弹性模量，可按式（I-11）计算，MPa；

$E_c(28)$——混凝土 28d 弹性模量，MPa。

式（I-9）中，普通混凝土在单位压应力作用下的瞬时应变 q_1 可采用下式计算：

$$q_1 = 0.6 \times 10^6 / E_c(28) \qquad （I-12）$$

普通混凝土的基本徐变度 $C_0(t,t_0)$ 是普通混凝土在密闭条件下受持续荷载产生的徐变，可按式（I-13）～式（I-20）计算：

$$C_0(t,t_0) = q_2 Q(t,t_0) + q_3 \ln[1 + (t-t_0)^n] + q_4 \ln\left(\frac{t}{t_0}\right) \quad （Ⅰ-13）$$

$$q_2 = 185.4 c^{0.5} f_{cm}^{-0.9} \quad （Ⅰ-14）$$

$$q_3 = 0.29(w/c)^4 q_2 \quad （Ⅰ-15）$$

$$q_4 = 20.3(a/c)^{-0.7} \quad （Ⅰ-16）$$

$$Q(t,t_0) = Q_f(t_0)[1 + (Q_f(t_0)/Z(t,t_0))^{r(t_0)}]^{-1/r(t_0)} \quad （Ⅰ-17）$$

$$r(t_0) = 1.7(t_0)^{0.12} + 8 \quad （Ⅰ-18）$$

$$Z(t,t_0) = (t_0)^{-m} \ln[1 + (t-t_0)^n] \quad （Ⅰ-19）$$

$$Q_f(t_0) = [0.086(t_0)^{2/9} + 1.21(t_0)^{4/9}]^{-1} \quad （Ⅰ-20）$$

式中　　q_2——老化黏弹性柔量，按式（Ⅰ-14）计算；

$\quad\quad q_3$——非老化黏弹性柔量，按式（Ⅰ-15）计算；

$\quad\quad q_4$——流动柔量，按式（Ⅰ-16）计算；

$\quad\quad w$——普通混凝土单位体积用水量，kg/m^3；

$\quad\quad a$——普通混凝土单位体积骨料质量，kg/m^3；

$\quad\quad c$——普通混凝土单位体积水泥质量，kg/m^3；

$\quad\quad Q(t,t_0)$——系数，根据式（Ⅰ-17）计算；

$\quad\quad r(t_0)$——系数，根据式（Ⅰ-18）计算；

$\quad\quad Z(t,t_0)$——系数，根据式（Ⅰ-19）计算；

$\quad\quad Q_f(t_0)$——系数，根据式（Ⅰ-20）计算；

$\quad\quad m, n$——经验系数，一般取 $m=0.5$，$n=0.1$。

普通混凝土的干燥徐变度 $C_d(t,t_0,t_s)$ 是混凝土在长期荷载作用下由于干燥过程产生的附加徐变，可按式（Ⅰ-21）～式（Ⅰ-24）计算：

$$C_d(t,t_0,t_s) = q_5\{\exp[-8H(t)] - \exp[-8H(t_0^s)]\}^{1/2} \quad （Ⅰ-21）$$

$$H(t) = 1 - (1 - RH/100)S(t) \quad （Ⅰ-22）$$

$$S(t) = \tanh\left[\sqrt{(t-t_s)/\tau_{sh}}\right] \quad （Ⅰ-23）$$

$$\tanh(x) = (e^x - e^{-x})/(e^x + e^{-x}) \quad （Ⅰ-24）$$

$$\tau_{sh} = k_t(k_s h)^2 \quad （Ⅰ-25）$$

$$k_t = 0.085 t_s^{-0.08} f_{cm}^{-1/4} \quad （Ⅰ-26）$$

$$q_5 = 7.57 \times 10^5 f_{cm}^{-1} |\varepsilon_{cs\infty}| \quad （Ⅰ-27）$$

$$t_0^s = \max(t_0, t_s) \quad （Ⅰ-28）$$

式中　　$H(t)$——函数，根据式（Ⅰ-22）计算；

$\quad\quad S(t)$——时间系数，按式（Ⅰ-23）和式（Ⅰ-24）计算；

$\quad\quad \tanh(x)$——自变量为 x 的双曲正切函数；

τ_{sh}——尺寸影响系数;

k_t——干燥开始时间和混凝土强度影响因子,按式(Ⅰ-26)计算;

k_s——截面形状影响系数,可按表Ⅰ-1取值;

q_5——系数,按式(Ⅰ-27)计算;

$\varepsilon_{cs\infty}$——普通混凝土收缩应变终值;

t_0^s——加载和干燥同时开始的时间,按式(Ⅰ-28)计算,d。

表Ⅰ-1 截面形状影响系数取值

项目	无限大板	无限长柱	无限大正四棱锥	球	立方体
k_s	1.00	1.15	1.25	1.30	1.55

式(Ⅰ-27)中的普通混凝土收缩应变终值 $\varepsilon_{cs\infty}$ 可按式(Ⅰ-29)和式(Ⅰ-30)计算。

$$\varepsilon_{cs\infty} = \varepsilon_{s\infty} E_c(607) / E_c(t_s + \tau_{sh}) \tag{Ⅰ-29}$$

$$\varepsilon_{s\infty} = -\alpha_1\alpha_2[1.9\times10^{-2} w^{2.1} f_{cm}^{-0.28} + 270] \tag{Ⅰ-30}$$

式中 $\varepsilon_{s\infty}$——系数,根据式(Ⅰ-30)计算;

$E_c(607)$——普通混凝土607d弹性模量,可根据式(Ⅰ-11)计算,MPa;

α_1——水泥品种影响系数,可按表Ⅰ-2取值;

α_2——养护条件影响系数,可按表Ⅰ-2取值。

表Ⅰ-2 系数 α_1 和 α_2 的取值

水泥品种	α_1	养护条件	α_2
Ⅰ型水泥	1.0	蒸汽养护	0.75
Ⅱ型水泥	0.85	密闭或在空气中正常养护并有防干燥措施	1.2
Ⅲ型水泥	1.1	在水中或在相对湿度100%的环境中养护	1.0

Ⅰ.3 ACI 209 模型

ACI 209 模型不仅考虑了环境相对湿度、构件尺寸、加载龄期和持荷时间等因素对普通混凝土徐变性能的影响,还通过引入修正系数的方式考虑了混凝土的坍落度、砂率和含气量等因素的影响。ACI 209 模型按照式(Ⅰ-31)计算普通混凝土徐变系数 $\varphi(t,t_0)$。

$$\varphi(t,t_0)=\frac{(t-t_0)^k}{d+(t-t_0)^k}\varphi_u \tag{Ⅰ-31}$$

式中 k——取决于构件尺寸和形状的常数;

φ_u——普通混凝土徐变系数的终值;

d——常数,d 取值范围一般为6～30d。

对潮湿养护 7d 或蒸汽养护 1~3d 后加载的普通混凝土，k 可取 0.6，式（Ⅰ-31）变为

$$\varphi(t,t_0)=\frac{(t-t_0)^{0.6}}{10+(t-t_0)^{0.6}}\varphi_u \qquad （Ⅰ\text{-}32）$$

普通混凝土徐变系数的终值可按照式（Ⅰ-33）~式（Ⅰ-39）计算。

$$\varphi_u = 2.35\gamma_{la}\gamma_\lambda\gamma_h\gamma_s\gamma_\psi\gamma_\alpha \qquad （Ⅰ\text{-}33）$$
$$\gamma_{la}=1.25(t_0)^{-0.118} \qquad （Ⅰ\text{-}34a）$$
$$\gamma_{la}=1.13(t_0)^{-0.094} \qquad （Ⅰ\text{-}34b）$$
$$\gamma_\lambda=1.27-0.0067RH \qquad （Ⅰ\text{-}35）$$
$$\gamma_s=0.82+0.00264s \qquad （Ⅰ\text{-}36）$$
$$\gamma_\psi=0.88+0.0024\psi \qquad （Ⅰ\text{-}37）$$
$$\gamma_\alpha=0.46+0.09\alpha \geqslant 1.0 \qquad （Ⅰ\text{-}38）$$

式中 γ_{la}——加载龄期修正系数。对于加载龄期晚于 7d 的潮湿养护混凝土，可按式（Ⅰ-34a）计算；对于加载龄期晚于 3d 的蒸汽养护混凝土，可按式（Ⅰ-34b）计算；

γ_λ——环境相对湿度修正系数，可按式（Ⅰ-35）计算；

γ_s——普通混凝土坍落度修正系数，可按式（Ⅰ-36）计算；

s——普通混凝土坍落度，mm；

γ_ψ——普通混凝土砂率修正系数，可按式（Ⅰ-37）计算；

ψ——普通混凝土砂率，%；

γ_α——普通混凝土含气量修正系数，可按式（Ⅰ-38）计算；

α——普通混凝土含气量，%；

γ_h——普通混凝土构件尺寸修正系数。

ACI 209 模型推荐采用平均厚度法或体积面积比法计算式（Ⅰ-33）中的构件尺寸修正系数 γ_h。

若采用平均厚度法，普通混凝土尺寸修正系数 γ_h 可根据表Ⅰ-3 按照线性插值取值。

表Ⅰ-3 平均厚度法构件尺寸修正系数

项目		h/mm								
		51	76	104	127	152	203	254	305	381
徐变 γ_h	≤1a	1.30	1.17	1.11	1.04	1.00	0.96	0.91	0.86	0.80
	终值	1.30	1.17	1.11	1.04	1.00	0.96	0.93	0.90	0.85
收缩 γ_h	≤1a	1.35	1.25	1.17	1.08	1.00	0.93	0.85	0.77	0.66
	终值	1.35	1.25	1.17	1.08	1.00	0.94	0.88	0.82	0.74

若采用体积面积比法,则可根据式(I-39)计算普通混凝土尺寸修正系数 γ_h。

$$\gamma_h = \frac{2}{3}[1 + 1.13\exp(-0.0213v/A_c)] \geqslant 0.2 \quad\quad (\text{I-39})$$

式中　v——普通混凝土试件的体积,mm^3;

　　　A_c——普通混凝土试件的截面面积,mm^2。

附录 Ⅱ 钢管再生混凝土短柱轴压破坏模式

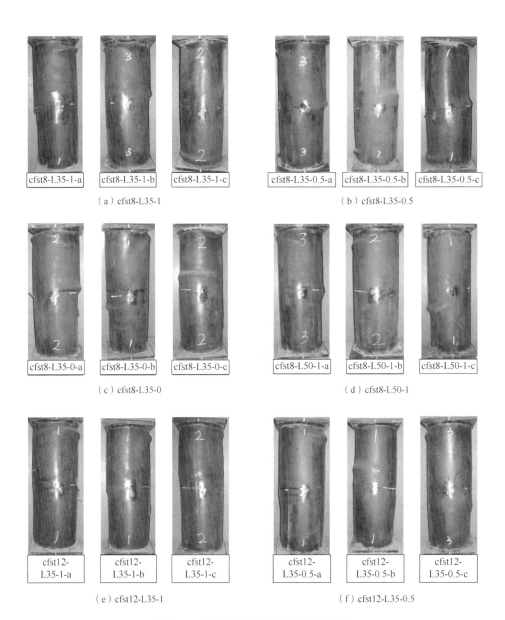

图Ⅱ-1 钢管再生混凝土试件破坏模式

（g）cfst12-L35-0   （h）cfst12-L50-0.5

（i）cfst15-L35-1   （j）cfst15-L35-0.5

（k）cfst15-L35-0   （l）cfst15-L50-0

（m）cfst8-P35-1

图Ⅱ-1（续）

附录Ⅲ 钢管再生混凝土轴压短柱中截面4个测点应变随荷载发展曲线

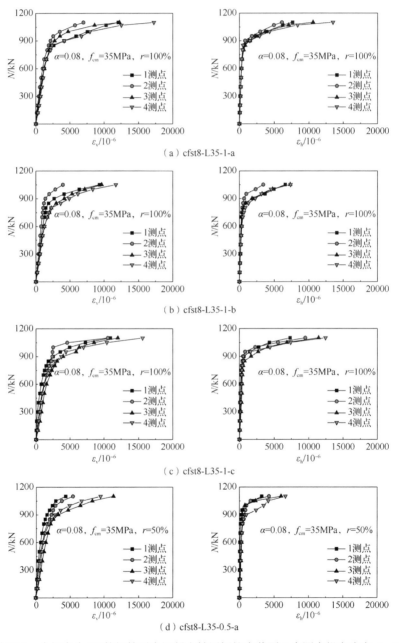

图Ⅲ-1 含钢率为8%的钢管再生混凝土轴压短柱中截面4个测点纵向应变（ε_v）与横向应变（ε_h）随荷载（N）发展关系

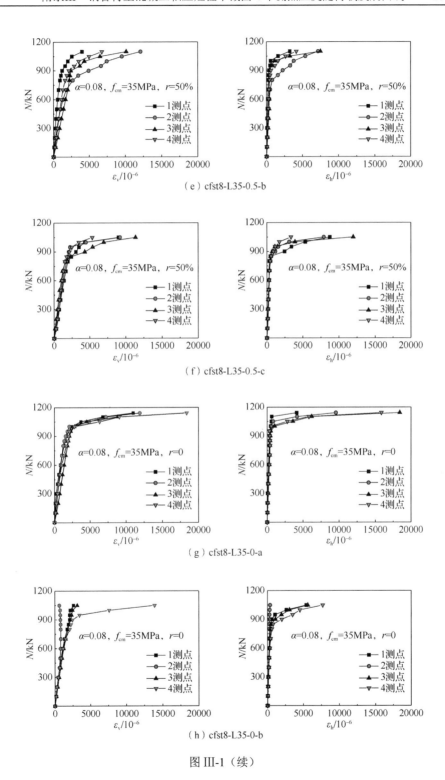

（e）cfst8-L35-0.5-b

（f）cfst8-L35-0.5-c

（g）cfst8-L35-0-a

（h）cfst8-L35-0-b

图Ⅲ-1（续）

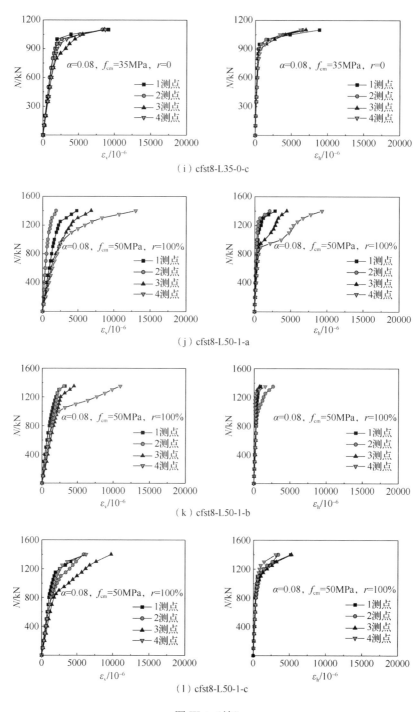

（i）cfst8-L35-0-c

（j）cfst8-L50-1-a

（k）cfst8-L50-1-b

（l）cfst8-L50-1-c

图Ⅲ-1（续）

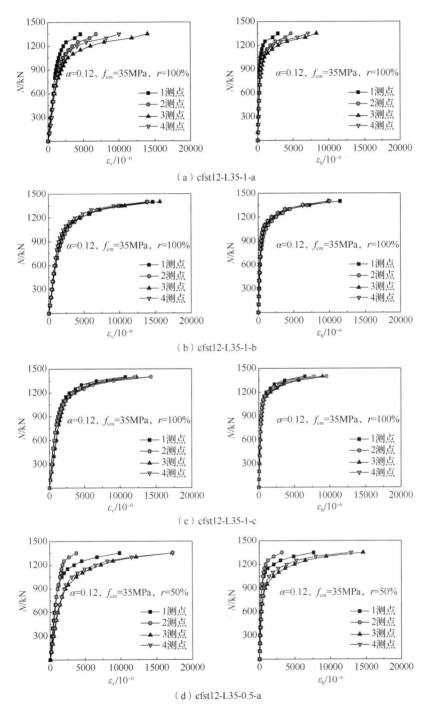

图Ⅲ-2　含钢率为 12%的钢管再生混凝土轴压短柱中截面 4 个测点纵向应变（ε_v）
与横向应变（ε_h）随荷载（N）发展关系

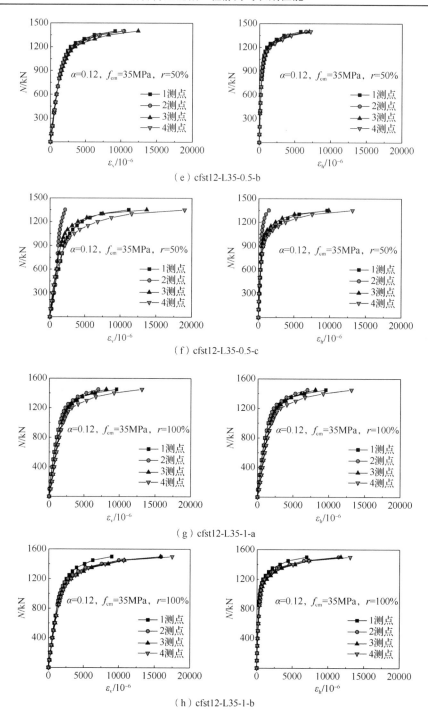

（e）cfst12-L35-0.5-b

（f）cfst12-L35-0.5-c

（g）cfst12-L35-1-a

（h）cfst12-L35-1-b

图Ⅲ-2（续）

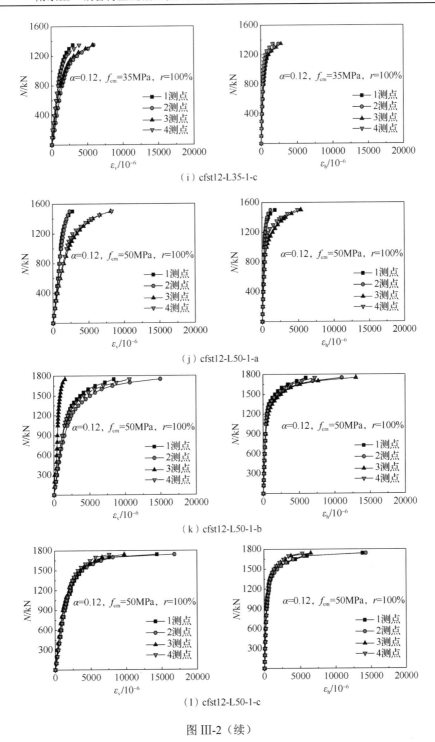

（i）cfst12-L35-1-c

（j）cfst12-L50-1-a

（k）cfst12-L50-1-b

（l）cfst12-L50-1-c

图 Ⅲ-2（续）

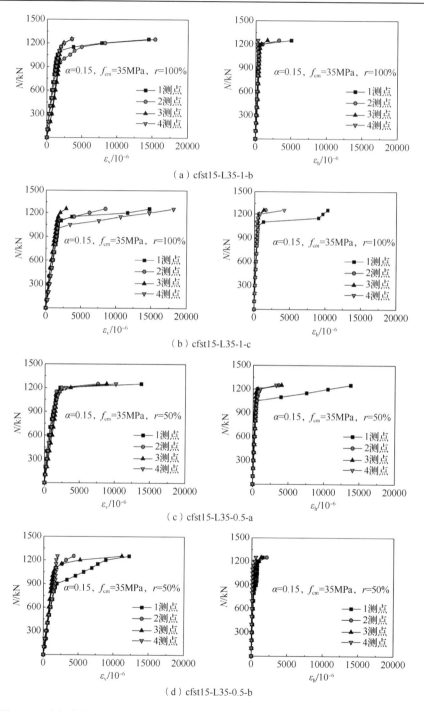

图 III-3　含钢率为 15% 的钢管再生混凝土轴压短柱中截面 4 个测点纵向应变（ε_{v}）
与横向应变（ε_{h}）随荷载（N）发展关系

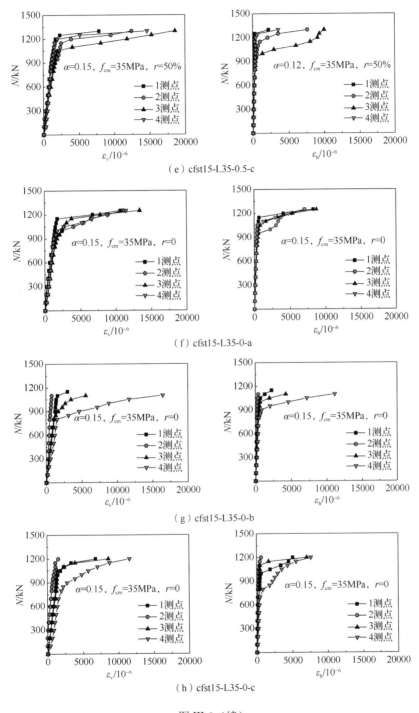

（e）cfst15-L35-0.5-c

（f）cfst15-L35-0-a

（g）cfst15-L35-0-b

（h）cfst15-L35-0-c

图Ⅲ-3（续）

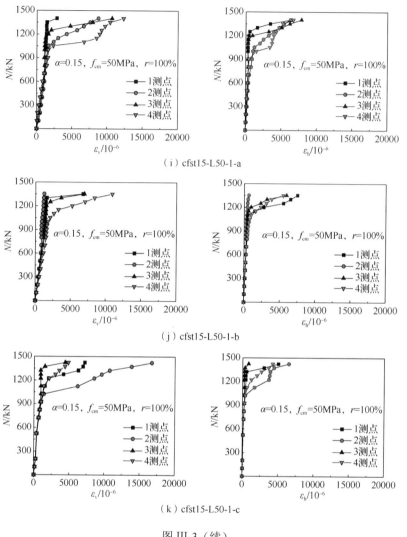

（i）cfst15-L50-1-a

（j）cfst15-L50-1-b

（k）cfst15-L50-1-c

图 III-3（续）

附录Ⅳ 钢筋再生混凝土轴压短柱中截面 4 个测点应变随荷载发展曲线

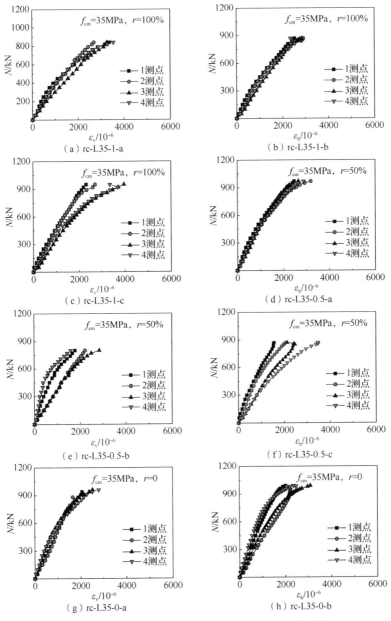

图Ⅳ-1 钢筋再生混凝土轴压短柱中截面 4 个测点纵向应变（ε_v）与横向应变（ε_h）随荷载（N）发展关系

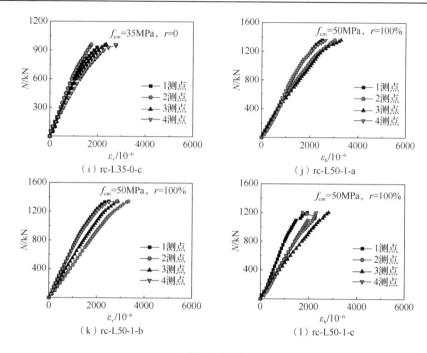

（i）rc-L35-0-c

（j）rc-L50-1-a

（k）rc-L50-1-b

（l）rc-L50-1-c

图IV-1（续）

附录 V 圆钢管混凝土柱承载力设计公式

V.1 中国《钢管混凝土结构技术规范》（GB 50936—2014）（部分内容）

《钢管混凝土结构技术规范》（GB 50936—2014）提出了两种圆钢管混凝土柱承载力设计理论（参考部分内容）。

V.1.1 设计理论-1

V.1.1.1 轴心受压强度承载力

钢管混凝土短柱的轴心受压强度承载力设计值应按下列公式计算：

$$N_0 = A_{sc} f_{sc} \tag{V-1}$$

$$f_{sc} = (1.212 + B\theta + C\theta^2) f_c \tag{V-2}$$

$$\theta = \alpha_{sc} \frac{f}{f_c} \tag{V-3}$$

$$B = 0.176 f_y / 213 + 0.974 \tag{V-4}$$

$$C = -0.104 f_c / 14.4 + 0.031 \tag{V-5}$$

式中 N_0 ——钢管混凝土短柱的轴心受压强度承载力设计值，N；

A_{sc} ——实心或空心钢管混凝土构件的截面面积，等于钢管和管内混凝土面积之和，mm^2；

f_{sc} ——实心或空心钢管混凝土抗压强度设计值，MPa；

α_{sc} ——实心或空心钢管混凝土构件的含钢率；

θ ——实心或空心钢管混凝土构件的套箍系数；

f ——钢材的抗压强度设计值，MPa；

f_c ——混凝土的抗压强度设计值，对于空心构件，f_c 均应乘以 1.1，MPa；

B、C——截面形状对套箍效应的影响系数。

V.1.1.2 轴心受弯承载力

圆钢管混凝土构件的受弯承载力设计值应按下列公式计算：

$$M_u = \gamma_m W_{sc} f_{sc} \tag{V-6}$$

$$W_{sc} = \frac{\pi(r_0^4 - r_{ci}^4)}{4r_0} \tag{V-7}$$

式中 f_{sc} ——实心或空心钢管混凝土抗压强度设计值，MPa；

γ_{m}——塑性发展系数，对实心圆形截面取 1.2；

W_{sc}——受弯构件的截面模量，mm^3；

r_0——等效圆半径，圆形截面为半径，非圆形截面为按面积相等等效成圆形的半径，mm；

r_{ci}——空心半径，对实心构件取 0，mm。

V.1.1.3 轴心受压稳定承载力

钢管混凝土柱轴心受压稳定承载力设计值应按下列公式计算：

$$N_{\mathrm{u}}=\varphi N_0 \tag{V-8}$$

$$\varphi=\frac{1}{2\overline{\lambda}_{\mathrm{sc}}^2}\left\{\overline{\lambda}_{\mathrm{sc}}^2+(1+0.25\overline{\lambda}_{\mathrm{sc}})-\sqrt{[\overline{\lambda}_{\mathrm{sc}}^2+(1+0.25\overline{\lambda}_{\mathrm{sc}})]^2-4\overline{\lambda}_{\mathrm{sc}}^2}\right\} \tag{V-9}$$

$$\overline{\lambda}_{\mathrm{sc}}=\frac{\lambda_{\mathrm{sc}}}{\pi}\sqrt{\frac{f_{\mathrm{sc}}}{E_{\mathrm{sc}}}}\approx 0.01\lambda_{\mathrm{sc}}(0.001f_{\mathrm{y}}+0.781) \tag{V-10}$$

式中　N_0——实心或空心钢管混凝土短柱的轴心受压强度承载力设计值，按式（V-1）计算，N；

φ——轴心受压构件稳定系数；

λ_{sc}——各种构件的长细比，等于构件的计算长度除以回转半径；

$\overline{\lambda}_{\mathrm{sc}}$——构件正则长细比；

E_{sc}——实心或空心钢管混凝土构件的弹性模量，N/mm^2。

V.1.1.4 轴心压弯稳定承载力

圆钢管混凝土构件压弯稳定承载力设计值应按下列公式计算：

当 $\dfrac{N}{N_{\mathrm{u}}}\geqslant 0.255$ 时，

$$\frac{N}{N_{\mathrm{u}}}+\frac{\beta_{\mathrm{m}}M}{1.5M_{\mathrm{u}}(1-0.4N/N_{\mathrm{E}}')}\leqslant 1 \tag{V-11}$$

当 $\dfrac{N}{N_{\mathrm{u}}}<0.255$ 时，

$$-\frac{N}{2.17N_{\mathrm{u}}}+\frac{\beta_{\mathrm{m}}M}{M_{\mathrm{u}}(1-0.4N/N_{\mathrm{E}}')}\leqslant 1 \tag{V-12}$$

式中　N、M——作用于构件的轴心压力和弯矩；

β_{m}——等效弯矩系数，应按现行国家规范《钢结构设计规范》GB 50017 执行；

N_{u}——实心或空心钢管混凝土构件的轴压稳定承载力设计值，按式（V-8）计算；

M_{u}——实心或空心钢管混凝土构件的受弯承载力设计值，按式（V-6）计算；

N_E' ——系数，N_E' 可以进一步简化为 $11.6\,k_E f_{sc}\,/\,\lambda^2$。计算公式如下：

$$N_E' = \frac{\pi^2 E_{sc} A_{sc}}{1.1\lambda^2} \tag{Ⅴ-13}$$

式中　E_{sc} ——实心或空心钢管混凝土构件的弹性模量，按式（Ⅴ-14）计算；

$\qquad A_{sc}$ ——实心或空心钢管混凝土构件的截面面积，等于钢管面积和混凝土面积之和。

$$E_{sc} = f_{sc}^p\,/\,\varepsilon_{sc}^p \tag{Ⅴ-14}$$

$$f_{sc}^p = (0.192 f_y /235 + 0.488) f_{sc}^y \tag{Ⅴ-15}$$

$$\varepsilon_{sc}^p = 0.67 f_y\,/\,E_s \tag{Ⅴ-16}$$

式中　f_{sc}^p ——截面的比例极限；

$\qquad \varepsilon_{sc}^p$ ——截面的比例应变；

$\qquad f_{sc}^y$ ——轴压强度标准值，为设计方便可取 $f_{sc}^y = 1.3 f_{sc}$；

$\qquad E_s$ ——钢材的弹性模量，$E_s = 2.06 \times 10^3\,\text{N/mm}^2$；

$\qquad f_y$ ——钢材的屈服点应力。

Ⅴ.1.2　设计理论-2

Ⅴ.1.2.1　轴压强度承载力

钢管混凝土单肢柱的轴压强度承载力设计值应按下列公式计算：

当 $\theta \leqslant 1/(\alpha-1)^2$ 时，

$$N_0 = 0.9 A_c f_c (1 + \alpha\theta) \tag{Ⅴ-17}$$

当 $\theta > 1/(\alpha-1)^2$ 时，

$$N_0 = 0.9 A_c f_c (1 + \sqrt{\theta} + \theta) \tag{Ⅴ-18}$$

$$\theta = \frac{A_s f}{A_c f_c} \tag{Ⅴ-19}$$

式中　θ ——钢管混凝土构件的套箍系数；

$\qquad \alpha$ ——与混凝土强度等级有关的系数；

$\qquad A_c$ ——钢管内核心混凝土横截面面积，mm^2；

$\qquad f_c$ ——钢管内核心混凝土的抗压强度设计值，MPa；

$\qquad A_s$ ——钢管的横截面面积，mm^2；

$\qquad f$ ——钢管的抗拉、抗压强度设计值，MPa。

Ⅴ.1.2.2　受弯承载力

钢管混凝土单肢柱的受弯承载力设计值应按下列公式计算：

$$M_u = 0.3 r_c N_0 \tag{Ⅴ-20}$$

式中　　r_c——钢管内核心混凝土横截面的半径，mm；

　　　　N_0——钢管混凝土短柱轴心受压承载力设计值，N。

V.1.2.3　轴压及压弯稳定承载力

格构柱整体承载力设计值应按下列公式计算，其中轴压稳定承载力φ_e取1：

$$N_u = \varphi_e \varphi_l N_0 \tag{V-21}$$

且在任何情况下均应满足下列条件：

$$\varphi_e \varphi_l \leqslant \varphi_0 \tag{V-22}$$

式中　　N_0——格构柱轴心受压短柱承载力设计值，N；

　　　　φ_e——考虑偏心率影响的整体承载力折减系数；

　　　　φ_l——考虑长细比影响的整体承载力折减系数；

　　　　φ_0——应按轴心受压柱考虑的φ_0值。

钢管混凝土柱考虑偏心率影响的承载力折减系数φ_e，应按下列公式计算：

当$e_0 / r_c \leqslant 1.55$时，

$$\varphi_e = \frac{1}{1 + 1.85 \dfrac{e_0}{r_c}} \tag{V-23}$$

$$e_0 = \frac{M_2}{N} \tag{V-24}$$

当$e_0 / r_c > 1.55$时，

$$\varphi_e = \frac{1}{3.92 - 5.16\varphi_l + \varphi_l \dfrac{e_0}{0.3 r_c}} \tag{V-25}$$

式中　　e_0——柱端轴心压力偏心距之较大者，mm；

　　　　r_c——钢管内的核心混凝土横截面的半径，mm；

　　　　M_2——柱端弯矩设计值的较大者，N·mm；

　　　　N——轴心压力设计值，N。

钢管混凝土柱考虑长细比影响的承载力折减系数φ_l，应按下列公式计算：

当$L_e / D > 30$时，

$$\varphi_l = 1 - 0.115\sqrt{L_e / D - 4} \tag{V-26}$$

当$4 < L_e / D \leqslant 30$时，

$$\varphi_l = 1 - 0.0226(L_e / D - 4) \tag{V-27}$$

当$L_e / D \leqslant 4$时，

$$\varphi_l = 1 \tag{V-28}$$

式中　　D——钢管的外直径，mm；

　　　　L_e——柱的等效计算长度，mm，应按式（V-29）计算：

$$L_e = \mu k L \qquad (V\text{-}29)$$

式中　L——柱的实际长度，mm；

　　　μ——考虑柱端约束条件的计算长度系数，应按现行国家标准《钢结构设计规范》GB 50017 执行；

　　　k——考虑柱身弯矩分布梯度影响的等效长度系数。

钢管混凝土柱考虑柱身弯矩分布梯度影响的等效长度系数 k 应按下列公式计算。

轴心受压柱和杆件：

$$k = 1 \qquad (V\text{-}30)$$

无侧移框架柱：

$$k = 0.5 + 0.3\beta + 0.2\beta^2 \qquad (V\text{-}31)$$

有侧移框架柱和悬臂柱：

1）当 $e_0 / r_c \leqslant 0.8$ 时，

$$k = 1 - 0.625 e_0 / r_c \qquad (V\text{-}32)$$

2）当 $e_0 / r_c > 0.8$ 时，

$$k = 0.5 \qquad (V\text{-}33)$$

3）当自由端有力矩 M_1 作用时，将下式与式（Ⅴ-32）或式（Ⅴ-33）所得的 k 值比较，取其中之较大值。

$$k = (1 + \beta_1) / 2 \qquad (V\text{-}34)$$

式中　r_c——钢管内核心混凝土横截面的半径，mm；

　　　β——柱两端弯矩设计值的较小者 M_1 与较大者 M_2 的比值（$|M_1| \leqslant |M_2|$），$\beta = M_1 / M_2$，单曲压弯时，β 为正值，双曲压弯时，β 为负值；

　　　β_1——悬臂柱自由端力矩设计值 M_1 与嵌固端弯矩设计值 M_2 的比值，当 β_1 为负值（双曲压弯）时，则按反弯点所分割成的高度为 L_2 的子悬臂柱计算。

Ⅴ.2　美国钢结构协会（AISC）设计规程（部分内容）

Ⅴ.2.1　轴压强度承载力

钢管混凝土轴心受压强度承载力应满足下式的要求。

$$P_{n0} = F_y A_s + C_1 f_c' A_c \qquad (V\text{-}35)$$

式中　A_c——核心混凝土横截面面积，mm^2；

　　　A_s——钢管横截面面积，mm^2；

　　　f_c'——混凝土圆柱体抗压强度标准值，MPa；

F_y —— 钢材的屈服强度标准值，MPa；

C_1 —— 系数，对于圆钢管混凝土，$C_1 = 0.95$。

V.2.2　受弯承载力

钢管混凝土构件的受弯承载力应满足下式要求：

$$M \leqslant M_u = \phi_b M_n \qquad\qquad (V\text{-}36)$$

式中　M —— 构件弯矩设计值，N·mm；

M_u —— 构件受弯承载力；

ϕ_b —— 折减系数，其值为 0.9；

M_n —— 钢管混凝土抗弯承载力，N·mm；$M_n = ZF_y$，其中 Z 为钢管截面的塑性截面模量；对圆钢管混凝土，$Z = 2r_0 A_s / \pi$，其中 r_0 为钢管半径，A_s 为钢管截面面积。

V.2.3　轴压稳定承载力

钢管混凝土轴压稳定承载力应满足下式的要求。

$$P_u = \phi_c P_n \qquad\qquad (V\text{-}37)$$

$$P_n = \begin{cases} 0.658^{P_{n0}/P_e} P_{n0}, & P_{n0} / P_e \leqslant 2.25 \\ 0.877 P_e, & P_{n0} / P_e > 2.25 \end{cases} \qquad\qquad (V\text{-}38)$$

$$P_e = \frac{\pi^2}{(KL)^2} \cdot EI \qquad\qquad (V\text{-}39)$$

式中　P_n —— 名义轴压强度承载力，N；

ϕ_c —— 折减系数，其值为 0.75；

P_{n0} —— 轴压强度承载力，按式（V-35）计算，N；

L —— 构件计算长度，mm；

K —— 计算长度系数，其值为 1.0；

EI —— 钢管混凝土等效刚度，按式（V-40）计算。

$$EI = E_s I_s + C_2 E_c I_c \qquad\qquad (V\text{-}40)$$

式中　E_s —— 钢材的弹性模量，$E_s = 2 \times 10^5$ MPa；

E_c —— 混凝土的弹性模量，$E_c = 0.043 \times \omega_c^{1.5} \sqrt{f_c'}$ MPa，ω_c 为混凝土的密度，$1500 \leqslant \omega_c^{1.5} \leqslant 2500$，kg/m³；

C_2 —— 系数，$C_2 = 0.6 + 2\alpha \leqslant 0.9$，其中 $\alpha = A_s / (A_s + A_c)$；

I_s、I_c —— 钢管、混凝土的截面惯性矩。

V.2.4　压弯稳定承载力

圆钢管混凝土压弯构件的压弯稳定承载力应满足下式的要求。

$$\begin{cases} \dfrac{P}{\phi_c P_n} + \dfrac{8M}{9\phi_b M_n} \leqslant 1, & \dfrac{P}{\phi_c P_n} \geqslant 0.2 \\[4mm] \dfrac{P}{2\phi_c P_n} + \dfrac{M}{\phi_b M_n} \leqslant 1, & \dfrac{P}{\phi_c P_n} < 0.2 \end{cases} \tag{V-41}$$

式中　P——作用于构件的轴力，N；

ϕ_c——折减系数，其值为 0.75；

M——作用于构件的弯矩，N·mm；

ϕ_b——折减系数，其值为 0.9；

P_n——轴心受压构件的极限承载力，按式（V-38）计算，N；

M_n——钢管混凝土抗弯承载力，按式（V-36）计算，N·mm。

Ⅴ.3　欧洲标准化协会（CEN）设计规程（部分内容）

Ⅴ.3.1　轴压强度承载力

钢管混凝土轴心受压强度承载力应满足下式的要求。

$$N \leqslant N_{pl,Rd} \tag{V-42}$$

式中　N——构件轴力设计值，N；

$N_{pl,Rd}$——构件轴压强度承载力，N，计算公式如下：

$$N_{pl,Rd} = f_{yd} A_s + f_{cd} A_c \tag{V-43}$$

对于圆钢管混凝土，当同时满足 $\bar{\lambda} \leqslant 0.5$ 和 $e/D \leqslant 0.1$ 时，应考虑钢管对核心混凝土的约束作用，其抗压强度承载力设计值按下式计算：

$$N_{pl,Rd} = \eta_s f_{yd} A_s + \left(1 + \eta_c \frac{t}{D} \frac{f_y}{f_{ck}}\right) f_{cd} A_c \tag{V-44}$$

式中　A_s——钢管横截面面积，mm²；

A_c——核心混凝土横截面面积，mm²；

f_y——钢材的屈服强度标准值，MPa；

f_{ck}——混凝土圆柱体抗压强度标准值，MPa；

f_{yd}——钢材的屈服强度设计值，MPa；

f_{cd}——混凝土圆柱体抗压强度设计值，MPa；

η_s、η_c——系数，按式（V-49）～式（V-52)计算；

e——偏心矩，mm；

D——钢管的外直径，mm；

t——钢管的壁厚，mm。

相对长细比计算公式如下：

$$\bar{\lambda} = \sqrt{N_{pl,Rk} / N_{cr}} \tag{V-45}$$

式中　$N_{\text{pl,Rk}}$——截面强度标准值，按式（V-46）和式（V-47）计算，N；

N_{cr}——欧拉临界力，按式（V-48）计算，N。

$$N_{\text{pl,Rk}} = f_y A_s + f_{ck} A_c \qquad （\text{V-46}）$$

对于圆钢管混凝土，当同时满足 $\overline{\lambda} \leqslant 0.5$ 和 $e/D \leqslant 0.1$ 时，应考虑钢管对核心混凝土的约束作用，其 $N_{\text{pl,Rk}}$ 按下式计算：

$$N_{\text{pl,Rk}} = \eta_s f_y A_s + \left(1 + \eta_c \frac{t}{D}\frac{f_y}{f_{ck}}\right) f_{ck} A_c \qquad （\text{V-47}）$$

N_{cr} 为欧拉临界力，按下式计算：

$$N_{\text{cr}} = \frac{\pi^2 (E_s I_s + 0.6 E_c I_c)}{L^2} \qquad （\text{V-48}）$$

式中　E_s——钢材的弹性模量，MPa；

E_c——混凝土的弹性模量，MPa；

I_s——钢管截面惯性矩，mm^4；

I_c——核心混凝土截面惯性矩，mm^4；

L——构件计算长度，mm。

对于轴压构件，$\eta_s = \eta_{so}$，$\eta_c = \eta_{co}$，η_{so} 和 η_{co} 的计算公式如下：

$$\eta_{so} = 0.25(3 + 2\overline{\lambda}) \leqslant 1 \qquad （\text{V-49}）$$

$$\eta_{co} = 4.9 - 18.5\overline{\lambda} + 17\overline{\lambda}^2 \geqslant 0 \qquad （\text{V-50}）$$

对于压弯构件，当 $0 < e/D \leqslant 0.1$ 时，η_{so} 和 η_{co} 的计算公式如下：

$$\eta_s = \eta_{so} + (1 - \eta_{so})(10e/D) \qquad （\text{V-51}）$$

$$\eta_c = \eta_{co}(1 - 10e/D) \qquad （\text{V-52}）$$

对于压弯构件，当偏向矩 $e/D > 0.1$ 时，$\eta_s = 1.0$，$\eta_c = 0$。

V.3.2　受弯承载力

EC4 基于塑性设计理论计算圆钢管混凝土构件的受弯承载力，塑性理论纯弯应力分布如图 V-1 所示。

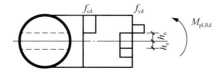

图 V-1　塑性理论纯弯应力分布

基于欧洲规范 EC4 设计理论，韩林海针对圆形截面钢管混凝土给出了明确的纯弯荷载作用下承载力计算公式：

$$M_{\text{pl,Rd}} = W_{ps} f_{yd} + 0.5 W_{pc} f_{cd} - W_{psn} f_{yd} - 0.5 W_{pcn} f_{cd} \qquad （\text{V-53}）$$

$$W_{pc}=\frac{(D-2t)^3}{6} \tag{Ⅴ-54}$$

$$W_{ps}=\frac{D^3}{6}-W_{pc} \tag{Ⅴ-55}$$

$$W_{pcn}=(D-2t)h_n^2 \tag{Ⅴ-56}$$

$$W_{psn}=Dh_n^2-W_{pcn} \tag{Ⅴ-57}$$

$$h_n=\frac{A_c f_{cd}}{2Df_{cd}+4t(2f_{yd}-f_{cd})} \tag{Ⅴ-58}$$

式中　$M_{pl,Rd}$——组合截面塑性抗弯承载力，N·mm；

$\quad\quad W_{pc}$——混凝土塑性截面模量，mm^3；

$\quad\quad W_{ps}$——钢管塑性截面模量，mm^3；

$\quad\quad W_{pcn}$——混凝土截面模量，mm^3；

$\quad\quad W_{psn}$——钢管截面模量，mm^3；

$\quad\quad f_{cd}$——混凝土圆柱体抗压强度设计值，MPa；

$\quad\quad f_{yd}$——钢材的屈服强度设计值，MPa；

$\quad\quad h_n$——受压区高度，mm；

$\quad\quad D$——钢管的外直径，mm；

$\quad\quad t$——钢管的壁厚，mm。

Ⅴ.3.3　轴压稳定承载力

对于轴心受压长柱，其稳定承载力设计值 N_{Ed} 应满足下式的要求：

$$\frac{N_{Ed}}{\chi N_{pl,Rd}}\leqslant 1.0 \tag{Ⅴ-59}$$

式中　χ——折减系数，按式（Ⅴ-60）计算；

$\quad\quad N_{pl,Rd}$——轴压强度承载力，按式（Ⅴ-44）计算。

$$\chi=\begin{cases}1, & \overline{\lambda}\leqslant 0.2 \\ \dfrac{1}{\phi+\sqrt{\phi^2-\overline{\lambda}^2}}, & \overline{\lambda}>0.2\end{cases} \tag{Ⅴ-60}$$

式中　$\overline{\lambda}$——构件相对长细比，按式（Ⅴ-45）计算；

$\quad\quad \phi$——计算参数，按下式确定：

$$\phi=0.5\left[1+0.21(\overline{\lambda}-0.2)+\overline{\lambda}^2\right] \tag{Ⅴ-61}$$

Ⅴ.3.4　压弯稳定承载力

圆钢管混凝土压弯构件的压弯稳定承载力应满足下式的要求。

$$\frac{M_{Ed}}{M_{pl,N,Rd}}=\frac{M_{Ed}}{\mu_d M_{pl,Rd}}\leqslant \alpha_M \qquad (V\text{-}62)$$

式中　　M_{Ed}——柱长范围内端矩和最大弯矩二者中的最大值，必要时包括缺陷和
二阶效应，N·mm；

$M_{pl,N,Rd}$——稳定承载力设计值 N_{Ed} 对应的抗弯承载力设计值，该值可通过
EC4 简化的 $N\text{-}M$ 相关曲线求得，如图 V-2 所示，N·mm；

$M_{pl,Rd}$——组合截面塑性抗弯承载力，按式（V-53）计算，N·mm；

μ_d——$M_{pl,N,Rd}$ 与 $M_{pl,Rd}$ 的比值，只有当弯矩 M_{Ed} 直接取决于轴力 N_{Ed} 的作用
时（如弯矩 M_{Ed} 产生于轴力 N_{Ed} 的偏心），才应使用大于 1.0 的 μ_d 值；

α_M——压弯稳定系数，应按式（V-65）计算。

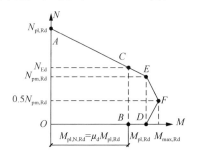

图 V-2　简化的 $N\text{-}M$ 相关曲线

图 V-2 中，$N_{pl,Rd}$ 为构件轴压强度承载力，按式（V-44）计算；$N_{pm,Rd}$ 为核心
混凝土轴压截面承载力，按式（V-63）计算；$M_{max,Rd}$ 为压弯构件最大抗弯承载力，
其应力分布如图 V-3 所示，应按式（V-64）计算。

$$N_{pm,Rd}=f_{cd}A_c \qquad (V\text{-}63)$$

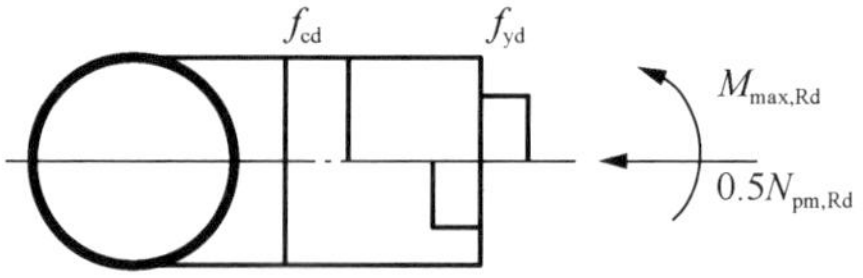

图 V-3　F 点的应力分布

基于欧洲规范 EC4 设计理论，韩林海针对圆形截面钢管混凝土给出了明确的
最大抗弯承载力 $M_{max,Rd}$ 的计算公式：

$$M_{max,Rd}=W_{ps}f_{yd}+0.5W_{pc}f_{cd} \qquad (V\text{-}64)$$

式中　　W_{ps}——钢管塑性截面模量，mm³；

W_{pc}——混凝土塑性截面模量，mm³；

f_{cd}——混凝土圆柱体抗压强度设计值，MPa；

f_{yd}——钢材的屈服强度设计值，MPa；

A_{c}——核心混凝土横截面面积，mm^2。

$$\alpha_{\mathrm{M}} = \begin{cases} 0.9, & 235\mathrm{MPa} \leqslant f_{\mathrm{yd}} \leqslant 355\mathrm{MPa} \\ 0.8, & 420\mathrm{MPa} \leqslant f_{\mathrm{yd}} \leqslant 460\mathrm{MPa} \end{cases} \quad (\text{V-65})$$

　　如果一阶分析得出的变形所引起的相关内力或弯矩的增量低于 10%，则无须考虑二阶效应，可用式（V-66）来判别是否达到该条件。若不满足，应通过最大一阶设计弯矩 M_{Ed} 乘以弯矩放大系数 k 来考虑二阶效应，按式（V-67）计算：

$$\alpha_{\mathrm{cr}} = \frac{F_{\mathrm{cr}}}{F_{\mathrm{Ed}}} \geqslant 10 \quad (\text{V-66})$$

$$k = \frac{\beta}{1 - N_{\mathrm{Ed}} / N_{\mathrm{cr,eff}}} \geqslant 1.0 \quad (\text{V-67})$$

$$N_{\mathrm{cr,eff}} = \frac{0.9\pi^2 (E_{\mathrm{s}} I_{\mathrm{s}} + 0.5 E_{\mathrm{c}} I_{\mathrm{c}})}{L^2} \quad (\text{V-68})$$

式中　α_{cr}——为造成弹性不稳定性而必须增大设计荷载所依据的系数；

　　　　F_{Ed}——结构的设计荷载，N；

　　　　F_{cr}——根据初始弹性刚度得到的弹性临界稳定承载力，N；

　　　　β——等效弯矩系数，β 的取值由弯矩分布图决定，当弯矩分布为柱中最大时，$\beta = 1.0$，当弯矩分布为线性分布时，$\beta = 0.66 + 0.44r \geqslant 0.44$，$r$ 为根据一阶或二阶整体分析得出的端矩之比，$-1 \leqslant r \leqslant 1$；

　　　　N_{Ed}——轴压稳定承载力，按式（V-59）计算，N；

　　　　$N_{\mathrm{cr,eff}}$——采用有效抗弯刚度计算的临界力，N；

　　　　E_{s}——钢材的弹性模量，MPa；

　　　　E_{c}——混凝土的弹性模量，MPa；

　　　　I_{s}——钢管截面惯性矩，mm^4；

　　　　I_{c}——核心混凝土截面惯性矩，mm^4。

附录Ⅵ　钢管普通混凝土收缩徐变模型

附录Ⅵ给出了第 6 章所提及的修正后的 B3、ACI、MC90 及 AFREM 的收缩徐变模型计算公式（在原有规范模型计算公式基础上假设混凝土体积无穷大以考虑核心混凝土所处的密闭条件），以便读者参考。式中，$\varepsilon_{sh}(t)$ 为 t 时刻收缩应变；$J(t,t_0)$ 为混凝土的徐变函数，表示 t_0 时刻施加在混凝土上的单位应力持荷至 t 时刻所引起的长期变形。由于 EC2 模型在第 6 章中已有详细的介绍，因此并未在此附录中给出。

Ⅵ.1　B3 模型

收缩变形：

$$\varepsilon_{sh}(t) = -\varepsilon_{sh\infty} k_{RH} \tanh \sqrt{\frac{t-t_0}{\tau_{sh}}} \tag{Ⅵ-1}$$

$$k_{RH} = \begin{cases} 1 - RH^3, & RH \leqslant 0.98 \\ -0.2, & RH = 1 \\ \text{线性插值}, & 0.98 \leqslant RH \leqslant 1 \end{cases} \tag{Ⅵ-2}$$

$$\tau_{sh} = k_t \left(2k_s \frac{V}{S} \right)^2 \tag{Ⅵ-3}$$

$$k_t = 8.5 t_0^{-0.08} f_{cm28}^{-0.25} \tag{Ⅵ-4}$$

式中　$\varepsilon_{sh\infty}$——收缩应变终值；

k_{RH}——环境相对湿度影响系数；

τ_{sh}——尺寸影响系数；

RH——环境湿度；

k_s——常数，取决于混凝土构件截面形状；

k_t——干燥开始时间和混凝土强度影响因子；

V/S——混凝土体积与表面积之比，mm；

t_0——加载龄期，d；

f_{cm28}——再生混凝土 28d 圆柱体抗压强度平均值，MPa。

当取 $h=\infty$ 时，$V/S=\infty$，因此 $\tau_{sh}=\infty$，算得 $\varepsilon_{sh}(t)=0$。

徐变变形：

$$J(t,t_0) = q_1 + C_0(t,t_0) \tag{Ⅵ-5}$$

$$q_1 = 0.6 \times 10^6 / E_{28} \tag{Ⅵ-6}$$

$$E_{28} = 4734\sqrt{f_{cm28}} \tag{Ⅵ-7}$$

$$C_0(t,t_0) = q_2 Q(t,t_0) + q_3 \ln\left[1 + (t-t_0)^{0.1}\right] + q_4 \ln(t/t_0) \tag{Ⅵ-8}$$

$$q_2 = 185.4c^{0.5} f_{cm28}^{-0.9} \tag{Ⅵ-9}$$

$$q_3 = 0.29(w/c)^4 q_2 \tag{Ⅵ-10}$$

$$q_4 = 20.3(a/c)^{-0.7} \tag{Ⅵ-11}$$

$$Q(t,t_0) = Q_f(t_0)\left[1 + \left(\frac{Q_f(t_0)}{Z(t,t_0)}\right)^{r(t_0)}\right]^{-1/r(t_0)} \tag{Ⅵ-12}$$

$$Q_f(t_0) = \left[0.086t_0^{2/9} + 1.21t_0^{4/9}\right]^{-1} \tag{Ⅵ-13}$$

$$Z(t,t_0) = \begin{cases} t_0^{-0.5} \ln\left[1 + (t-t_0)^{0.1}\right], & t \neq t_0 \\ t_0^{-0.5} \ln\left[1 + \Delta t^{0.1}\right], & t = t_0 \end{cases} \tag{Ⅵ-14}$$

规定 $\Delta t \leqslant 10^{-4} t_0$，计算时取 $\Delta t = 10^{-4} t_0$。

$$r(t_0) = 1.7t_0^{0.12} + 8 \tag{Ⅵ-15}$$

式中　q_1——单位应力产生的瞬时应变；

　　　$C_0(t,t_0)$——单位应力产生的基本徐变，即基本徐变度；

　　　E_{28}——28d 龄期混凝土弹性模量；

　　　q_2——老化黏弹性柔量；

　　　c——单位体积混凝土中水泥的质量，kg/m^3；

　　　q_3——非老化黏弹性柔量；

　　　q_4——流动柔量；

　　　w——单位体积混凝土所掺水的质量，kg/m^3；

　　　a——单位体积混凝土所掺细骨料（砂）质量，kg/m^3；

　　　Q——积分函数；

　　　t_0——加载龄期，d；

　　　f_{cm28}——再生混凝土 28d 圆柱体抗压强度平均值，MPa。

Ⅵ.2　ACI 模型

收缩变形：

$$\varepsilon_{sh}(t) = 0 \tag{Ⅵ-16}$$

徐变变形：

$$J(t,t_0) = \frac{1}{E_0} + \frac{\psi_1}{E_0}(t_0)^{-1/3}(t-t_0)^{1/8} \tag{Ⅵ-17}$$

$$E_0 = E_{ct}(t_0)/0.84 \tag{Ⅵ-18}$$

$$E_{ct}(t_0) = 0.043 \left[\rho^3 f_c(t_0) \right]^{1/2} \qquad (\text{VI-19})$$

$$f_c(t_0) = \frac{t_0}{a + bt_0} f_{c28} \qquad (\text{VI-20})$$

$$\psi_1 = 0.97\nu_u \qquad (\text{VI-21})$$

$$\nu_u = 2.35 \lambda_{t_0} \lambda_{RH} \lambda_h \lambda_s \lambda_\psi \lambda_{\alpha 1} \qquad (\text{VI-22})$$

$$\lambda_{t_0} = 1.25 (t_0)^{-0.118} \qquad (\text{VI-23})$$

$$\lambda_{RH} = 1.27 - 0.0067 \text{RH} \qquad (\text{VI-24})$$

$$\lambda_h = \frac{2}{3} \left[1 + 1.13 \exp(-0.0213 V/S) \right] \qquad (\text{VI-25})$$

$$\lambda_s = 0.82 + 0.00264 s \qquad (\text{VI-26})$$

$$\lambda_\psi = 0.88 + 0.0024\psi \qquad (\text{VI-27})$$

$$\lambda_{\alpha 1} = 0.46 + 0.09\alpha_1 \geqslant 1.0 \qquad (\text{VI-28})$$

式中　　t_0——加载龄期，d；

$1/E_0$——徐变曲线在时间的对数坐标轴上的左渐进线，1/MPa；

$E_{ct}(t_0)$——未经历干燥的混凝土弹性模量，MPa；

ρ——混凝土密度，kg/m^3；

$f_c(t_0)$——龄期为t_0的混凝土的强度，MPa；

f_{c28}——150mm×300mm 圆柱体试块抗压强度标准值，MPa；

a——常数，取决于混凝土养护条件、水泥品种及混凝土龄期；

b——常数，取决于混凝土养护条件、水泥品种及混凝土龄期；

ψ_1——常数；

ν_u——徐变系数终值；

λ_{t_0}——加载龄期修正系数；

λ_{RH}——环境相对湿度修正系数；

RH——环境湿度，%；

λ_h——构件尺寸修正系数；

V/S——混凝土体积与表面积之比，mm；

λ_s——坍落度修正系数；

s——混凝土坍落度，mm；

λ_ψ——砂率修正系数；

ψ——砂率，%；

$\lambda_{\alpha 1}$——含气量修正系数。

a、b 的取值取决于水泥品种和养护方式的常数：对水泥品种为Ⅰ型和Ⅲ型的潮湿养护和蒸汽养护的普通混凝土、砂轻混凝土及全轻混凝土，其取值范围为

a=0.05～9.25，b=0.67～0.98；对常用的水泥品种为Ⅰ型、潮湿养护的混凝土，两个常数的取值为 a=0.4，b=0.85。

设 $h=\infty$，则 $V/S=\infty$，因此计算时 λ_h 取 2/3。其余各修正系数（λ_{t_0}、λ_{RH}、λ_s、λ_ψ 与 $\lambda_{\alpha 1}$）按试验数据计算得到，当缺乏相应的试验数据时，取 1.0。

Ⅵ.3　MC90 模型

收缩变形：

$$\varepsilon_{sh}(t)=\varepsilon_s(f_{cm28})\beta_{RH}\beta_s(t-t_s) \tag{Ⅵ-29}$$

$$\varepsilon_s(f_{cm28})=\left[160+10\beta_{sc}\left(9-\frac{f_{cm28}}{10}\right)\right]\times10^{-6} \tag{Ⅵ-30}$$

$$\beta_{RH}=\begin{cases}-0.25, & RH\geqslant99\%\\ 1.55\left[1-(RH/100)^3\right], & 40\%\leqslant RH<99\%\end{cases} \tag{Ⅵ-31}$$

$$\beta_s(t-t_s)=\left[\frac{t-t_s}{350(h/100)^2+(t-t_s)}\right]^{0.5} \tag{Ⅵ-32}$$

设 $h=\infty$，则 $\beta_s(t-t_s)=0$，因此 $\varepsilon_{sh}(t)=0$。

徐变变形：

$$J(t,t_0)=\frac{1}{E_c(t_0)}+\frac{\varphi(t,t_0)}{E_{ci}} \tag{Ⅵ-33}$$

$$E_c(t)=\left[\beta_{cc}(t)\right]^{0.5}E_{ci} \tag{Ⅵ-34}$$

$$\beta_{cc}(t)=\exp\left\{s_1\left[1-(28/t)^{1/2}\right]\right\} \tag{Ⅵ-35}$$

$$E_{ci}=2.15\times10^4(f_{cm28}/10)^{1/3} \tag{Ⅵ-36}$$

$$\varphi(t,t_0)=\beta(f_{cm28})\beta(t_0)\beta_c(t-t_0)\phi_{RH} \tag{Ⅵ-37}$$

$$\beta(f_{cm28})=\frac{5.3}{(f_{cm28}/10)^{0.5}} \tag{Ⅵ-38}$$

$$\beta(t_0)=1/(0.1+t_{0,c}^{0.2}) \tag{Ⅵ-39}$$

$$\beta_c(t-t_0)=\left[\frac{t-t_{0,c}}{\beta_H+(t-t_{0,c})}\right]^{0.3} \tag{Ⅵ-40}$$

$$t_{0,c}=t_0\left[\frac{9}{2+t_0^{1.2}}+1\right]^\alpha\geqslant0.5 \tag{Ⅵ-41}$$

$$\beta_H=150\left[1+\left(1.2\frac{RH}{100}\right)^{18}\right]\frac{h}{100}+250\leqslant1500 \tag{Ⅵ-42}$$

$$\phi_{RH} = 1 + \frac{1 - RH/100}{0.46(h/100)^{1/3}} \qquad (\text{Ⅵ-43})$$

式中　$\varepsilon_s(f_{cm})$ ——混凝土强度影响下的收缩应变；

　　　　β_{sc} ——水泥品种影响系数：对慢硬水泥（SL），$\beta_{sc} = 4$；对普通水泥（N）
　　　　　　　和快硬水泥（R），$\beta_{sc} = 5$；对高强快硬水泥（RS），$\beta_{sc} = 8$；

　　　　β_{RH} ——环境相对湿度影响系数；

　　　　$\beta_s(t - t_s)$ ——收缩的时间函数；

　　　　$\varphi(t, t_0)$ ——核心混凝土徐变系数，即在 t_0 时刻施加的荷载持荷至 t 时刻所产
　　　　　　　生的徐变变形与 t_0 时刻初始弹性变形的比值；

　　　　E_{ci} ——再生混凝土 28d 弹性模量，MPa；

　　　　$E_c(t)$ ——加载龄期为 t 的混凝土弹性模量，MPa；

　　　　$\beta_{cc}(t)$ ——混凝土强度发展系数；

　　　　s_1 ——水泥强度等级系数；

　　　　f_{cm28} ——再生混凝土 28d 圆柱体抗压强度平均值，对于 C50（不含）以下
　　　　　　　混凝土，$f_{cm28} = 0.8 f_{cu} + 8\text{MPa}$；对于 C50（含）以上混凝土，
　　　　　　　$f_{cm28} = f_{cu} - 2\text{MPa}$；

　　　　ϕ_{RH} ——环境湿度影响系数；

　　　　$\beta(f_{cm28})$ ——混凝土强度影响系数；

　　　　$\beta(t_0)$ ——加载龄期影响系数；

　　　　$t_{0,c}$ ——考虑水泥种类影响的加载龄期修正值，即通过修正加载龄期考虑水
　　　　　　　泥种类对徐变的影响，d；

　　　　t_0 ——加载时混凝土龄期，d；

　　　　α ——水泥种类修正系数；

　　　　$\beta_c(t - t_0)$ ——徐变发展系数；

　　　　β_H ——环境湿度及构件名义尺寸系数；

　　　　RH——环境湿度，%；

　　　　h ——截面有效尺寸，mm。

设 $h = \infty$，则 $\beta_H = 1500$，$\phi_{RH} = 1$。

Ⅵ.4　AFREM 模型

收缩变形：

$t \geqslant 28\text{d}$ 时，

$$\varepsilon_{sh}(t) = (f_{ck28} - 20)[2.8 - 1.1\exp(-t/90)] \times 10^{-6} \qquad (\text{Ⅵ-44})$$

$t < 28\text{d}$ 时，

$$\varepsilon_{\mathrm{ca}}(t)=\begin{cases}0, & \dfrac{f_{\mathrm{c}}(t)}{f_{\mathrm{ck28}}}<0.1\\[3mm](f_{\mathrm{ck28}}-20)\left(2.2\dfrac{f_{\mathrm{c}}(t)}{f_{\mathrm{ck28}}}-0.2\right)\times10^{-6}, & \dfrac{f_{\mathrm{c}}(t)}{f_{\mathrm{ck28}}}\geqslant0.1\end{cases}\tag{Ⅵ-45}$$

$$f_{\mathrm{c}}(t)=\frac{t}{1.4+0.95t}f_{\mathrm{ck28}}\tag{Ⅵ-46}$$

$$f_{\mathrm{ck28}}=f_{\mathrm{cm28}}-8\tag{Ⅵ-47}$$

徐变变形：

$$J(t,t_0)=\frac{1}{E_{\mathrm{c}}(t_0)}+\frac{\phi_{\mathrm{b}}(t,t_0)}{E_{\mathrm{ci}}}\tag{Ⅵ-48}$$

$$\phi_{\mathrm{b}}(t,t_0)=\phi_{\mathrm{b0}}\frac{\sqrt{t-t_0}}{\sqrt{t-t_0}+\beta_{\mathrm{bc}}}\tag{Ⅵ-49}$$

$$\phi_{\mathrm{b0}}=\begin{cases}\dfrac{3.6}{f_{\mathrm{c}}(t_0)^{0.37}}, & 硅灰混凝土\\[3mm]1.4, & 非硅灰混凝土\end{cases}\tag{Ⅵ-50}$$

$$\beta_{\mathrm{bc}}=\begin{cases}0.37\exp\left(\dfrac{2.8f_{\mathrm{c}}(t_0)}{f_{\mathrm{ck28}}}\right), & 硅灰混凝土\\[3mm]0.40\exp\left(\dfrac{3.1f_{\mathrm{c}}(t_0)}{f_{\mathrm{ck28}}}\right), & 非硅灰混凝土\end{cases}\tag{Ⅵ-51}$$

式中　f_{ck28}——28d 龄期的混凝土圆柱体抗压强度标准值，MPa；

$f_{\mathrm{c}}(t)$——龄期为 t 的混凝土圆柱体抗压强度标准值，MPa；

$\varepsilon_{\mathrm{ca}}(t)$——自生收缩应变；

$\phi_{\mathrm{b}}(t,t_0)$——基本徐变系数；

$E_{\mathrm{c}}(t_0)$——龄期为 t_0 的混凝土弹性模量，MPa；

β_{bc}——反应动力学项；

ϕ_{b0}——基本徐变系数终值；

$E_{\mathrm{c}}(t_0)$、E_{ci} 根据式（Ⅵ-34）～式（Ⅵ-36）确定。